# 甘肃祁连山生态文明建设研究

董战峰　妙旭华　曾　辉
郝春旭　罗扬文　晋王强　等著

中国环境出版集团·北京

**图书在版编目（CIP）数据**

甘肃祁连山生态文明建设研究/董战峰等著. —北京：中国环境出版集团，2021.12

ISBN 978-7-5111-4433-1

Ⅰ. ①甘… Ⅱ. ①董… Ⅲ. ①祁连山—生态环境建设—研究—甘肃 Ⅳ. ①X321.242

中国版本图书馆 CIP 数据核字（2020）第 171657 号

**出 版 人** 武德凯
**责任编辑** 陈雪云
**责任校对** 任 丽
**封面设计** 宋 瑞

更多信息，请关注
中国环境出版集团
第一分社

---

**出版发行** 中国环境出版集团
（100062 北京市东城区广渠门内大街 16 号）
网 址：http://www.cesp.com.cn
电子邮箱：bjgl@cesp.com.cn
联系电话：010-67112765（编辑管理部）
010-67112735（第一分社）
发行热线：010-67125803，010-67113405（传真）

**印 刷** 北京中科印刷有限公司
**经 销** 各地新华书店
**版 次** 2021 年 12 月第 1 版
**印 次** 2021 年 12 月第 1 次印刷
**开 本** 787×1092 1/16
**印 张** 13.5
**字 数** 260 千字
**定 价** 98.00 元

---

# 前 言

祁连山是我国西部重要生态安全屏障，是黄河流域重要的水源产流地，是我国生物多样性保护优先区域，1988 年经国务院批准成立甘肃祁连山国家级自然保护区。保护区范围包括甘肃省境内祁连山北坡中、东段，地跨武威、金昌、张掖三市八县（区），总面积 265.3 万公顷。长期以来，祁连山局部生态破坏问题突出。2017 年 7 月 20 日，中共中央办公厅、国务院办公厅向社会公布甘肃祁连山国家级自然保护区生态环境问题通报，祁连山自然保护区生态环境欠账多、区域规划机制不合理、体制机制建设滞后等突出问题与落实“两山论”理念存在较大差距。甘肃省迫切需要树立“保护生态环境就是保护生产力、改善生态环境就是发展生产力、‘绿水青山就是金山银山’”的理念，积极推进祁连山生态文明建设和生态环境保护工作，特别是利用中央环保督察之机，深入研究分析问题和难点，结合保护区生态系统可持续管理的实际需求，加快全面提升水平，探索祁连山自然保护区生态文明建设重点和路径。

祁连山自然保护区生态文明建设的基础较为薄弱，许多基础、重大的问题都需要进一步加强研究，以明确生态文明建设的思路和重点方向。要建立生态保护红线监管、自然资源资产核算、生态环境统一监测等能力，健全科学考评、生态补偿等调控机制，全面落实国家生态文明建设和生态环境保护战略部署要求，尽快补齐补强生态文明建设短板，提升祁连山生态环境保护修复和生态文明建设水平。总体来看，祁连山生态文明建设面临以下十个方面的主要问题。

第一，研究建立基于遥感卫星观测的祁连山生态环境动态监测能力。以遥感调查为主，结合地面调查或核查，开展祁连山国家级自然保护区生态环境长时间序列调查，系统获取祁连山生态环境多年动态变化信息，评估祁连山自然保护区生态系统格局、质量、服务功能等生态环境状况及变化趋势，深入分析生态环境变化特征及胁迫驱动因素，找出生态环境变化及问题出现的主要原因，为祁连山自然保护区未来加强遥感监测、推进祁连山生态环境工作提供思路和策略。

第二，研究建立祁连山生态系统生产总值（GEP）核算能力。建立全面体现资源耗竭、生态效益和环境损害的科学评价体系，是祁连山生态文明建设的关键。建立祁连山GEP核算体系，开展祁连山GEP核算，为祁连山自然保护区绿色发展提供科学评价能力支撑。核算体系的主要内容应包括：确定祁连山生态产品总产值核算的目标、范围、指标、方法和技术标准等，对祁连山各生态系统当期提供的有形生态产品价值和无形生态服务进行实物量核算；根据生态系统服务功能类型，采用替代市场技术和模拟市场技术等定价方法来确定各类生态系统产品与服务功能的价格，对各生态要素为人类提供的生态供给服务价值、生态调节服务价值等进行核算；测量 GEP，全面评估祁连山地区的生态系统提供的最终产品与服务功能量和价值量。核算能力和成果为实施相应的补偿等政策提供基础和重要依据。

第三，科学划定祁连山自然保护区生态保护红线并建立管控政策体系。祁连山自然保护区首先要做好生态空间管控，在空间格局上理顺生态与生产发展的关系，这也是党中央、国务院正在大力推进的生态文明建设核心工作之一。在祁连山自然保护区生态资源实地调查的基础上，综合运用 GIS 和 RS 等技术，从生态服务功能、生态敏感性、生态脆弱性等方面综合评估祁连山自然保护区重要生态资源，并整合不同部门划定的重要生态保护区域划定生态保护红线。按照源头严防、过程严控、后果严惩的全过程管理原则，探索生态保护红线区的负面清单、生态保护补偿、绩效考核和监管平台等重要制度安排，形成生态保护红线管控政策体系，为祁连山实施保护优先战略供给长效机制。

第四，研究制定并推进实施祁连山生态环境破坏调查与修复保护方案。对祁连山生态环境破坏情况做好摸底工作，并结合“山水林田湖草是一个生命共同体”的理念，实施系统性、综合性修复。需要明确祁连山国家级自然保护区生态环境破坏调查的目标、范围、方法，重点调查生态环境破坏的不同类型、特征和水平，包括矿产资源开发造成的生态问题、水土流失以及污染性问题等。开展祁连山生态破坏修复保护研究，确定祁连山国家级自然保护区生态破坏修复的目标、思路、重点、主要措施等，重点针对矿山开采造成的植被破坏、水土流失、地表塌陷，违法水电造成的水生态系统破坏，偷排偷放造成的土壤污染和水污染问题开展修复。

第五，研究制定并推进实施祁连山自然保护区生态文明建设与绿色发展行动方案。基于国家生态文明建设和绿色发展的目标和指标要求，在生态空间布局、产业发展、资源效率、环境质量、生态修复等方面研究提出重点任务和措施，制定保障措施，严把时间节点和实施进度，编制行动方案。重点任务主要包括：落实主体功能区划，强化生态红线管控，优化空间发展布局，建立绿色发展格局；加强重点领域污染防治，推进企业达标行动计划，构建全方位污染防治体系；针对已经造成的矿山生态破坏、水生态破坏及土壤和水污染，开展生态环境损害修复；建立和完善环境质量监测网络，加强环境监管机制和能力建设；开展绿色发展的保障机制研究等。

第六，研究建立祁连山自然资源资产负债表编制和领导干部离任审计制度。中央正在积极推进自然资源资产负债表编制试点和领导干部离任审计试点制度，甘肃省可在全国八省（区、市）试点经验的基础上，率先在祁连山自然保护区探索建立自然资源资产负债表编制和领导干部离任审计制度，形成一套科学的、动态的自然资源资产测量制度，并建立相关管理主体的责任体系。研究编制祁连山自然资源资产负债表编制和领导干部离任审计办法，开展自然资源资产核算，核算内容包括土地资源、林木资源和水资源等自然资源资产的实物量价值和生态系统服务价值。编制每一类自然资源资产负债分表，形成自然资源资产负债总表，全面记录当期祁连山各经济主体对自然资源资产的占有、使用、消耗、恢复和增值情况，综合分析各期间自然资源资产实物量和价值量的负债盈亏情况。基于自然资源资产负债表，建立领导干部自然资源资产离任审计的指标体系和可操作的审计技术方案，加强自然资源资产负债表编制与领导干部自然资源资产离任审计制度的衔接。

第七，深化祁连山自然保护区管理体制改革与党政领导生态环境损害责任追究机制研究。体制不顺问题是祁连山自然保护区绿色发展存在的突出短板，建议全面推进深化祁连山自然保护区管理体制改革，严格落实党政领导生态环境损害责任。这要求分析祁连山自然保护区现有管理体制存在的问题及原因，从生态系统管理理念出发，研究构建综合高效的保护区管理组织架构，形成权责一致、责任明确、严格落实、条块协调的管理体制，构建统一规范的祁连山国家级自然保护区环境监管体制以及联合执法机制等，全方位提升保护区管理效率和水平。结合国家党政领导干部生态环境损害责任追究试点最新进展经验，研究制定祁连山生态环境损害党政同责制度及党政领导终身追责制度，明确责任边界、建立责任体系、研究追责机制，研究制定生态环境资源审计制度，作为生态环境损害追责实施的基础。

第八，研究建立祁连山生态文明建设评估考核机制。紧扣绿色发展和生态文明建设的内涵，围绕中央通报的四大核心问题，借鉴《绿色发展指标体系》《生态文明建设考核目标体系》等构建祁连山生态文明建设评估考核体系，率先在保护区层面建立一套生态文明建设综合监测与评估考核体系。其主要内容包括：根据生态文明建设评估考核体系的要求，研究制定祁连山生态环境监测系统建设方案，提升生态环境风险监测评估与预警能力，定期开展祁连山生态状况调查与评估，对祁连山人类干扰、生态破坏等活动进行监测、评估与预警。

第九，研究建立祁连山生态环境保护修复和生态文明建设重大工程项目库。针对矿山开发、水电建设、企业偷排等生态破坏与环境污染问题，以“山水林田湖草是一个生命共同体”理念为指导，充分整合资金政策，系统谋划矿山环境治理恢复、土地整治与污染修复、生物多样性保护、流域水环境保护治理等重大工程，对祁连山进行整体保护、系统修复、综合治理，通过大工程带动大治理，逐步恢复祁连山生态系统功能。

第十，建立祁连山生态环境成本机制。系统评估祁连山相关的环境税费、环境价格、生态补偿等环境定价机制，找到当前影响“绿水青山”向“金山银山”转化的政策机制障碍。开展祁连山县域生态环境资源资产化机制研究，分析国内及国际上生态环境资源资产化模式的成功案例，讨论其应用于祁连山地区的可行性，提出祁连山生态资源资产化政策框架。研究目前祁连山已有的生态补偿制度以及生态补偿资金来源，识别祁连山生态保护补偿制度需求，提出祁连山生态保护补偿政策改革方案。

在甘肃省生态环境厅的大力支持下，生态环境部环境规划院、甘肃省环境科学设计研究院以及北京大学深圳研究生院联合开展了甘肃祁连山生态文明建设研究项目，该项目针对当下祁连山生态文明建设亟须解决的重点问题，聚焦四个方面开展研究。一是开展祁连山生态文明建设与绿色发展方案研究，为祁连山自然保护区生态文明建设提供思路和重点。二是开展祁连山生态保护红线管控政策研究，为祁连山自然保护区建立生态保护红线政策体系提供管理技术支撑，确保红线既要划得好，也要守得牢。三是开展祁连山生态环境监测体系建设研究，针对生态环境监测短板问题，提出系统方案推进提升能力建设水平。四是开展祁连山生态文明建设评估考核体系研究，建立一套科学合理的评估考核体系，为各地保护区发展提供指引和方向标。该项目研究内容设置体现了总体谋划和突出重点的研究思路。本书在该项目研究成果的基础上形成，内容包括前述四个方面的研究成果，共有四篇十二章内容。

在项目研究过程中，甘肃省生态环境厅规财处、生态处、科标处、环境监测站、应急中心等对研究内容的完善提出了很多好的建议，这为研究成果的针对性、科学性和应用性提供了保障。特别感谢甘肃省生态环境厅的齐永强总工程师，他不仅对研究成果提出了中肯的意见和建议，而且为了确保研究成果能够切实服务于祁连山生态文明建设工作，他与项目研究专家组一同赴祁连山开展了为期一周的实地勘探调研，收集了大量一手资料和相关信息，为研究成果的质量和水平提供了重要支撑。感谢祁连山自然保护区所在的金昌市、武威市、张掖市等地的生态环境局在调研过程中给予的大力支持和配合。感谢北京师范大学张力小副院长、中国社会科学院于法稳研究员、中国人民大学靳敏教授、深圳市生态环境局张亚立副局长等对研究成果提出的宝贵意见和建议，为本项目增进了研究成果的科学性和可操作性。感谢甘肃省环境科学设计研究院胡晓明院长、妙旭华副院长、晋王强所长等在部门协调、地方调研、资料收集等工作中给予的全力支持。感谢北京大学深圳研究生院曾辉副院长、罗扬文主任等研究人员的辛勤奉献，他们的工作对产出高质量的研究成果起到了至关重要的作用。感谢生态环境部环境规划院郝春旭副研究员、葛察忠研究员、周全助理研究员、璩爱玉副研究员、赵元浩助理研究员、彭忱助理研究员、李娜教授级高级工程师、田仁生研究员等对项目研究工作的贡献，以及在书稿形成过程中的投入，本书的出版离不开他们辛勤而又卓有成效的工作。特别感谢中国环境出版集团陈雪云编辑对出版工作的大力支持，她高效的编辑工作为本书的顺利出版提供了保障。最后，请允许我代表各位作者向所有为本书出版做出贡献和提供帮助的朋友和同仁表示衷心的感谢！

希望本书的出版能够为关心和希望了解祁连山自然保护区生态文明建设和生态环境保护的同仁提供参考，为国内高校院所从事生态文明和绿色发展、生态环境管理与政策等研究领域的专家学者，生态环境、自然资源等有关政府部门管理人员，以及环境科学、生态学、可持续发展等有关专业的博士研究生、硕士研究生以及本科生提供参考。此外，由于编者水平有限，本书难免存在不足之处，恳请广大同仁和读者批评指正。

董战峰

2019年11月2日

# 执行摘要

甘肃省是我国西部生态建设的枢纽区域和丝绸之路经济带的生态敏感区，祁连山地区自然生态系统是河西内陆生态系统的主体，是我国西北乃至全国重要的生态安全屏障，是河西走廊内陆河唯一的水源供给区和黄河上游重要的水源补给区，是我国生物多样性保护优先区域，被誉为河西走廊的"生命线"和"母亲山"。加快甘肃祁连山国家级自然保护区生态文明建设，推进建立西部地区生态文明示范区，对甘肃省实现绿色发展崛起、发挥丝绸之路经济带黄金段作用具有十分重要的意义。

本书通过对祁连山自然保护区社会经济发展与生态环境保护形势进行全面系统的研究分析，识别祁连山自然保护区生态文明建设与绿色发展存在的问题，研究提出的祁连山生态文明建设与绿色发展行动方案、祁连山生态保护红线管控政策方案、祁连山生态环境监测预警体系建设方案、祁连山生态文明建设评估考核管理办法等，形成了祁连山自然保护区生态文明建设与绿色发展前瞻性的制度设计与分析框架，对于加强我国生态脆弱区的生态文明建设与绿色发展具有重要的指导意义。

构建祁连山生态文明建设与绿色发展指标体系。以全面改善生态环境质量和提高绿色发展竞争力为主线，构建生态文明建设与绿色发展指标体系。其中，生态保护指标 11 项，环境治理与环境质量指标 13 项，资源利用指标 8 项，绿色生产与生活指标 4 项，公众满意度指标 1 项；提出优化生态空间布局、筑牢生态屏障，完善绿色经济体系、提质产业发展，加强系统保护修复、维护生态功能，健全环境管理体系、提高环境质量，统筹城乡一体发展、美化人居环境五大重点任务；提出创新制度、形成协同管理体制，强化考核、加强政府履职尽责，综合监管、改革环境治理体系，调节利益、完善生态补偿政策，政策引导、完善市场激励制度，多元参与、构建社会共治体系六大制度体系，从组织、技术、资金和社会四个维度明确了保障措施，旨在打造绿色发展和"美丽中国"建设的西部区域样板，形成祁连山生态文明建设模式。

设计祁连山生态保护红线管控制度。以保障和改善自然生态环境为主线，包含“两个层次、三个维度、四个保障”，层次一为管控政策运行层，层次二为政策实施支撑层。管控政策运行层主要包括生态保护红线管控政策、环境质量底线管控政策以及资源利用上线管控政策三个维度。政策实施支撑层主要是从准入清单、生态补偿、生态考核、社会治理角度为管控政策的顺利实施提供能力保障。其中，生态保护红线管控政策重点构建以综合调控为基础、源头严防—过程严管—后果严惩的政策调控链；环境质量底线管控政策重点构建水、大气、土壤三要素的环境质量底线管理政策链；资源利用上线管控政策重点构建能源、水、土地、矿产资源的上线管理政策链。通过管控政策的实施达到祁连山自然保护区“一条红线管控重要生态空间”的目标，确保当地生态功能不降低、保护面积不减少、用地性质不改变，逐步形成具有祁连山生态特色的生态保护格局，筑牢国家西部生态安全屏障。

构建祁连山生态环境监测体系。坚持动态与静态监测相结合，生态环境、物种监测与环境质量监测相结合，局部与整体监测相结合，监测与监控、监管相结合，以环境质量状况监测、保护区主要保护对象生态系统监测、人类活动干扰的动态监测与监控为重点，分别对生态环境质量状况进行动态监测、对主要保护对象进行长效监测、对人类活动干扰进行动态监控，加强生态环境监测与监管、执法联动，强化生态环境预警能力建设与风险防范，构建科学的保护区生态环境监测体系，实现生态环境监测信息集成共享，建成天地一体、上下协同、信息共享的保护区生态环境监测网络，准确及时反映生态环境质量及变化趋势，预警潜在生态环境风险，切实提高祁连山国家级自然保护区生态环境管理系统化、科学化、法制化、精细化和信息化水平。

构建祁连山生态文明建设评估考核指标体系。坚持问题导向，确定指标权重，明确适用范围、考核对象、考核内容、考核方式、组织实施、结果运用等内容，旨在建立有针对性的生态文明建设综合考评机制，充分发挥评估考评工作在地方生态文明建设中的“指挥棒”作用，以“祁连山模式”构建国内自然保护区生态文明建设评估考核样板。

# 目 录

## 第一篇 祁连山生态文明建设与绿色发展行动

# 第一篇

## 祁连山生态文明建设与绿色发展行动

# 第一章
# 祁连山自然保护区生态文明建设与绿色发展现状评估

## 1.1 发展现状

### 1.1.1 区域概况

#### 1.1.1.1 自然环境与资源

（1）地理位置

甘肃祁连山国家级自然保护区总面积 198.72 万公顷，区域范围为东经 97°23′34″—103°45′49″，北纬 36°29′57″—39°43′39″。祁连山国家级自然保护区地跨张掖、金昌、武威三市的肃南裕固族自治县（以下简称肃南县）、民乐县、山丹县、甘州区、永昌县、古浪县、天祝藏族自治县（以下简称天祝县）、凉州区 8 个县（区）。按照功能区划分为核心区 50.41 万公顷，缓冲区 38.74 万公顷，实验区 109.57 万公顷，设有外围保护地带 66.6 万公顷。祁连山自然生态系统是甘肃河西陆地生态系统的主体，在维护整个河西陆地生态系统平衡以及保障河西地区经济社会和谐发展中起着决定性的作用，是甘肃河西走廊的“生命线”。

**专栏 1-1　八县（区）地理位置简况**

肃南裕固族自治县是全国唯一的裕固族自治县，位于张掖市的南部，河西走廊中段，祁连山北麓，横跨河西 5 个市，同甘、青两省的 15 个县（市）接壤，地理坐标为东经 97°21′—102°13′，北纬 37°28′—39°49′。东西长 650 公里，南北宽 120～200 公里，总面积 23 887 平方公里。

民乐县隶属甘肃省张掖市，地处祁连山北麓，河西走廊中段，张掖市东南部。县境东与山丹、永昌两县接壤，南与青海省祁连县、门源回族自治县相连，西南与肃南裕固族自治县交界，西和西北同张掖市甘州区毗邻。地理坐标为东经 100°22′59″—101°13′9″，北纬 37°56′19″—38°48′17″。东西长 73.8 公里，南北宽 95.4 公里，总面积 3 687 平方公里。

山丹县隶属甘肃省张掖市，位于甘肃省西北部，地处河西走廊中段，山丹河流域。东靠永昌县，南以祁连山和青海省祁连县为界，西邻甘州区、民乐县，北过龙首山与内蒙古自治区阿拉善右旗接壤。地势东南高、西北低，平均海拔 2 996.5 米，东西长 89 公里，南北宽 148 公里，总面积 5 402 平方公里。

甘州区隶属甘肃省张掖市，地处河西走廊中部，东连镍都金昌，南依祁连山，西接古郡酒泉，北与内蒙古阿拉善右旗接壤。向西通新疆，南出扁都口与唐蕃古道相交，可达青藏高原，北出正义峡，沿居延古道，可抵蒙古大漠。地理坐标为东经 100°6′—100°52′，北纬 38°32′—39°24′。东西长 65 公里，南北宽 98 公里，总面积 4 240 平方公里。

永昌县隶属甘肃省金昌市，位于甘肃省西北部，地处河西走廊东部、祁连山北麓、阿拉善台地南缘。东邻武威市，南与肃南裕固族自治县接壤，西迎山丹县，北接金川区。地理坐标为东经 101°04′—102°43′，北纬 37°47′—38°39′。东西长 144.8 公里，南北宽 144.55 公里，总面积 7 439 平方公里。

古浪县隶属甘肃省武威市，位于甘肃省中部，地处河西走廊东端，乌鞘岭北麓，腾格里沙漠南缘。东接景泰县，南依天祝藏族自治县，西北与凉州区毗邻，东北与内蒙古自治区阿拉善左旗接壤。地理坐标为东经 102°38′—103°54′，北纬 37°09′—37°54′。东西长 102 公里，南北宽 88 公里，总面积 5 103 平方公里。

天祝藏族自治县位于甘肃省中部，武威市南部，地处河西走廊和祁连山东端。东接景泰县，南接永登县，西邻青海省门源、互助、乐都 3 县（区），北靠凉州区、古浪县，西北与肃南裕固族自治县交界。地理坐标为东经 102°07′—103°46′，北纬 36°31′—37°55′。东西长 142.6 公里，南北宽 158.4 公里，总面积 7 149 平方公里。

凉州区位于甘肃省西北部，武威市中部，地处河西走廊东端，祁连山北麓。东与内蒙古自治区接壤，南连天祝藏族自治县和古浪县，西邻肃南裕固族自治县，北与永昌县和民勤县相接。地理坐标为东经 101°59′—103°23′，北纬 37°23′—38°12′，平均海拔 1 632 米。总面积 5 081 平方公里。

（2）保护区的建立

早在 1980 年，即国家级自然保护区成立之前，国务院就特别批准了祁连山林区为我国重要水源涵养林区。1992 年 2 月，在林业部和世界自然基金会合作召开的“中国自然保护优先领域研讨会”上，祁连山自然保护区被确定为 40 个具有国际意义的保护区之一。1994 年，祁连山自然保护区被《中国生物多样性保护行动计划》确定为中国森林生态系统优先保护区之一。1995 年 9 月，祁连山自然保护区被中国人与生物圈国家委员会批准纳入中国人与生物圈保护区网络。2000 年，祁连山自然保护区被国家整体纳入国家天然林保护工程区，2004 年被认定为国家重点生态公益林。2008 年，在环境保护部公布的《全国生态功能区划》中，将祁连山自然保护区确定为水源涵养生态功能区，确定“祁连山山地水源涵养区”为全国 50 个重要生态服务功能区之一。2010 年，《中共中央　国务院关于深入实施西部大开发战略的若干意见》（中发〔2010〕11 号）将祁连山自然保护区纳入青藏高原江河水源涵养区，指出“开展以提高水源涵养能力为主要内容的综合治理，保护生物多样性”。国务院常务会议第 126 次会议审议通过的《中国生物多样性保护战略与行动计划》（2011—2030 年）中，祁连山自然保护区被确定为我国 35 个生物多样性保护优先区域之一。国务院发布的《全国主体功能区规划》将祁连山水源涵养生态功能区确定为全国 25 个重要生态功能区之一，并划为限制开发区，将国家级自然保护区划为禁止开发区。2012 年 2 月，国务院批复的《西部大开发“十二五”规划》将祁连山自然保护区纳入青藏高原江河水源涵养区，确定为西部地区的重点生态区，指出要开展以提高水源涵养能力为主要内容的综合治理，保护草原、森林、湿地和生物多样性，扎实推进祁连山水源涵养区等生态安全屏障保护与建设。

（3）水资源

祁连山是河西走廊的“母亲山”，是祁连山脉的主体，是黄河和内陆水系的分水岭。因其地势高峻，地理位置特殊，有丰富的森林、矿藏、水能和野生动植物资源，号称“中国的乌拉尔”（图 1-1）。

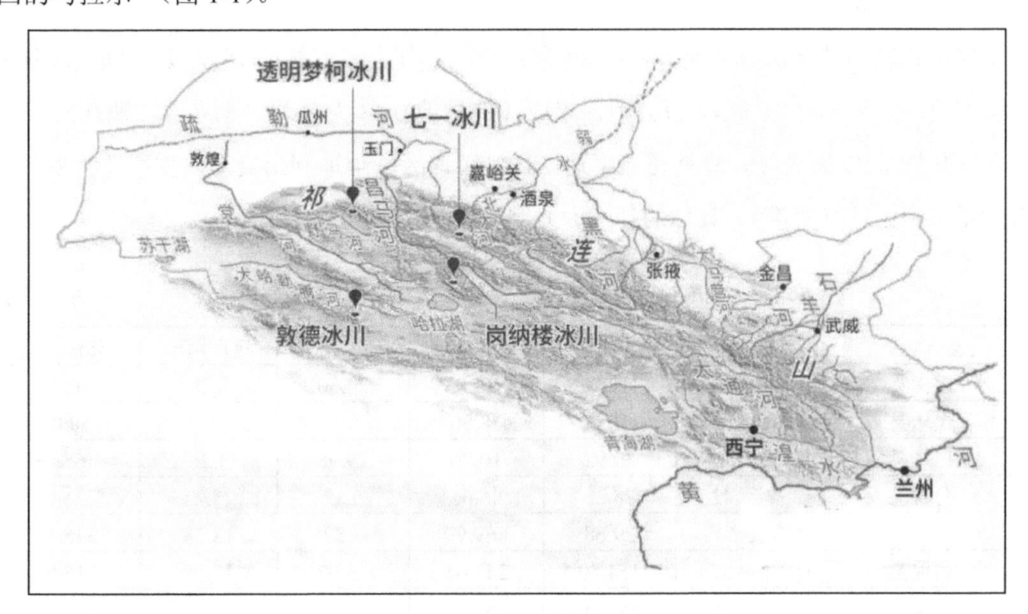


图 1-1　祁连山水系

祁连山山区年均降水量 300～700 毫米，是一座天然的“高山水塔”。在海拔 4 400 米以上，终年积雪，发育有现代冰川 2 859 条，总面积达 1 972.5 平方公里，总储水量达 811.2 亿立方米，多年平均冰川融水量达 9.9 亿立方米，占整个山区水资源的 13.5%；在海拔 2 300～4 000 米分布有大面积的森林、草原及沼泽河流等湿地资源，发挥着稳定的调蓄降水、涵养水源、保持水土、改善气候的作用，相当于一个巨型的“绿色水库”。山区广袤的天然草原、茂密的原始森林、丰裕的草甸湿地、丰富的冰川雪山，几大生态系统相互交汇，由此成为石羊河、黑河、疏勒河的主要水源产流区和源头集水区，为河西五市及内蒙古西部 460 多万人口、70 多万公顷农田和数百家工矿企业提供了生产生活用水，堪称甘肃河西和内蒙古西部的“生命线”。具体的县（区）水资源情况见表 1-1。

**表 1-1 甘肃祁连山自然保护区八县（区）水资源情况**

| 县（区） | 主要河流/条 | 水资源总量/亿 $m^3$ | 人均水资源占有量/$m^3$ |
|---|---|---|---|
| 肃南县 | 33 | 1.25 | 3 500 |
| 民乐县 | 19 | 4.40 | 1 700 |
| 山丹县 | 11 | 1.21 | 600 |
| 甘州区 | 17 | 12.90 | 2 500 |
| 永昌县 | 20 | 5.00 | 2 000 |
| 古浪县 | 18 | 2.21 | 570 |
| 天祝县 | 17 | 1.06 | 600 |
| 凉州区 | 25 | 9.62 | 960 |

（4）土地资源

甘肃祁连山自然保护区现有林地 80 余万公顷。其中，有林地 16.86 万公顷，疏林地 1.41 万公顷，灌木林地 57.49 万公顷，未成林造林地 0.43 万公顷，无立木林地 0.28 万公顷，宜林地 3.99 万公顷，森林覆盖率达 28.8%。该区域土地利用类型以牧草地为主，并有大量未利用地（荒漠）。具体的县（区）用地类型情况见表 1-2。

**表 1-2 甘肃祁连山自然保护区八县（区）用地类型情况** 单位：万亩

| 县（区） | 耕地 | 林地 | 草地 | 水域 | 建设用地 | 未利用地 |
|---|---|---|---|---|---|---|
| 肃南县 | 9.21 | 112.02 | 339.03 | 24.30 | 0.20 | 30.73 |
| 民乐县 | 106.04 | 110.00 | 78.00 | — | — | 50.00 |
| 山丹县 | 85.71 | 39.92 | 10.90 | 29.98 | 4.26 | 365.83 |
| 甘州区 | 125.42 | 78.28 | 46.65 | 0.12 | 78.24 | 221.04 |
| 永昌县 | 85.60 | 29.68 | 669.99 | 3.22 | 13.78 | 338.40 |
| 古浪县 | 109.07 | 154.40 | 241.61 | 15.97 | 17.58 | 215.94 |
| 天祝县 | 31.80 | 286.90 | 587.00 | 1.51 | 8.05 | 156.41 |
| 凉州区 | 176.64 | 20.54 | 98.41 | 2.78 | 51.23 | 370.31 |

（5）生物资源

祁连山是我国高海拔地区生物多样性较集中的地区之一。祁连山地处青藏高原边缘地带，具有典型大陆性气候特征。由于所处的地理位置和独特的地貌决定了其多样的气候特征及丰富的生物多样性、物种多样性、基因多样性、遗传多样性和自然景观多样性。祁连山自然保护区内植物资源十分丰富，已查明的高等植物有 95 科 451 属 1 311 种，其中有发菜、冬虫夏草、瓣鳞花、红花绿绒蒿、羽叶点地梅、山莨菪等国家二级保护植物 6 种，列入《濒危野生动植物种国际贸易公约》的兰科植物有 12 属 16 种。已查明的野生脊椎动物有 28 目 63 科 286 种，包括雪豹、白唇鹿、野驴、野牦牛、马麝等国家一级保护野生动物 14 种；甘肃马鹿、猞猁、蓝马鸡等国家二级保护野生动物 39 种。具体的县（区）生物资源情况见表 1-3。

**表 1-3　甘肃祁连山自然保护区八县（区）生物资源**

| 县（区） | 植物资源 | 动物资源 |
|---|---|---|
| 肃南县 | 84 科 399 属 1 044 种；<br>雪莲、冬虫夏草、大黄、锁阳等 | 鸟类 196 种、昆虫 1 201 种、兽类 58 种、两栖爬行类 13 种；<br>白唇鹿、雪豹、蓝马鸡、藏雪鸡等 |
| 民乐县 | 农作物 300 多种，林木 70 多种，药用植物 70 多种；<br>小麦、啤酒大麦、青海云杉、松柏、杨树、柳等 | 动物 30 多种；<br>雪豹、马麝、豺、石貂、草原斑猫、荒漠猫等 |
| 山丹县 | 农作物 30 余种，林果木 70 种，野生植物 70 种，药用植物 47 种；<br>麻黄、秦艽、枸杞、甘草等 | 野生脊椎动物近 300 种；<br>雪豹、马麝、黑鹳、金雕、白肩雕等 |
| 甘州区 | 80 余科近 1 000 种；<br>星叶草、冬虫夏草、肉苁蓉、蒙古扁桃等 | 陆栖动物上百种；<br>藏野驴、雪豹、野牦牛等 |
| 永昌县 | 24 科 45 属 70 多种；<br>青海云杉、松柏、串地柏等 | 兽类 40 多种、禽类 114 种；<br>蓝马鸡、马鹿、麝等 |
| 古浪县 | 46 科 122 属 270 多种；<br>松科、柏科、杨柳科等 | 兽类 30 多种、鸟类 50 余种；<br>野猪、熊、蓝翎麻鸡、鹞等 |
| 天祝县 | 小麦、油菜赤芍、大黄、柴胡、猪苓、黄柏等 | 兽类数十种；<br>金钱豹、雪豹、青羊等 |
| 凉州区 | 经济作物 50 多种、乔灌类植物 170 多种、野生植物 200 多种；<br>发菜、黄参、蕨麻等 | 动物 270 多种；<br>黄羊、岩羊、盘羊、大天鹅等 |

（6）矿产资源

祁连山素有“万宝山”之称，蕴藏着种类繁多、品质优良的矿藏。主要有斑岩型铜矿，火山热液型铁矿，石英脉型钨矿，沉积变质型钒、磷、铀矿，石英脉型金矿，矽卡岩型铜矿、铅锌矿、富铁矿，热液型多金属矿、钼矿、锡矿，小型含煤盆地及非金属萤石、大理岩、白云母、重晶石、蛇纹石、硅灰石、黑钨矿、石英脉和钨钼矿等，是中国西部钨矿蕴藏丰富的地区之一。具体的县（区）矿产资源情况见表 1-4。

**表 1-4 甘肃祁连山自然保护区八县（区）矿产资源**

| 县（区） | 矿产资源 |
|---|---|
| 肃南县 | 金属矿和非金属矿 34 种，主要有钨、钼、铜、铁、铅、锌等；<br>钨矿资源量 1 444.15 万 t，钼矿 102 万 t，煤炭 1.3 亿 t，石灰石 3 亿 t |
| 民乐县 | 煤矿、赤菱铁矿、褐铁矿、铬铁矿、金、铜、石灰石、石膏等几十种矿产资源；<br>原煤储量 2.6 亿 t，铁 1 500 万 t |
| 山丹县 | 矿种 24 种，主要有煤、黏土、铁、石灰岩、硅石、滑石、金、银、白云岩、花岗石等；<br>煤炭储量 4.03 亿 t，白云岩 3.85 亿 t，耐火土 2.86 亿 t，高岭土 1.5 亿 t，硅石 6 700 万 t，铁矿石 449 万 t，萤石 56 万 t |
| 甘州区 | 铁、钨、钼、铜、锰、煤、黏土等矿产资源 30 多种；<br>煤炭储量 10.5 亿 t，钨 50 万 t，钼 102 万 t |
| 永昌县 | 铁、铜、镍、铅、玛瑙、岫玉、水晶、石灰石、白云岩、石英岩、煤、石油等矿产资源 17 种；<br>铁矿储量 2 000 万 t，镍 500 多万 t，铜 300 多万 t，钴 15 万 t，萤石 251 万 t，陶土 120 万 t，石英砂 2 544 万 t |
| 古浪县 | 煤炭、金、银、铜、铅、锌、铁、稀土、水泥灰岩、石膏等；<br>段家圈矿区资源储量 1 200 万 t，西靖乡古山墩、黑山嘴矿区资源储量 1 100 万 t，直滩乡大泉水、背沟矿区资源储量 1 600 万 t，裴家营王家沟矿区资源储量 1 800 万 t |
| 天祝县 | 煤、石膏、石灰石、石英石、沙金、铜铁、锰、重晶石、磷、萤石等 30 多种 |
| 凉州区 | 煤、陶土、石英砂、萤石、硅石、花岗石、地热水等 30 多种；<br>煤炭资源初步探明储量 8 400 万 t，其中设计可开采储量 1 700 万 t |

（7）旅游资源

祁连山自然保护区涉及的三市八县（区）依托祁连山生态资源及自身特色形成了丰富的旅游资源。区域内既有以七一冰川、丹霞地貌、扁都口生态休闲旅游区、焉支山国家森林公园等为代表的雪山冰川、大漠戈壁、草原森林、河流瀑布、幽谷深涧等自然资源，又有以张掖大佛寺、民乐圣天寺等为代表的历史文化遗迹，还有独特的裕固族、藏族风情特色，除此之外还有以文殊山石窟、高金城烈士纪念馆为代表的石窟壁画艺术、红色文化等。基于丰富的旅游资源，当地旅游产业比较发达，也是很多地区的支柱产业。2016 年，祁连山自然保护区八县（区）全年实现旅游综合收入 126.72 亿元，占第三产业的 38.5%，全年接待国内外游客 2 633.93 万人次。主要旅游资源情况见表 1-5。

表 1-5　甘肃祁连山自然保护区八县（区）旅游资源

| 县（区） | 主要旅游资源 |
|---|---|
| 肃南县 | 丹霞地貌、七一冰川、黑河大峡谷、马蹄寺风景名胜区、祁丰文殊寺旅游景区等 |
| 民乐县 | 扁都口生态休闲旅游区、民乐圣天寺景区、圆通寺塔等 |
| 山丹县 | 焉支山国家森林公园、山丹大佛寺、南湖生态植物示范园、山丹艾黎博物馆、李桥水库等 |
| 甘州区 | 张掖大佛寺、张掖国家湿地公园、平山湖大峡谷景区、甘泉公园、大野口水利风景区等 |
| 永昌县 | 骊靬遗址旅游文化区、永昌古城休闲度假旅游区、红西路军主题旅游区、祁连积雪风景旅游区、云庄寺宗教民俗旅游区等 |
| 古浪县 | 马路滩林场、昌灵山、香林寺、寺洼冰峡等 |
| 天祝县 | 天祝三峡景区、祁连冰沟河景区、祁连布尔智风景区、石门沟草原公园、抓喜秀龙草原、石灰沟瀑布等 |
| 凉州区 | 百塔寺、天梯山石窟、铜奔马、文庙等 |

### 1.1.1.2　社会经济

（1）行政区划与人口构成

祁连山国家级自然保护区地跨张掖、金昌、武威三市的肃南裕固族自治县、民乐县、山丹县、甘州区、永昌县、古浪县、天祝藏族自治县、凉州区八县（区），总面积 61 979 平方公里。辖 133 个区（乡、镇）（表 1-6），2016 年总人口 278.98 万，其中乡村人口 170.19 万，占总人口的 61%（表 1-7）。

表 1-6　甘肃祁连山自然保护区八县（区）行政区划

| 县（区） | 面积/km$^2$ | 区（乡、镇）数/个 | 所辖区（乡、镇） |
|---|---|---|---|
| 肃南县 | 23 887 | 8 | 皇城镇、康乐镇、红湾寺镇、马蹄藏族乡、白银蒙古族乡、大河乡、明花乡、祁丰藏族乡 |
| 民乐县 | 3 678 | 10 | 洪水镇、六坝镇、新天镇、南古镇、永固镇、三堡镇、南丰乡、民联乡、顺化乡、丰乐乡 |
| 山丹县 | 5 402 | 8 | 清泉镇、位奇镇、霍城镇、东乐乡、大马营乡、陈户乡、老军乡、李桥乡 |
| 甘州区 | 4 240 | 23 | 东北郊新区、梁家墩镇、上秦镇、乌江镇、沙井镇、大满镇、小满镇、甘浚镇、新墩镇、碱滩镇、三闸镇、党寨镇、长安乡、西洞乡、甘里堡乡、靖安乡、花寨乡、安阳乡、和平乡、小河乡、明永乡、龙渠乡、平山湖乡 |
| 永昌县 | 7 439 | 10 | 城关镇、河西堡镇、新城子镇、朱王堡镇、东寨镇、水源镇、红山窑乡、焦家庄乡、六坝乡、南坝乡 |

| 县（区） | 面积/km² | 区（乡、镇）数/个 | 所辖区（乡、镇） |
|---|---|---|---|
| 古浪县 | 5 103 | 19 | 古浪镇、土门镇、大靖镇、定宁镇、泗水镇、裴家营镇、海子滩镇、黄羊川镇、黑松驿镇、永丰滩乡、黄花滩乡、西靖乡、民权乡、直滩乡、新堡乡、干城乡、横梁乡、十八里堡乡、古丰乡 |
| 天祝县 | 7 149 | 19 | 安远镇、哈溪镇、华藏寺镇、打柴沟镇、炭山岭镇、赛什斯镇、石门镇、松山镇、天堂镇、朵什乡、大红沟乡、东大滩乡、西大滩乡、赛拉隆乡、毛藏乡、东坪乡、祁连乡、旦马乡、抓喜秀龙乡 |
| 凉州区 | 5 081 | 36 | 黄羊镇、武南镇、清源镇、永昌镇、双城镇、丰乐镇、高坝镇、金羊镇、和平镇、羊下坝镇、中坝镇、永丰镇、古城镇、张义镇、发放镇、西营镇、四坝镇、洪祥镇、谢河镇、五和镇、长城镇、吴家井镇、金河镇、韩佐乡、松树乡、大柳乡、金沙乡、柏树乡、金塔乡、下双乡、九墩乡、怀安乡、金山乡、清水乡、新华乡、康宁乡 |
| 总计 | 61 979 | 133 | — |

**表 1-7　甘肃祁连山自然保护区八县（区）2016 年户籍总人口及构成**

| 县（区） | 年末户籍总人口/万人 | 乡村人口 | | 城镇人口 | |
|---|---|---|---|---|---|
| | | 人口/万人 | 比重/% | 人口/万人 | 比重/% |
| 肃南县 | 3.46 | 2.10 | 60.7 | 1.36 | 39.3 |
| 民乐县 | 22.41 | 14.66 | 65.4 | 7.75 | 34.6 |
| 山丹县 | 20.15 | 11.38 | 56.5 | 8.77 | 43.5 |
| 甘州区 | 51.58 | 26.39 | 51.2 | 25.19 | 48.8 |
| 永昌县 | 23.61 | 12.20 | 51.7 | 11.41 | 48.3 |
| 古浪县 | 38.86 | 30.46 | 78.4 | 8.40 | 21.6 |
| 天祝县 | 22.74 | 16.10 | 70.8 | 6.64 | 37.8 |
| 凉州区 | 101.32 | 56.90 | 56.2 | 44.42 | 43.8 |
| 总计 | 284.13 | 170.19 | 60.0 | 113.94 | 40.0 |

（2）经济发展状况

1）总体情况

据统计（表 1-8），2016 年本区域地区生产总值为 739.70 亿元。其中第一产业增加值 165.43 亿元；第二产业增加值 245.50 亿元，以工业为主，工业占第二产业增加值的 65.16%；第三产业增加值 328.77 亿元。本区域人均地区生产总值为 26 034 元，略低于甘肃省 27 458 元的平均水平，存在提升的空间。

**表 1-8 甘肃祁连山自然保护区八县（区）2016 年地区生产总值**

| 县（区） | 地区生产总值/亿元 | | | | | 人均地区生产总值/元 |
|---|---|---|---|---|---|---|
| | 生产总值 | 第一产业 | 第二产业 | | 第三产业 | |
| | | | 建筑业 | 工业 | | |
| 肃南县 | 27.77 | 4.82 | 1.77 | 13.09 | 8.09 | 80 260 |
| 民乐县 | 50.06 | 15.81 | 3.31 | 11.77 | 19.17 | 22 338 |
| 山丹县 | 47.80 | 11.58 | 6.80 | 5.11 | 24.31 | 23 722 |
| 甘州区 | 170.22 | 37.43 | 18.75 | 21.76 | 92.28 | 33 001 |
| 永昌县 | 63.26 | 15.20 | 1.95 | 12.96 | 33.15 | 26 794 |
| 古浪县 | 44.66 | 13.33 | 4.29 | 11.85 | 15.19 | 11 492 |
| 天祝县 | 47.77 | 6.80 | 2.32 | 19.75 | 18.90 | 21 007 |
| 凉州区 | 288.16 | 60.46 | 46.33 | 63.69 | 117.68 | 28 440 |
| 总计 | 739.70 | 165.43 | 85.52 | 159.98 | 328.77 | 26 034 |

2）第一产业

①种植业情况。

甘肃祁连山自然保护区八县（区）2016 年全年农作物播种面积 750.72 万亩，其中粮食种植 439.64 万亩，主要粮食产物为大麦、小麦和玉米。总产量 242.96 万吨，其中夏粮产量 66.04 万吨，秋粮 176.92 万吨，由于地理位置因素，肃南县、民乐县、山丹县夏粮居多，而其余县（区）秋粮居多。油料种植 37.89 万亩，总产量仅 10 万吨。蔬菜种植 81.72 万亩，总产量 186.56 万吨，其中马铃薯、高原夏菜、食用菌为该区域特色农产品。

马铃薯主要为民乐县的特色农产品。民乐县 2016 年种植马铃薯 24.1 万亩，占当地农作物播种面积的 1/4 左右，2018 年更是突破 25 万亩。民乐县连续 6 年从基地建设、良种运用、技术服务等方面对马铃薯产业进行政策扶持，从繁育育种、规模种植、病虫害防治、机械化收获、销售、储藏、加工等环节着手，通过做好基地、做大仓储、做强企业，实现市场营销、基础建设、精深加工等关键环节上的新突破，初步形成了“种植、繁育、储藏、加工、销售”的马铃薯全产业链格局。围绕主食化产品研发加工，大力扶持马铃薯深加工企业新建和续建项目，其中爱味客公司长期致力于马铃薯全粉加工，其生产的雪花粉等产品远销欧洲；丰源薯业引进马铃薯主食化产品项目，研发生产馒头、面条等马铃薯主食产品；薯晶食品引进国内先进的粉条加工全套设备，进行淀粉制品深加工；天润园食品有限公司投资 3 510 万元，新建马铃薯主食化加工生产线 1 条，专门研发生产马铃薯休闲食品，提升民乐县的马铃薯综合开发效益。

高原夏菜是利用西北高原夏季凉爽、日照充足、昼夜温差大等气候特点，在高海拔地区种植的优质蔬菜，包括花椰菜、西兰花、豌豆、辣椒等。高原夏菜在八县（区）内都属于特色农产品，各个县（区）采取了一系列的措施保证高原夏菜种植的推广，例如，各县（区）高原夏菜标准化生产技术培训班、各县（区）合作社（如民乐县欣绿高原夏菜种植专业合作社、山丹县高原夏菜种植专业合作社等）。以较为成功的天祝县为例，2017年种植高原夏菜10万亩，总产量达2.87亿千克，实现总产值6.82亿元，成为当地的支柱产业，其生产的西兰花、花椰菜、西生菜等7个蔬菜品种更是被认定为绿色食品A级产品，许可使用绿色食品标志。天祝县金强河流域、古浪县黄羊川、十八里堡高原夏菜产区被省农牧厅审核认定为甘肃省无公害农产品产地。

食用菌也是祁连山自然保护区域的特色农产品，以张掖市民乐县、山丹县和甘州区为主。这3个县（区）立足资源优势和产业基础，大力发展食用菌产业。民乐县在民乐工业园区建设以民乐荣善生物科技有限公司为龙头的食用菌产业园，发展以姬菇为主、海鲜菇为辅的食用菌；甘州区在甘州区绿洲现代农业示范区建设以贯党、紫家寨、金泰、禾益公司为龙头的食用菌产业园，发展以海鲜菇为主、香菇为辅的食用菌；山丹县在山丹寒旱区现代农业产业园区内建设以爱福公司为龙头的食用菌产业园，发展以双孢菇为主、香菇为辅的食用菌。同时在食用菌产业园内以工厂化方式，采取“公司+农户”模式，通过异地搬迁方式有计划地组织贫困农户从事食用菌生产管理，进行多季规模化生产。

②畜牧业情况。

甘肃祁连山自然保护区2016年年末生猪出栏199.82万头、存栏177.31万头；牛出栏47.92万头、存栏113.82万头；羊出栏452.33万头、存栏773.14万头；家禽出栏1 476.46万羽、存栏879.33万羽（表1-9）。

表1-9 甘肃祁连山自然保护区八县（区）2016年畜禽养殖状况

| 县（区） | 年末生猪出栏数/万头 | 年末生猪存栏数/万头 | 年末牛出栏数/万头 | 年末牛存栏数/万头 | 年末羊出栏数/万头 | 年末羊存栏数/万头 | 年末家禽出栏数/万羽 | 年末家禽存栏数/万羽 |
|---|---|---|---|---|---|---|---|---|
| 肃南县 | 0.82 | 0.70 | 2.87 | 3.69 | 51.06 | 67.12 | 2.12 | 0.88 |
| 民乐县 | 15.52 | 14.09 | 0.66 | 0.73 | 16.37 | 28.41 | 70.27 | 52.75 |
| 山丹县 | 2.98 | 2.79 | 0.45 | 1.97 | 42.47 | 61.24 | 68.36 | 47.29 |
| 甘州区 | 31.56 | 25.34 | 12.52 | 29.03 | 42.53 | 68.64 | 466.78 | 243.45 |
| 永昌县 | 5.04 | 4.52 | 0.79 | 4.02 | 35.74 | 74.17 | 42.57 | 43.70 |
| 古浪县 | 16.50 | 17.58 | 2.06 | 5.34 | 33.55 | 53.06 | 32.53 | 19.36 |
| 天祝县 | 6.00 | 4.69 | 5.17 | 11.34 | 38.61 | 79.50 | 9.51 | 8.69 |
| 凉州区 | 121.40 | 107.60 | 23.40 | 57.70 | 192.00 | 341.00 | 784.32 | 463.21 |
| 总计 | 199.82 | 177.31 | 47.92 | 113.82 | 452.33 | 773.14 | 1 476.46 | 879.33 |

③林业情况。

甘肃祁连山自然保护区内林业工程大多为人工造林、封山育林等生态恢复工程（表 1-10）。

**表 1-10　甘肃祁连山自然保护区八县（区）林业基本情况**

| 县（区） | 林业基本情况 |
| --- | --- |
| 肃南县 | 2016 年完成人工造林 1 673 亩，封山育林 1.75 万亩。城区绿化覆盖率达到 65.5%，非天保工程区森林覆盖率达到 23%，天保区森林覆盖率达到 13.05%以上，森林蓄积量达到 0.13 亿 $m^3$。在重点区域防治草原鼠害 37 万亩，灭蝗 60 万亩；全县天然草原总盖度达到 77.6%，牧草平均高度达到 15 cm，优质丛生牧草比例上升到 58%以上 |
| 民乐县 | 2016 年完成荒山荒（沙）地造林 45 027 亩，年末实有封山（沙）育林 264 100 亩，四旁植树 139 万株，年末实有育苗 179 728 亩，其中本年新育 3 329 亩 |
| 山丹县 | 2016 年全力实施了天然林保护、湿地生态保护、退耕还林、退牧还草和绿化造林等林业生态工程建设，完成造林 2.6 万亩，年末实有封山育林 1.1 万亩 |
| 甘州区 | 2016 年完成造林 0.2 万亩，封山育林 0.1 万亩；全区森林覆盖率达到 18.14%，建城区绿化覆盖率 34.19%，绿地率 31.62% |
| 永昌县 | 2016 年完成造林 0.65 万亩，其中人工造林 0.65 万亩，四旁植树 88 万株，新育苗木 740 亩 |
| 古浪县 | 2016 年完成人工造林 10.68 万亩、封山（沙）育林（草）11 万亩、通道绿化 371 km、农田林网 0.82 万亩、义务植树 342 万株、退耕还林补植补造 1 万亩、水源涵养林 0.51 万亩。甘蒙省界防沙治沙大林带建设工程修建治沙主干道路 52 km、连接线 24 km，埋压草方格沙障 2.66 万亩，完成造林 5.2 万亩。秋季义务压沙 8 400 亩、治沙造林 3.96 万亩。全县森林覆盖率达到 15.41%。深化集体林权制度配套改革，流转林地 320 亩，发展林下养殖 2.72 万只、梭梭接种肉苁蓉 3 000 亩 |
| 天祝县 | 2016 年完成人工造林 3.54 万亩、封山育林 6.26 万亩、通道绿化 106 km、义务植树 102 万株，建成造林绿化示范点 12 个、义务植树基地 19 处、生态小康村镇 6 个。完成历年退耕还林补植补造 4.08 万亩，栽植沙棘、柠条等苗木 116.22 万株 |
| 凉州区 | 截至 2016 年，6 年间累计向下游调水 10.9 亿 $m^3$。完成人工造林 88.77 万亩、封育 28.3 万亩、义务植树 2 726 万株、通道绿化 1 848 km，森林覆盖率达到 14.62%，比“十一五”末提高 3.45 个百分点 |

3）第二产业

甘肃祁连山自然保护区 2016 年第二产业增加值为 245.50 亿元，其中工业增加值 159.98 亿元，占第二产业的 65.2%，建筑业增加值 85.52 亿元，占第二产业的 34.8%（表 1-11）。规模以上企业工业增加值 132.03 亿元，占总工业增加值的 82.53%。

**表 1-11　甘肃祁连山自然保护区八县（区）2016 年第二产业发展情况**　　单位：亿元

| 县（区） | 第二产业增加值 | 工业增加值 | | 建筑业增加值 |
|---|---|---|---|---|
| | | 合计 | 其中：规模以上企业 | |
| 肃南县 | 14.86 | 13.09 | 12.17 | 1.77 |
| 民乐县 | 15.08 | 11.77 | 10.38 | 3.31 |
| 山丹县 | 11.91 | 5.11 | 4.16 | 6.80 |
| 甘州区 | 40.51 | 21.76 | 17.87 | 18.75 |
| 永昌县 | 14.91 | 12.96 | 11.28 | 1.95 |
| 古浪县 | 16.14 | 11.85 | 3.88 | 4.29 |
| 天祝县 | 22.07 | 19.75 | 15.84 | 2.32 |
| 凉州区 | 110.02 | 63.69 | 56.45 | 46.33 |
| 总计 | 245.50 | 159.98 | 132.03 | 85.52 |

甘肃祁连山自然保护区大力推进工业园区化、园区产业化进程。目前，已建成古浪工业集中区、天祝金强工业集中区、肃南祁青工业园区、永昌工业园区等（专栏 1-2）。

**专栏 1-2　祁连山自然保护区工业园区发展状况**

古浪工业集中区建于 2010 年，按照“一区多园”模式规划建设，下辖双塔产业园、土门工业园，总规划面积 25.98 平方公里。累计投入资金 4.3 亿元，建成路网 45 公里，供水 44.5 公里，排水 44.5 公里及供电、绿化、照明等配套设施。其中双塔产业园位于国道 G30 线、省道 308 线和营双高速公路、兰新铁路交会处，规划面积 14.15 平方公里，重点发展装备制造、商贸物流、小商品制造等产业，适当发展生物制药和食品加工等产业。建成区面积达 7.3 平方公里，道路交通、供水排水、照明绿化、供电通信等基础设施配套到位，已入驻企业 20 余家。土门工业园位于省道 308 线、营双高速、金色大道与干武铁路交会处，规划面积 11.83 平方公里。土门铁路运输货场位于园区中心地段。重点发展精细化工和新型建材产业。建成区面积 5.5 平方公里，入驻企业 8 家。

天祝金强工业集中区位于天祝县金强川长廊，辖宽沟工业园、城东工业园、水泉上滩工业园、打柴沟工业园四个功能区，规划面积 13 220 亩。集中区规划建成以新兴碳材、特种合金为主，原材料工业、精细化工、农畜产品加工为重点的工业集中区，现已入驻企业 47 家。其中宽沟工业园规划面积 8 000 亩，距县城 13 公里，与 312 国道相连，交通畅通便捷。规划建设以新兴碳材料、特种合金为主，原材料工业和非石油化工等为重点的循环经济产业园区，将新兴碳材料生产及精深加工产业培育成园区的主导产业，力争打造中国重要的新兴碳材料生产基地。城东工业园规划面积 1 680 亩，现有工业企业 4 家，发展成以冶金、建材生产等产业为主的工业园区。水泉上滩工业园规划用地面积 2 595 亩，现有工业企业 4 家，发展成以新兴碳材料系列产品、运输物流等产业为主的工业园区。打柴沟工业园规划面积 945 亩，现有工业企业 7 家，发展成以镁合金、农副产品加工等产业为主的工业园。芨芨沟工业园规划面积 2 252 亩，现有工业企业 1 家，发展成以建材化工为主的化工产业园。

肃南祁青工业园区位于肃南县祁丰藏族乡境内（原祁青藏族乡），规划面积 11.88 平方公里。境内矿产资源、水能资源相对聚集，已探明的矿种有钨、钼、铁、铬、铜、白云岩、硅石、煤等 10 多种，其中钨藏量为全国之首。自 2005 年成立以来，园区立足矿产、水能资源优势，以项目建设为重点，以招商引资为突破口，以做大做强骨干企业为目标，突出矿产业、水电业和服务业三个重点，强化管理。园区经济社会事业取得了较快发展，已初步建立了有一定规模的以矿业、水能开发为主体的工业体系。

永昌工业园区位于县城以东 2 公里处，以国道 312 线为中心轴线，东扩西展，规划面积 5.57 平方公里，目前已建成面积 2.96 平方公里，分为农副产品精深加工区、畜产品加工区、食品加工区、高新技术区、农机具加工区、生产性服务业区、预留发展区等。园区累计投资约 35 亿元，落户中小企业 173 家，其中规模以上企业 21 家，高新技术企业 3 家。园区成立以来，在相关部门的大力帮助下，紧紧依托政策优势和资源优势，不断完善园区基础设施建设，推进产业集群发展，加快重点项目建设步伐，相继引进永顺泰麦芽、莫高阳光、元生农牧等一批知名企业落户，培育了一批产业领军企业，重点发展了啤酒麦芽、面粉、食用油、脱水蔬菜、胡萝卜、牛羊肉、饲料、农机具、编织袋等 30 多种产品，初步形成农副产品精深加工为主、节能环保产业配套、传统制造业同步发展的产业发展新格局。

4）第三产业

2016 年，甘肃祁连山自然保护区消费品市场平稳增长，全年实现第三产业增加值 328.77 亿元。旅游业呈良好发展态势，旅游接待人数、旅游收入呈大幅增长趋势。2016 年全年实现旅游综合收入 126.32 亿元，占第三产业的 38.4%，具有核心地位。其中凉州区旅游收入最高，为 39.98 亿元；古浪县旅游收入最低，仅为 1.5 亿元。接待旅游人数 2 633.93 万人次。

本区域主要生态旅游资源包括以文化旅游为核心的重点景区：肃南县的中华裕固风情走廊、马蹄寺、夹心滩红色记忆主题公园、西柳沟特色村寨；山丹县的大佛寺、“彩虹山丹”城郊田园景观带、“七馆”红色文化旅游景区；甘州区平山湖大峡谷、湿地公园；民乐县扁都口风光旅游区、圣天寺；天祝县喜秀龙草原、冰沟河、天堂景区；古浪县马路滩沙漠生态旅游区、红军西路军古浪战役纪念馆；凉州区鸠摩罗什寺、古钟楼、凉州战役纪念馆、古凉州历史文化长廊；永昌县御山峡圣容寺、花田小镇等。本区域还结合当地民族风情，设有皇家马场马文化艺术节、焉支山旅游文化节、乌鞘岭国际滑雪艺术节、“野性祁连”国际越野跑、大红沟乡村旅游节、山丹花旅游文化艺术节等活动，利用优美的乡村风光和森林风景，开展乡村旅游、农家乐、林家乐等多种形式的旅游活动。

（3）社会发展状况

随着经济实力的增强，甘肃祁连山自然保护区的社会公共服务能力也得到明显提高。科技、教育、卫生、文化等社会事业不断发展，区域民主法制建设取得新突破，各族群众和睦相处、安居乐业，民族团结、和谐发展局面初步形成。

道路运输事业稳步发展。2016 年本区域公路客运周转量达到 42 406 万人公里，公路货运周转量 176 045 万吨公里。

邮政通信业稳定发展。2016 年末固定电话用户总数为 47.62 万户，移动电话用户总数 282.15 万户。

深入推进素质教育，不断提高教育教学质量。2016 年，本区域共有各类各级学校 1 132 所，在校学生 43 万余人。学龄儿童入学率近 100%。

卫生与社会福利事业不断发展，卫生环境进一步改善。2016 年，区域拥有医疗卫生机构 2 550 个，实有床位 14 218 张，医疗技术人员 16 626 人。民乐县和古浪县医疗卫生机构较少，均不足 50 个。

#### 1.1.1.3 人居环境

（1）生态景观建设

甘肃祁连山自然保护区自然资源丰富，目前已有的生态景观主要有肃南县的中华裕固风情走廊、马蹄寺、西柳沟特色村寨；山丹县的大佛寺、“彩虹山丹”城郊田园景观带；甘州区平山湖大峡谷、湿地公园；民乐县扁都口风光旅游区、圣天寺；天祝县喜秀龙草原、冰沟河、天堂景区；古浪县马路滩沙漠生态旅游区；凉州区鸠摩罗什寺、古钟楼、凉州战役纪念馆、古凉州历史文化长廊；永昌县御山峡圣容寺、花田小镇等。但保护区内由于非法采矿及水电站建设等，导致祁连山生态环境被严重破坏，目前修复进程仍然较为缓慢。

（2）交通网络建设

甘肃祁连山自然保护区有便利的交通资源——铁路和 G30 连霍高速公路穿过肃南、民乐等八县（区），除此之外，各个县（区）也大力发展交通网络建设（表 1-12）。

**表 1-12　甘肃祁连山自然保护区八县（区）交通网络建设情况**

| 县（区） | 交通网络建设情况 |
| --- | --- |
| 肃南县 | 2016 年启动 19 个项目共计 284.1 km，投资 16.2 亿元，其中普通国道项目 1 个 62.8 km，普通省道项目 3 个 39.3 km，农村公路项目 15 个 182 km |
| 民乐县 | 2017 年实施全省撤并建制村通硬化路项目计划 51.7 km，实施公路安全生命防护工程项目 79.8 km，实施洪平路等县乡公路养护维修工程 20 km，重点实施丰六路、顺大路等通乡公路及部分通村道路小修养护 120 km。推行农村公路社会化养护，确保农村公路列养率达到 100%，优、良、中等路的比例达到 80%以上 |
| 山丹县 | 2017 年实施交通基础设施建设项目 13 个，建成农村公路 184.83 km，农村公路里程累计达 1 100 km，13 个精准扶贫村村内道路实现全覆盖，建制村通畅率达到 100% |
| 甘州区 | 2017 年完成 S301 张掖城区至靖安段升等改造工程 32.2 km，前期工作配合完成兰州至张掖铁路三四线、G0611 张汶国家高速张掖至扁都口段 89 km、省级高速 S18 张掖至肃南 100 km、G227 甘州城区经民乐生态工业园区至山丹东乐公路二期工程改建工程 29.8 km、G312 线甘州区至临泽一级公路改建工程 57.1 km 等工程建设，完成农村公路安全生命防护工程 70 km 和 9 座危桥改造任务 |
| 永昌县 | 2016 年交通运输工作累计完成投资 9 805 万元，新改建公路 20 条 100.7 km，其中，建设完成 G570 永昌县城过境中心段 1.9 km；在 15 个村新建村社道路 65.3 km，全县农村公路通车总里程达 1 958.52 km，通车率达到 47%；建成东大河林场河沟段旅游道路 7.1 km，黑土洼农场旅游道路 9.42 km，完成云庄寺旅游道路 9.7 km 路基土方工程；改建完成战备公路 1 条 7.5 km |
| 古浪县 | 2013 年以来，累计完成投资 5.8 亿元，建成农村公路 1 053.2 km，实现所有建制村通沥青（水泥）路目标，连通干线、区域成网、互联互通的农村公路网络结构基本形成；新建乡镇客运站 9 个，行政村汽车停靠站 133 个。2017 年新改建农村公路 47 条 470.9 km，公路网雏形基本形成 |
| 天祝县 | 2016 年全县续新建交通建设项目 8 个。其中，公路建设项目 4 个 449.1 km，总投资 13.56 亿元；路网改造工程等项目 4 个，总投资 1.11 亿元 |
| 凉州区 | 2016 年凉州区交通局负责实施项目 38 个，完成固定资产投资 9.07 亿元，建成公路 337.7 km |

（3）城镇人居建设

甘肃祁连山自然保护区八县（区）对于城镇人居建设方面都有所投入，但是仍存在一定的问题，例如城市污水管网建设滞后，一些城市生活污水直排问题突出。据统计，2016 年山丹河流域每天有 4 万余吨生活污水直排，2013 年以来水质持续为劣Ⅴ类。

（4）乡村人居建设

各个县（区）都在进行乡村建设，如修建公路、改造农村老旧危房等。目前甘肃祁连山自然保护区核心区仍有农户居住生活未搬迁，缺少基础设施，农民生产成本高、风险大、易污染环境，饮用水水源地保护不力等。

## 1.1.2 生态环境保护进展

### 1.1.2.1 大气环境保护进展

（1）现状

由于受地理环境的影响，祁连山自然保护区区域大气污染问题突出，防治形势较为严峻。张掖、金昌、武威三市 2015—2017 年的 $PM_{2.5}$ 浓度低于全国平均水平；2012—2016 年 $PM_{10}$ 浓度基本上高于全国水平，其间还出现了 $PM_{10}$ 浓度不降反升的情况，未完成环境空气质量改善目标；张掖、武威两市大气 $SO_2$ 浓度不高，2012—2016 年基本上低于全国平均水平或与全国平均水平持平，但张掖市 2015 年 $SO_2$ 浓度出现过飙升情况，而金昌市 2012—2016 年 $SO_2$ 浓度虽然在逐年下降，但一直远高于全国平均水平；$NO_2$ 浓度 2012—2016 年基本都低于全国平均水平。详情见图 1-2～图 1-5。

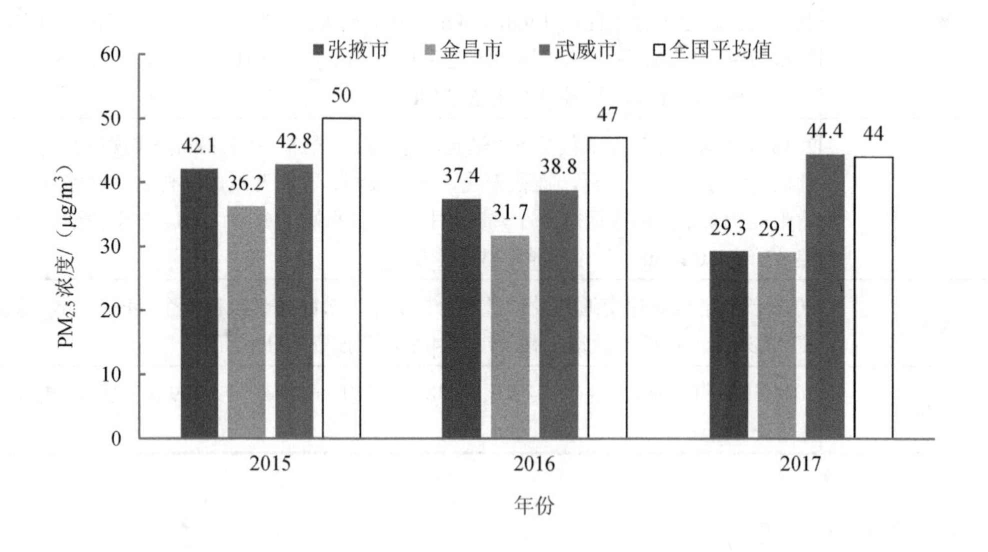


图 1-2 祁连山自然保护区三市 $PM_{2.5}$ 年均浓度

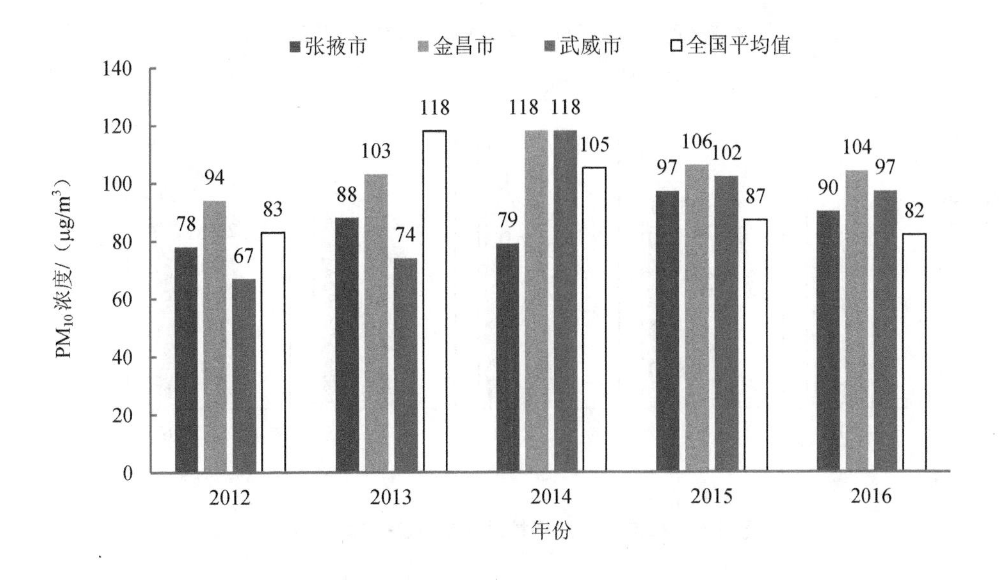


图 1-3　祁连山自然保护区三市 $PM_{10}$ 年均浓度

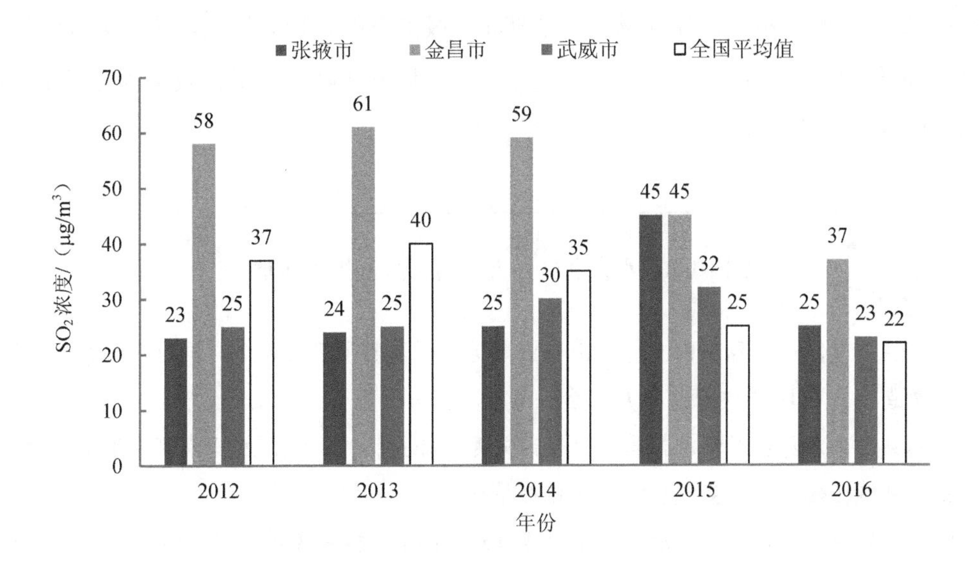


图 1-4　祁连山自然保护区三市 $SO_2$ 年均浓度

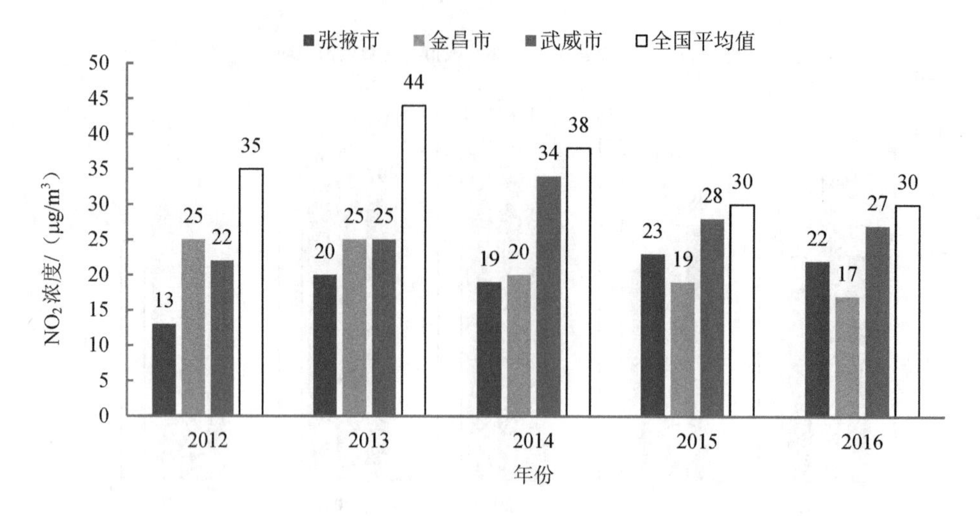


图 1-5　祁连山自然保护区三市 $NO_2$ 年均浓度

（2）措施

2017 年，甘肃祁连山自然保护区区域内通过关停矿山生产企业，改造关闭锅炉，建成空气质量在线监控系统，加强扬尘、秸秆和垃圾焚烧的管控等措施，推进大气污染防治工作。近年来，祁连山自然保护区区域内空气质量整体好转，措施效果较为明显。具体措施见专栏 1-3。

**专栏 1-3　八县（区）大气污染防治措施进展**

肃南县关停保护区范围内全部矿山企业，退出探采矿项目 69 个，同时对县城供暖锅炉进行改造，关闭 10 蒸吨燃煤锅炉 2 台。

民乐县 7 个涉及矿产资源探采项目全部关停，并拆除了山城河水库南侧彩钢房 24 间。

山丹县城区建成运行空气质量在线监控系统。

甘州区关停巨龙铁合金、辰金胤钢材等 15 家企业，拆并燃煤锅炉 135 台，改造农村土炕 4 600 铺，加强扬尘和秸秆、垃圾焚烧管控。

永昌县关停退出 18 处采矿项目，重点推进秸秆禁烧、燃煤锅炉淘汰、农业面源污染防治、建筑扬尘治理等任务。

古浪县关停所有小型煤场与涉事矿场，对煤矿运输车辆制定更加严格的标准。

天祝县关停、退出矿山企业 14 家、探矿权 27 宗，全力推进大气污染防治。

凉州区取缔 2 家“地条钢”非法生产企业，关闭退出 2 家长期停工停产、安全保障程度低风险大、违法违规和不达标煤矿企业，淘汰落后产能 15 万吨。

#### 1.1.2.2 水环境保护进展

（1）现状

甘肃祁连山自然保护区水生态破坏较为严重。保护区内水电无序过度开发，不少水电站在设计、建设和运行中对生态流量考虑不足，导致下游河段出现减水甚至断流现象，水生态系统遭到破坏。虽然目前42座水电站已经全部完成分类处置，但生态恢复过程缓慢，问题仍然存在。水资源质量较为稳定。2012—2016年，张掖市莺落峡、水文站、蓼泉、六坝断面水质类别基本保持在Ⅱ类及以上，但山丹河因生活污水的影响，一直是劣Ⅴ类，为重度污染。城市饮用水水源水质达标率为100%，地下水水质良好。金昌市2012—2016年地面水水质达标率为100%，饮用水水源水质达标率为100%，水环境质量总体保持良好态势。武威市2012—2016年水质整体情况变好，共设有5个监测断面，分别是扎子沟、红崖山水库、黄羊水库、南营水库、西营水库；其中红崖山水库由Ⅳ类轻度污染转为Ⅲ类良好，其余均保持在良好及以上，县级以上集中式饮用水水源地水质达标率为100%。

（2）措施

2017年，祁连山自然保护区通过关闭在建水厂、启动推行“河长制”、架设监控设施、设立水源地保护区、启动实施“山水林田湖草”生态保护修复项目等措施加强基础设施建设、保护水生态系统。具体措施见专栏1-4。

**专栏1-4　八县（区）水环境保护措施进展**

肃南县水电站生态基流下泄监控全面覆盖，关闭在建水电站6座，启动推行“河长制”，共计217名各级河长分段开展巡查管护。

民乐县彻底清理小堵麻渠首周边生活和建筑垃圾，关闭城子沟电站，在9座电站架设监控设施，建立监测管理台账，对危险废物和生活垃圾建立科学回收和处置机制，确保水电站运行达到环保要求。

山丹县设立水源地保护区16处，争取“山水林田湖草”项目资金4.84亿元，组织实施祁连山水源涵养区植被恢复与保护等6个生态保护治理项目。

甘州区启动实施“山水林田湖草”生态保护修复项目13个，全面完成东环路芦苇池、黄水沟黑臭水体治理等4个项目，有序推进山丹河水体污染治理项目，全面推行“河长制”，建立区、乡、村三级“河长”监管模式。

永昌县关停退出西大河二级水电站，积极落实推进“河长制”。

古浪县认真组织实施祁连山"山水林田湖草"生态保护修复工程，争取资金3.59亿元，推进8个项目，营造水源涵养林4.37万亩，初步建立县、乡、村三级"河长制"体系。

天祝县规范水电开发项目13个，启动实施总投资12.62亿元的祁连山"山水林田湖草"生态保护修复工程，初步建立县、乡、村三级"河长制"体系，有序推进河道水环境整治工作。

凉州区全面推行"河长制"，建立"点、线、面"相结合的网格化河道管护机制，永昌镇污水处理及管网工程、市污水处理厂提标改造等10个重点环保项目已建成7个。

#### 1.1.2.3 生态环境保护进展

（1）现状

甘肃祁连山国家级自然保护区局部生态破坏严重，除上述非法采矿和不合适的水电站运营所造成的大气、水生态破坏之外，还由于人口增多、过度开采与放牧、管理手段落后等因素造成生态退化，如冰川及多年冻土消融、水源涵养功能萎缩。据中国科学院西北生态环境资源研究院2013年统计，甘肃省境内冰川50年间总面积减少441平方公里。近年来，受冰川消融加剧的影响，祁连山自然保护区的草原、湿地、沼泽来水量增加，抬升地下水位，造成该地区土壤盐碱化；高山地区受冰川退缩影响，地表裸露；高寒草甸退化，呈现土地荒漠化趋势，水源涵养功能萎缩。

涵养水源的植被减少、生态逆向演替，森林功能弱化。据祁连山水源涵养林研究院多年观测资料显示，祁连山自然保护区内适宜森林生长的面积比例约为31.7%，而现有乔木林地面积只占保护区总面积的6.29%，加上灌木林也只有21.8%。由于森林资源不断减少，祁连山自然保护区已经呈现分层递阶逆向蚕食演替的景象：乔木林演变成灌木林或疏林地，灌木林和疏林地演变成草地，草地被开垦为耕地或者直接退化成沙地，最后变为荒漠乃至沙漠，森林、草原和湿地生态系统对经济社会发展的支撑能力严重削弱。

甘肃省2017年先后出台了矿业权分类退出、水电站关停退出整治、旅游设施项目差别化整治和补偿等办法。保护区144宗矿业权矿山地质环境恢复治理基本完成，其中已完成分类退出76宗，剩余68宗正在分类退出；42座水电站全部完成分类处置；25个旅游项目完成整改和差别化整治。此外，甘肃省还完成了祁连山自然保护区生态保护红线划定工作，制定了祁连山自然保护区产业准入负面清单。但仍然存在矿业权尚未完全退出、林草"一地两证"、核心区仍有农牧民居住等问题。

（2）措施

2017年，祁连山自然保护区通过开展自然资源资产离任审计试点、编制自然资源资产负债表、停止保护区内开放性生产经营活动、搬迁核心区农牧民、封山育林、退耕还林、推行“路长制”“街长制”等措施强化顶层设计、完善基础设施以修复生态系统，加强生态环境保护。具体措施见专栏1-5。

**专栏1-5　八县（区）生态环境保护措施进展**

肃南县全面停止保护区内开发性生产经营活动，完成自然保护区核心区149户农牧民搬迁工作，推进祁连山国家公园体制试点和生态保护红线划定工作，开展自然资源资产离任审计试点和问题整改工作，全面启动自然资源资产负债表编制试点，投资1 600多万元实施重点林业生态工程，完成义务植树3 307亩63万株，封山育林1.6万亩，新一轮退耕还林及绿化造林3 250亩，投资4 000多万元加强草原综合治理，补播改良退化草原5万亩，围栏草原40万亩，防治草原鼠害80万亩。

民乐县关闭退出海潮坝省级森林公园，全部拆除扁都口旅游景区处于祁连山自然保护区内的已建设施，完成覆土种草，重新调整景区规划，积极推进“山水林田湖草”综合治理项目建设，开展6个生态保护修复工程项目，项目可行性研究报告和实施方案编制已完成，有效推进招投标、环评等相关手续办理。

山丹县内祁连山自然保护区6项突出生态环境问题全面整改到位。祁连山水源涵养区浅山区植被恢复与保护、小流域综合治理等6个“山水林田湖草”项目获批实施，“一园三带”和三北防护林、新一轮退耕还林等生态建设项目有序推进，大规模开展植树造林活动。健全完善符合山区实际的生态环境保护长效机制，全面推行“路长制”“街长制”。

甘州区231项问题完成整改、通过验收228项。启动实施“山水林田湖草”生态保护修复项目13个。组织开展生态环境问题“大发现大整治”和城乡环境卫生“大清洁大整治”专项行动，全面启动无垃圾全域创建工作，积极开展“限塑”行动，回收废旧农膜6 100吨。大力实施造林绿化工程，完成三北防护林五期、退耕还林、农田林网3.5万亩，绿色通道170公里。

永昌县完成整改中央环保督察反馈问题20个，国控4项主要污染物减排任务超额完成。落实党政领导干部生态环境损害责任追究、领导干部自然资源资产审计、“河长制”等制度，启动祁连山国家公园体制试点，精心组织实施重点生态工程和国土绿化行动，完成造林0.62万亩、封山育林35.74万亩、森林抚育0.5万亩，森林覆盖率按新统计口径达到19.17%。

古浪县全面落实祁连山生态保护林地、湿地红线，大力开展人工造林和封山育林，对水源涵养林区的林中空地、水土流失严重区、宜林地进行人工植苗造林。加大祁连山自然保护区及外围移民迁出区生态治理力度，迁出区累计退出耕地30万亩，其中保护区7.14万亩，恢复生态用地700多亩。实行考核问责制度，制定《古浪县生态文明建设目标评价考核办法》并严格执行。

天祝县拆除保护区内建（构）筑物12.61万平方米，覆土绿化193万平方米，117个问题完成整改整治，整改率达91.41%。加强生态保护建设，总投资12.62亿元的祁连山“山水林田湖草”生态保护修复工程启动实施，生态移民、矿山生态恢复治理和水源涵养林保护建设等11类43个项目全部开工建设，完成投资2.07亿元。开展祁连山自然保护区自然资源资产负债表编制和县域生态保护红线划定工作，制定天祝县国家重点生态功能区产业准入负面清单，积极配合开展祁连山国家公园体制试点工作。持续加大森林草原生态建设力度，完成人工造林2万亩、封山育林3.5万亩、通道绿化56公里、义务植树100万株、林业有害生物防治11.2万亩、草原补播改良5万亩，落实耕地保护制度，完成66.3万亩基本农田划定工作。

凉州区积极推进祁连山国家公园体制试点基础工作，启动实施祁连山自然保护区自然资源资产负债表编制和生态保护红线划定工作。加快推进“山水林田湖草”生态保护修复工程，落实中央基础奖补和省级配套资金2.6亿元，5个项目全部开工。划定畜禽禁养区7个，面积655.68平方公里，关闭搬迁养殖场（小区）14个。新增高效节水面积14.5万亩，发展旱作农业41.2万亩。完成人工造林6.68万亩、通道绿化276公里、义务植树552万株、封山（沙）育林（草）2万亩。

## 1.1.3　生态环境管理现状

### 1.1.3.1　生态环境管理能力建设现状

肃南、民乐、山丹等八县（区）均设立了生态环境分局，同时设置了环境监测、监察机构并开展环境质量监测、污染源监控及监察执法工作。祁连山国家级自然保护区管理局主要负责自然保护区的管护。管理局现有职工55人，其中，专业技术人员46人，包括正高级工程师4人，高级工程师20人，工程师13人，助理工程师9人，科技管理人员知识层次较高，专业结构较为合理。管理局下设寺大隆、上房寺等22个自然保护站。

强化生态环境问题整改落实。在中央环保督察发现生态环境问题后，甘肃祁连山自然保护区8个县（区）加强了环保机构建设，推进祁连山生态环境保护及修复。2017年，省林业厅先后召开了全省性的大型会议5次，专题研究部署保护区生态环境问题整改工作。1月21日，召开了全省林业局长会议和自然保护区管理工作会，制定下发了《全省林业系统自然保护区管理工作领导责任体系（试行）》和《全省林业系统自然保护区责任体系考核办法（试行）》。6月，成立了由厅主要领导任组长、厅分管领导任副组长的自然保护区生态环境整治、湿地保护修复、国家公园筹备等3个协调推进工作领导小组，并设立办公室。8月14日根据祁连山自然保护区生态环境问题整改工作推进组会议，由省编办牵头，成立了省编办分管领导任组长，省委组织部、省编办、省人社厅、省林业厅相关处室负责同志为成员的省祁连山自然保护区生态环境问题整改工作体制机制理顺组等。

强化督察落责、推进整改。2017 年，省林业厅针对保护整改和生态修复工作先后组织开展了 7 次专项督导检查和 2 次专项检查，其中由厅领导亲任组长带队督察或对重点问题进行调研的有 8 次，特别是 6 月 22 日和 8 月 22 日，省林业厅党组书记、厅长宋尚有和副厅长张平，带领厅机关相关处（室）负责人先后两次深入祁连山自然保护区，就生态环境问题整治和生态修复工作进行调研督察。2017 年 2 月 20 日，省林业厅制定了《甘肃祁连山国家级自然保护区生态环境破坏问题整改情况检查工作方案》，从省林业调查规划院和省野生动植物管理局抽调技术骨干 40 人，从 2 月初开始，历时一个月，对祁连山保护区内各类建设项目整改落实情况进行逐一检查。7 月 26 日至 8 月 15 日，省林业厅再次组织 10 个工作组，抽调 43 名技术骨干对保护区内列入问题清单的 346 个各类建设项目及生态环境问题进行全面检查，特别对中共中央办公厅、国务院办公厅通报中所反映的 144 个探采矿项目、42 个水电开发项目和 25 个旅游项目的整改及生态修复情况再次进行了全面细致的核查；安排保护区管理局开展了两轮全面督察，对发现的 115 条问题线索及时进行督办；向张掖、武威、金昌三市及相关县（区）政府和保护区管理局下发关于加快推进整改及生态修复工作的督办函 15 份，推动整改工作。具体情况见专栏 1-6。

**专栏 1-6　八县（区）生态环境问题整改情况**

肃南县编制《生态环境保护责任实施细则》，实行最严格的问责制和“一票否决”制。成立生态建设和环境保护协调推进领导小组，加强对生态文明建设和生态环境保护工作的组织领导，协调推进生态建设和环境保护重大工作。结合生态保护红线划定、祁连山国家公园建设，编制完成了《肃南县祁连山生态保护补偿试验区试点县规划》，推动建立祁连山生态补偿机制。

民乐县县委、县政府在祁连山生态问题专项整治行动启动以来，先后 8 次组织召开县委中心学习组会议。成立中央环保督察反馈问题整改行动指挥部，研究制定了《中央环境保护督察反馈问题民乐县整改“1+6”行动方案》。举办全县党政领导干部生态文明建设专题研讨班，明确今后发力的重点和方向。以中央和省环保督察反馈的问题为重点，一事一案一责，细化完善整改方案，成立了祁连山生态环境问题治理专项督察组，强化督察工作。

山丹县迅速成立山丹县落实推进中央环保督察反馈问题整改行动指挥部和山丹县“1+8”环保问题整改行动工作机构，为深入推进整改落实工作提供强有力的组织保障。建立联合执法机制，对辖区发生的重大生态环境保护问题，由联合执法组进行现场督办。建立问题整改警示机制，对问题整改情况、具体措施、进度、结果等节点进行动态跟踪。成立专项督察小组，持续深入开展大范围、高频次、强力度的督察活动，全面排查存在的问题，严肃责令整改。

甘州区实行整改工作联动机制。区环保指挥部办公室积极推进相关问题整改工作要求。实施整改工作清单销号机制，对所有环保反馈问题和自查问题，建立反馈意见问题台账，对整改情况进行动态管理。建立绿色发展指标体系和体现生态文明要求的考核目标、考核办法、奖惩机制，将生态建设与环境保护纳入领导班子和领导干部考核的重要内容。健全问责机制，对违背科学发展和绿色发展要求、造成资源环境生态严重破坏的实行终身追责。

永昌县成立生态环境问题整治工作领导小组，并制定《祁连山国家级自然保护区永昌县境内生态环境问题整治工作方案》。建立督察机制，相关乡镇、部门要按照整治方案确定整改措施、责任单位和时间进度，加大对整治工作的督促检查力度，及时跟踪督办，加快整改进度，对整治不力的进行约谈，对不作为、慢作为的进行严肃问责。

古浪县建立生态环境保护问题档案卡，实行“一事一卡”管理，督促相关责任单位迅速开展整改落实工作。设立自然保护区林区警务室，维护祁连山自然保护区治安秩序。制定并严格执行《古浪县生态文明建设目标评价考核办法》，提高生态建设和环境保护考核权重。坚持奖惩并举，对失职失责、发现问题不抓不管、造成生态环境破坏的人和事，一律从严查处，严肃追究责任。

天祝县成立整改整治行动领导小组，开展自然保护区内建设项目清理整治大排查、大整治和信访投诉案件“回头看”，严格实行“一项目，一方案，一结果”工作机制，进一步明确整改责任单位、整改措施、整改时限，强化监督，倒逼进度确保整治工作按期完成。

凉州区成立了工作领导小组，负责全区生态环境保护工作的统一领导、统筹部署、协调推进、督促落实。从2017年1月18日起，凉州区抽调72名干部，组成18个核查组，进行了地毯式排查，摸清问题症结，制定整改方案，一个一个分析，一项一项整改。完善考核问责机制，将生态建设和环境保护列为各级领导班子和领导干部实绩考核的重要内容，加大资源消耗、环境保护、生态效益等方面的考核权重，考评结果纳入年度政绩考核，作为干部奖惩任用的重要依据，形成鲜明工作导向。

#### 1.1.3.2 公众参与制度建设现状

公众基于环境权和外部性理论有参与环境影响评价的权利，而且公众参与环境保护的程度，直接体现了一个国家可持续发展的水平。甘肃祁连山自然保护区生态环境问题整治期间比较注重公众参与，在相应的法律法规中都有提及，但公众参与环评的程度和影响还不大。

《甘肃省贯彻落实中央环境保护督察反馈意见整改方案》中提及及时公开信息。围绕推进环境保护督察整改工作的有关决策部署、政策措施、实施方案及具体落实情况，以及责任追究、取得成效、经验做法、典型案例、环境保护长效机制建立和人民群众获得感等情况，加大宣传报道力度，通过新闻发布会、新闻通报会等形式，及时向社会公开全省整改工作情况，回应群众关切，接受社会监督。

《甘肃省林业厅祁连山保护区生态环境问题整改实施方案》中提及加强宣传报道。厅信息办要牵头深入开展生态保护宣传教育，提高干部群众生态环境保护意识，推进形成绿色发展方式和生产生活方式。要加大宣传报道力度，通过多种形式及时宣传推进祁连山生态环境整治工作的有关决策部署、政策措施及具体落实情况，以及取得的成效、经验做法、典型案例、生态环境保护长效机制建立和人民群众获得感等信息，引导舆论导向，回应群众关切，接受群众监督。

八县（区）均制定了公众参与机制，大体为两方面：一是主动公开信息，接受社会监督；例如《甘州区贯彻落实中央环境保护督察反馈意见整改工作方案》中提及主动公开信息；《祁连山国家级自然保护区永昌县境内生态环境问题整治工作方案》中提及自觉接受社会监督。各责任单位要认真贯彻国家和省市有关部署和要求，加强组织领导，靠实工作责任，采取有力措施，确保完成各项清理整顿工作任务。同时，将工作落实进度和调查处理结果及时向社会公布，自觉接受人大代表、政协委员、新闻媒体和广大群众的监督等。二是加强宣传，提高人民群众保护环境的意识。加强网络环境舆情的监控，及时分析研判，公开环境信息，回应公众诉求，做好舆情引导。

## 1.2　问题识别

### 1.2.1　生态环境问题仍然突出

祁连山的生态环境呈退化趋势。森林覆盖率大大减少，草场退化，湿地缩小，土地沙化严重，水土流失加剧。近年来，仅肃南县的草地退化面积就达到 44.46 万公顷，占总面积的 31.27%；草地退化、土地沙化也使得水源涵蓄功能减退；冰川急剧退缩，近 20

年来，祁连山冰川融水比20世纪70年代减少了大约10亿立方米，局部地区的雪线正以年均2～6.5米的速度上升；采矿和小水电站建设带来的过度及不当开发，导致植被被严重破坏，河道干涸，水源匮乏；高山森林水源涵养功能的退化和山区径流的减少给山区小气候带来了变化，直接影响了祁连山自然保护区内众多生物的生存。受人为活动与自然环境变迁等综合因素的影响，生物多样性面临威胁，森林景观破碎化，野生动物栖息地遭到破坏，活动范围逐渐缩小，导致野生动物种群数量明显减少。

### 1.2.2 生态空间管控机制尚未建立

生态保护红线的实质是生态环境安全的底线，目的是建立最为严格的生态保护制度，对生态功能保障、环境质量安全和自然资源利用等方面提出严格的监管要求，从而促进人口资源环境相均衡、经济社会生态效益相统一。虽然祁连山自然保护区第一阶段的生态保护红线划定工作基本完成，但仍存在一些问题：生态保护红线区、祁连山自然保护区和祁连山国家公园三者在区域划分上存在差别；生态保护红线与民生设施的建设、重大交通项目的建设等之间存在冲突。祁连山国家级自然保护区区域内红线划定基本完成，明确了区域内当前存在的生态环境、社会经济发展和生态服务需求，评估了生态保护红线的合理性。在此基础上，确定区域内水源涵养、生物多样性维护、水土保持、防风固沙等生态功能重要区域，充分考虑重大民生、基础设施建设等项目预留通道，划定合理的生态保护红线。依据划定结果及受保护区域的生态特征和保护需求，确定生态保护红线管控级别，明确各级管制要求和措施，建立合理的生态保护红线管理体系。

### 1.2.3 生态监测管理体系还不健全

生态监测既包括对环境本底、环境污染、环境破坏的监测，也包括对生命系统的监测，还包括对人为干扰、自然干扰造成的生物与环境之间相互关系变化的监测。这要求不同时间、空间尺度的监测信息必须具备可比性和连续性。目前仅张掖市建立了较为完善的网络监测平台，具有常规监测、重点污染源监测、生态评估等功能。祁连山国家级自然保护区于1988年经国务院批准建立，但区内发挥重要水源涵养功能的冰川、草地、湿地未被纳入主要保护对象。长期以来，保护区管理部门仅具有对林地和野生动物的管理权限，而冰川、草地、水域等地类被划为非林地，分属国土、农业、水利等部门管理，保护区管理部门对保护区内的自然资源和自然环境不能实行统一管理，导致草地、湿地及冰川等资源因过度开发利用造成生态环境退化，同时也存在监测监管不到位的情况。

虽然在祁连山生态环境治理修复的过程中，有很多项目与工程分别开展了对森林、草地、农田、沙漠、河流、湖泊等不同类型的生态系统的研究和监测，但都是局部的，且主要以研究为主，监测覆盖面小，及时性、统一性和实用性差，不能准确、及时地反映全区生态总貌，也不能准确、及时、定量地评价各项生态工程在各区域（流域）的实施效果。加之目前祁连山自然保护区生态监管主要以水资源管理为对象，缺乏权威的、专业的自然生态环境监测管理体系，致使生态工程覆盖面重复或遗漏的情况经常发生，生态环境建设得不到有效监测和全面评价，严重制约下一步祁连山生态环境的保护与建设工作。

### 1.2.4 缺乏有效的沟通和统一管理

生态保护工作缺乏统一、有效的管理机制，导致管理部门间各自为政，缺乏有效的沟通和协作，审批和管理脱节、未批先建等问题时有发生。2016 年，连续多次暴露出祁连山生态环境破坏事件的问题，究其原因，归根结底与各行政管理部门缺乏有效的沟通和统一管理有关。一方面，能行使行政监管和执法权的机构众多，存在职能交叉、力量分散、效率不高等问题，机构间也常发生争执和重复处罚现象；另一方面，监管和执法力量配置不合理，存在“条块分割、各自为政”的情况，影响保护区生态监管效能。

### 1.2.5 环保专业人才缺失与财政紧张

甘肃省存在严重的人才外流的现象，环境执法、监管、修复等人员极度缺乏。全省 GDP 排名常年处于倒数行列，工业发展受限、财政经费紧缺，而生态修复、生态保护红线划定、监测平台构建、“山水林田湖草”等项目都需要大量的资金投入，这导致甘肃省存在严重的资金缺口。

## 1.3 形势与挑战

2017 年 10 月，党的十九大首次把“美丽”纳入社会主义现代化强国目标，强调要推进绿色发展，加快生态文明体制改革，为未来中国推进生态文明建设和绿色发展指明了路线。2018 年 5 月，全国生态环保大会对加强生态环境保护、打好污染防治攻坚战作出部署，动员全党全社会共同助力，推动我国生态文明建设迈上新台阶。

甘肃省南部沿省界从西北到东南的带状区域，依次分布有祁连山、甘南高原、“两江一水”（白龙江、白水江、西汉水）流域、子午岭，该区域降水较丰沛，植被较茂密，是甘肃省的主要林区与草原区，也是河西内陆河和黄河、长江等大江大河的重要水源补给和涵养区，承担着水源涵养、生物多样性保护等多种生态功能，是重要的生态屏障区，因此建立起稳定的生态体系显得尤为重要。在此背景下，甘肃省积极响应国家生态文明建设战略，出台《甘肃省生态文明体制改革实施方案》《关于进一步加快推进生态文明制度建设的意见》等文件，通过着力解决生态环境突出问题，加快实施国家公园、“山水林田湖草”等重大生态工程，加强环境污染治理，强化生态环境执法监管等措施，推动生态文明建设。

祁连山自然生态系统是甘肃河西陆地生态系统的主体，山地自然植被垂直分带明显，且带谱完整，是黄河流域重要水源产流地，是我国生物多样性保护优先区域，被誉为河西走廊的“生命线”和“母亲山”，在祁连山自然保护区区域内推行生态文明建设与绿色发展是必须长期坚持的方针战略，但目前仍面临一些挑战。

### 1.3.1 “绿水青山”和“金山银山”的转化通道尚未打通

祁连山自然保护区区域内民生与生态承载力矛盾突出。区域内森林和草地呈镶嵌分布的格局，形成独特的林草交错带生态系统。由于对生态资源的承载力认识不清和缺乏引导，加之对经济增长的过度追求，打破了保护区的生态系统平衡，有些地方处于严重超载状态。如何在低位发展水平下建立生态优先发展模式是亟须解决的问题。

### 1.3.2 生态环境质量难以满足人民日益增长的美好生活需要

祁连山自然保护区区域内大气污染防治形势严峻，水污染较为严重，生态系统不容乐观。过去非法采矿、水电过度开发等对生态环境产生了极大的破坏。2017 年以来，保护区针对祁连山生态环境破坏问题，虽然采取了诸如全面退出矿业权、解决林草“一地两证”问题、搬迁核心区农牧民等措施并取得了明显成果，但生态环境修复是个极其缓慢的过程，目前祁连山自然保护区区域内生态环境质量仍难以满足人民日益增长的美好生活需要。

### 1.3.3 环境民生服务需求与污染治理供给不平衡

针对祁连山生态环境破坏问题，祁连山自然保护区内三市八县（区）都采取了一定的措施，但由于资金、技术等限制，在保护区内还存在诸如禁养区畜禽养殖场尚未完全关闭搬迁、禁牧限牧不彻底、生态补偿等长效保护机制尚未全面形成、生态环境状况监测评估体系尚未完善等问题。

# 第二章
# 祁连山自然保护区生态文明建设与绿色发展框架

## 2.1 总体思路

依据国家、甘肃省政府颁发的生态文明建设规划与绿色发展崛起的指导性文件精神，按照生态文明建设与绿色发展的新要求、新目标，基于祁连山地区经济社会发展与生态环境保护的新形势、新挑战，充分借鉴国内外生态文明建设与绿色发展的经验，坚持以推动甘肃省祁连山国家级自然保护区生态文明建设与绿色发展为核心，以优化国土空间开发格局、完善绿色经济体系、加强生态系统保护、健全环境管理体系、改善人居环境、完善生态文明制度六大措施为抓手，不断提高区域生态文明建设与绿色发展水平，把甘肃祁连山自然保护区建设成为我国环境质量最好、自然生态最优、人居环境最美的区域，筑牢西部生态安全屏障。

## 2.2 范围与时限

甘肃祁连山国家级自然保护区地跨张掖、金昌、武威三市的肃南县、民乐县、山丹县、甘州区、永昌县、古浪县、天祝县、凉州区八县(区)，区域范围为东经97°23′34″—103°45′49″，北纬36°29′57″—39°43′39″，总面积198.72万公顷。

基准年为2015年，时限为2018—2022年。

## 2.3 指导思想

以习近平新时代中国特色社会主义思想为统领，全面贯彻党的十九大精神，深入贯彻习近平生态文明思想，努力践行习近平总书记视察甘肃重要讲话和“八个着力”重要指示精神，按照高质量发展的要求，统筹推进“五位一体”总体布局和协调推进“四个全面”战略布局，以全面改善生态环境质量和提高绿色发展竞争力为主线，以生态保护红线、环境质量底线、资源利用上线和环境准入负面清单为手段，优化生态空间、发展绿色经济、改善生态环境、创新制度机制，推进国家生态安全屏障综合试验区建设，打造绿色发展和“美丽中国”建设的西部区域样板，形成祁连山生态文明建设模式。

## 2.4 基本原则

坚持生态优先、绿色发展。严守生态保护红线，以生态环境优化经济增长，在发展中保护、在保护中发展，大力淘汰矿业开采、水电开发等落后低端低效产能，重点发展绿色产业，推动形成以产业生态化和生态产业化为主体的生态经济体系。

坚持重点突破、整体推进。既立足当前，着力解决区域违法违规开发矿产资源，部分水电设施违法建设、违规运行，周边企业偷排偷放等对经济社会可持续发展制约性强、群众反映强烈的突出问题，打好污染防治攻坚战；又着眼长远，整体谋划绿色经济发展、生态环境质量改善的双赢之路。

坚持改革创新、系统管理。充分发挥市场配置资源的决定性作用和政府作用，推进重点领域、关键环节的改革。坚持“山水林田湖草”系统管理，综合运用法制、经济、行政、技术、社会等多种手段保护生态环境。

坚持社会共治、共同推进。落实生态环境保护“党政同责”“一岗双责”。落实企业环境治理主体责任，动员全社会积极参与生态环境保护，激励与约束并举、政府与市场“两手发力”，形成政府、企业、公众共治的环境治理体系。

## 2.5 主要目标

### 2.5.1 总体目标

综合考虑区域生态环境保护特点和“十四五”期间经济社会发展趋势，通过优化国土空间开发格局、加强产业转型升级、提高资源节约利用水平、提升环境质量、改善人居环境、完善生态文明制度等措施，不断提高区域生态文明建设水平和绿色发展水平。力争到2022年，区域主要污染物排放总量显著减少，人居环境明显改善，生态系统稳定性增强，生态空间管治、环境监管和行政执法体制机制取得重要突破，环境责任考核逐步探索开展。生态文明制度体系基本建立，绿色产业体系基本形成，生态文明和绿色发展水平与全面小康社会相适应，甘肃祁连山自然保护区生态文明建设模式基本形成。

### 2.5.2　指标体系

按照党的十九大关于生态文明建设的总体部署，参照国家发展改革委、国家统计局、原环境保护部、中央组织部制定的《绿色发展指标体系》和《生态文明建设考核目标体系》，综合考虑自然保护区建设与保护的总体要求，构建了甘肃省祁连山自然保护区生态文明建设与绿色发展指标体系。其中，生态保护指标 11 项，环境治理与环境质量指标 13 项，资源利用指标 8 项，绿色生产与生活指标 4 项，公众满意度指标 1 项（表 2-1）。根据《甘肃省国民经济和社会发展第十三个五年规划纲要》《甘肃省水利信息化发展“十三五”规划》《甘肃省“十三五”能源发展规划》《甘肃省“十三五”环境保护规划》《甘肃省“十三五”农业现代化规划》等，以祁连山自然保护区资源利用、污染治理与质量改善、绿色生产与生活相关指标向甘肃省平均水平看齐、生态保护指标较 2015 年不断增加为原则，确定 2022 年相关指标目标值。

加强生态建设，提升生态保护水平。到 2022 年，甘肃祁连山自然保护区所在八县（区）严守生态保护红线，甘肃祁连山自然保护区生态补偿条例实施并进行阶段评估，祁连山自然保护区核心区、实验区、缓冲区面积较 2020 年不降低，森林覆盖率、草原综合植被覆盖度、湿地保护率、水土流失治理率、可治理沙化土地治理率、矿山恢复治理率等较 2020 年增加。

表 2-1　甘肃省祁连山自然保护区生态文明建设与绿色发展目标指标

<table>
<tr><th>序号</th><th>类别</th><th>指标名称</th><th>目标值（2022 年）</th></tr>
<tr><td>1</td><td rowspan="11">生态保护</td><td>划定并严守生态保护红线</td><td>遵守</td></tr>
<tr><td>2</td><td>甘肃省自然保护区生态补偿条例</td><td>实施</td></tr>
<tr><td>3</td><td>自然保护区核心区面积</td><td rowspan="3">较 2020 年不降低</td></tr>
<tr><td>4</td><td>自然保护区实验区面积</td></tr>
<tr><td>5</td><td>自然保护区缓冲区面积</td></tr>
<tr><td>6</td><td>森林覆盖率</td><td rowspan="6">较 2020 年增加</td></tr>
<tr><td>7</td><td>草原综合植被覆盖度</td></tr>
<tr><td>8</td><td>湿地保护率</td></tr>
<tr><td>9</td><td>水土流失治理率</td></tr>
<tr><td>10</td><td>可治理沙化土地治理率</td></tr>
<tr><td>11</td><td>矿山恢复治理率</td></tr>
</table>

| 序号 | 类别 | 指标名称 | 目标值（2022年） |
|---|---|---|---|
| 12 | 环境治理与环境质量 | 化学需氧量排放总量减少 | 完成国家下达的“十四五”阶段目标任务 |
| 13 | | 氨氮排放总量减少 | |
| 14 | | 二氧化硫排放总量减少 | |
| 15 | | 氮氧化物排放总量减少 | |
| 16 | | 危险废物处置利用率 | ＞90% |
| 17 | | 生活垃圾无害化处理率 | ＞98% |
| 18 | | 城区生活污水集中处理率 | 100% |
| 19 | | 空气质量优良天数比率 | ＞85% |
| 20 | | 地表水达到或好于III类水体比例 | 100% |
| 21 | | 地表水劣V类水体比例 | 0 |
| 22 | | 重要江河湖泊水功能区水质达标率 | 90% |
| 23 | | 集中式饮用水水源水质达到或优于III类比例 | 100% |
| 24 | | 受污染耕地安全利用率 | 99%左右 |
| 25 | 资源利用 | 单位GDP能源消耗降低 | 较2015年降低20% |
| 26 | | 单位GDP二氧化碳排放降低 | 较2015年降低22% |
| 27 | | 非化石能源占一次能源消费比重 | ＞25% |
| 28 | | 万元GDP用水量下降 | 较2015年降低38% |
| 29 | | 万元工业增加值用水量降低 | 较2015年降低40% |
| 30 | | 农田灌溉水有效利用系数 | 0.60 |
| 31 | | 一般工业固体废物综合利用率 | ＞85% |
| 32 | | 农作物秸秆综合利用率 | ＞90% |
| 33 | 绿色生产与生活 | GDP增长率 | 7% |
| 34 | | 战略性新兴产业增加值占GDP比重 | 20% |
| 35 | | 研究与试验发展经费支出占GDP比重 | 2.5% |
| 36 | | 农村自来水普及率 | ＞93% |
| 37 | 公众对生态环境质量满意程度 | | 不断上升 |

强化污染控制，改善生态环境质量。到2022年，甘肃祁连山自然保护区所在八县（区）完成国家下达的“十四五”总量控制目标任务，化学需氧量、氨氮、二氧化硫、氮氧化物四项总量控制污染物排放量下降，危险废物处置利用率达到90%以上，生活垃圾无害化处理率达到98%以上，空气质量优良天数比率达到85%以上，地表水全部达到或好于III类水体标准，全面消除地表水劣V类水体，重要江河湖泊水功能区水质达标率达到90%，集中式饮用水水源水质达到或优于III类比例实现100%，受污染耕地安全利用率在99%左右，农作物化肥、农药用量零增长。

加强综合利用，提高资源利用效率。到2022年，甘肃祁连山自然保护区单位GDP能耗比2015年下降20%，单位GDP二氧化碳排放强度较2015年下降22%，非化石能源占一次能源消费比重超过25%，发展可再生能源。水资源开发利用效率大幅提高，万元GDP用水量下降38%，万元工业增加值用水量下降40%，农业灌溉水有效利用系数提高到0.60。加强废弃物资源综合利用，工业固体废物综合利用和处置率达85%以上，农作物秸秆综合利用率达到90%以上。

注重增长质量，提升绿色发展水平。到2022年，甘肃祁连山自然保护区八县（区）GDP增长率达到7.0%，战略性新兴产业增加值占GDP比重达到20%，研究与试验发展经费支出占GDP比重达到2.5%，农村自来水普及率达到93%以上，公众对生态环境质量满意程度不断上升。

# 第三章
# 祁连山自然保护区生态文明建设与绿色发展方案

## 3.1 优化生态空间布局，筑牢生态屏障

党的十九大报告指出，要加大生态系统保护力度，完成生态保护红线、永久基本农田、城镇开发边界三条控制线划定工作；要推进绿色发展，壮大节能环保产业、清洁生产产业、清洁能源产业，推进资源全面节约和循环利用，倡导简约适度的生活方式。全国生态环境保护大会指出，打好污染防治攻坚战要强化三大基础：推动形成绿色发展方式和生活方式，优化产业布局，加快调整产业结构，推进能源生产和消费革命，倡导绿色低碳生活方式；加快生态保护与修复，划定并严守生态保护红线，优化城市绿色空间；构建完善环境治理体系，改革生态环境监管体制，推进环保督察，推进排污许可制度，构建市场导向的绿色技术创新体系。祁连山地区需通过落实主体功能区划、优化空间发展布局、强化生态保护红线管控、构建绿色发展格局等措施，不断提高区域生态文明建设水平和绿色发展水平。

### 3.1.1 落实主体功能区划要求

祁连山地区三市八县（区）中，武威市的天祝县和古浪县，金昌市的永昌县，张掖市的肃南县（不包括北部区块）、民乐县和山丹县共6个县列入祁连山冰川与水源涵养生态功能区，为国家重点生态功能区，属于国家限制开发区域；武威市的凉州区和张掖市的甘州区列入甘肃省重点开发区域；张掖市的肃南县北部区块为河西农产品主产区，属于农产品主产区范围，列入甘肃省限制开发区域。此外，国家级和省级自然保护区、世界文化自然遗产、风景名胜区、森林公园、地质公园等各类保护区都属于禁止开发区域。

#### 3.1.1.1 国家限制开发区域

构建河西内陆河流域生态屏障。列入国家重点生态功能区的祁连山六县应以祁连山生态保护与建设综合治理工程为重点，对冰川、湿地、森林实施抢救性保护和严格管制，加强祁连山水源涵养林、冰川、高山湿地和旱区湿地的监测，防止人为生态破坏，适度发展与生态环境相适应的特色产业，引导人口和产业有序转移，减轻生态系统压力。按照“南护水源、中兴绿洲、北防风沙”，强化祁连山自然保护区水源涵养功能。

强化流域综合治理。健全源头保护制度和流域综合治理长效机制，巩固扩大石羊河、黑河、疏勒河三大内陆河重点治理成果，加强水生态保护，提高水资源风险防控能力，实现流域内地下水位持续回升和生态有效修复。

大力发展绿洲节水高效农业。支持古浪县、永昌县、山丹县、民乐县等农业条件较好的县发展特色农业和绿洲节水高效农业，协同建设沿黄农业产业带及河西农产品主产区，提升其在全省农业发展战略格局中的地位。

推进永昌生态屏障典型试验区进展。依据《甘肃省加快转型发展建设国家生态安全屏障综合试验区总体方案》，永昌县为生态屏障典型试验区建设县，应立足于金昌水资源利用生态补偿试点工程，探索建立横向生态补偿机制、推进市场化生态补偿进程、探讨生态补偿综合管理的实现方式。搭建流域生态补偿机制管理平台，建立流域生态保护共建共享机制。

#### 3.1.1.2 省级重点开发区域

张掖市甘州区。一是发挥张掖地处河西走廊中部的区位优势，完善城市基础设施，增强城市集聚人口、产业的能力，提升区域交通枢纽和经济通道功能。二是充分利用农畜产品资源优势，推进各类现代农业示范区建设和特色优势产业带发展，建设优质农产品生产加工基地，提高农畜产品市场占有率和竞争力。三是以能源、矿产资源优势为依托，加大勘探开发力度，抓好钨、钼等矿产资源的开采、冶炼及精深加工；以区域内旅游资源为依托，大力发展生态、历史文化等特色旅游业，积极培育新的支柱产业和经济增长点。四是加大生态保护力度，推进节水型社会建设，加快黑河二期治理，巩固退耕还林（草）成果；探索节水型产业及城市生活节水新模式，促进水资源合理配置、高效利用和有效保护，建设高效的节水型社会。

武威市凉州区。一是发挥区内产业带动和城市服务功能的互补作用，发挥区域中心城市和大中型企业的带动作用，着力实施以工促农、以城带乡，统筹城乡发展。二是强化镍、钴生产和稀贵金属提炼加工基地的基础地位，不断延伸产业链条，大力发展后续产业，形成镍、钴、铜精深加工，粉体材料、金属盐化工和稀贵金属新材料等产业链，打造国家重要的新材料基地；以循环经济发展为主线，依托资源优势和大型企业，做大做强化工产业，积极发展新能源产业；充分发挥绿色农产品生产优势，发展壮大酿造、食品等特色加工业。三是保护区内耕地，发展现代农业；扎实推进生态建设和环境保护，加强水资源集约利用，推进节水型社会建设。

#### 3.1.1.3 省级限制开发区域

属于河西农产品主产区的张掖市肃南县北部区块应发挥资源优势，利用现代农业技术，加快农田水利建设，合理调整农业生产结构与布局，推进土地集约和适度规模开发，建设节水型农业。

实施最严格的耕地保护制度。严格控制建设占用耕地，对基本农田按禁止开发区域要求进行管制，控制不合理的土地资源开发活动，加强农用地土壤环境保护。

强化粮食生产和安全保障。大力发展制种、棉花、油料、酿造原料和果蔬、牛羊肉、冷水鱼等特色农产品生产及深加工；充分利用天然草场和农区秸秆，大力发展牧区和农区畜牧业，积极建设农田防护林、水源涵养林和防风固沙林，保护绿洲和生态。

#### 3.1.1.4 省级禁止开发区域

甘肃省禁止开发区域包括祁连山国家公园、张掖黑河湿地国家级自然保护区、祁连山国家级自然保护区、甘州区的东大山自然保护区、山丹县的龙首山自然保护区、古浪县的昌岭山自然保护区，天祝马牙雪山天池、肃南马蹄寺、山丹县焉支山、肃南—临泽丹霞地貌、骊靬古城景区、北武当山景区等风景名胜区，天祝三峡国家森林公园、天祝冰沟河省级森林公园、永昌豹子头省级森林公园、张掖森林公园、肃南县马蹄寺森林公园、山丹县焉支山森林公园、甘州区黑河森林公园、民乐县海潮坝森林公园等，北海子湿地国家地质公园、天祝县的马牙雪山峡谷省级地质公园、甘州区的张掖丹霞地貌省级地质公园等，以及石羊河国家湿地公园、历史文化保护区、水源保护区、基本农田保护区等。

国家公园管理。根据中央深改组第三十六次会议审议通过的《祁连山国家公园体制试点方案》，祁连山国家公园甘肃部分面积为3.44万平方公里，占68.5%，涉及肃北蒙古族自治县、阿克塞哈萨克族自治县、肃南县、民乐县、中农发山丹马场、永昌县、凉州区、天祝县八县（区、场）。包括甘肃祁连山国家级自然保护区、甘肃盐池湾国家级自然保护区、天祝三峡国家森林公园、马蹄寺森林公园、冰沟河省级森林公园、七一冰川旅游景区、透明梦柯冰川景区、中华裕固风情走廊景区、肃南老虎石雪山生态文化体育旅游景区等十处保护地。

自然保护区管理。祁连山自然保护区、甘州区的东大山自然保护区、张掖黑河湿地自然保护区、山丹县的龙首山自然保护区、古浪县的昌岭山自然保护区等应依据《中华人民共和国自然保护区条例》《甘肃省主体功能区规划》确定的原则和自然保护区规划，按核心区、缓冲区和实验区进行分类管理。核心区严禁任何生产建设等人工活动；缓冲区除必要的科学实验活动外，严禁其他任何生产建设活动；实验区除必要的科学实验以及符合自然保护区规划的旅游等活动外，严禁其他生产建设活动。国家和省重点交通、通信、电网等基础设施建设，能避则避；必须穿越的，要符合自然保护区规划，且不得穿越核心区和缓冲区，并在环境影响评价文件中进行保护区影响专题评价。此外，还应探索建立信息共享、联防联控和责任追究机制，形成监管合力。

水源保护区管理。水源保护区指为保护水源洁净，在江河、湖泊、水库、地下水源地等集中式饮用水水源一定范围内划定的水域和陆域，需要加以特别保护。该区域依据《饮用水水源保护区污染防治管理规定》进行管理，严禁一切形式的开发建设活动。根据水源地环境污染现状，制定加强饮用水水源地汇水区生态环境保护方案，建立健全水源保护区安全预警制度。饮用水水源地保护区包括县级以上集中供水水源地（地下水）、县级以上集中供水水源地（地表水），地表水水质不低于《地表水环境质量标准》Ⅱ类标准，地下水水质不低于《地下水质量标准》Ⅲ类标准，各个水源地水质100%达标。

风景名胜区管理。天祝马牙雪山天池、肃南马蹄寺、山丹县焉支山、肃南—临泽丹霞地貌、骊靬古城景区、北武当山景区等风景名胜区应依据《风景名胜区条例》《甘肃省主体功能区规划》以及风景名胜区规划要求进行管理。严格保护风景名胜区内的景观资源和自然环境，不得破坏或随意改变。区域内的居民和游览者应当保护风景名胜区的景观、水体、林草植被、野生动物和各种设施；严格控制人工景观及设施建设。建设旅游设施及其他基础设施等必须符合风景名胜区规划，逐步拆除违反规划要求的设施建设。在国家级风景名胜区内修建缆车、索道等重大建设工程时，项目的选址方案应当报国务院建设主管部门核准，并在环境影响评价文件中强化对风景名胜区有影响的相关内容。在风景名胜区开展旅游活动，必须根据资源状况和环境容量进行，不得对景观、水体、植被及其他野生动植物资源等造成损害。

森林公园管理。天祝三峡国家森林公园、天祝冰沟河省级森林公园、永昌豹子头省级森林公园、张掖森林公园、肃南县马蹄寺森林公园、山丹县焉支山森林公园、甘州区黑河森林公园、民乐县海潮坝森林公园等应依据《中华人民共和国森林法》《中华人民共和国森林法实施条例》《中华人民共和国野生植物保护条例》《森林公园管理办法》以及

《甘肃省主体功能区规划》确定的要求进行管理。除必要的保护设施和附属设施外，禁止从事与资源保护无关的任何生产建设活动。在森林公园内以及可能对森林公园造成影响的周边地区，禁止进行采石、取土、开矿、放牧以及非抚育和更新性采伐等活动。建设旅游设施及其他基础设施等必须符合森林公园规划，逐步拆除违反规划建设的设施。根据资源状况和环境容量对旅游规模进行有效控制，不得对森林及其他野生动植物资源等造成损害；不得随意占用、征用和转让林地。

世界地质公园管理。永昌县境内的北海子国家级湿地地质公园、天祝县的马牙雪山峡谷省级地质公园、甘州区的张掖丹霞地貌省级地质公园等应依据《世界地质公园网络工作指南和标准》《关于加强世界地质公园和国家地质公园建设与管理工作的通知》和《甘肃省主体功能区规划》确定的要求进行管理。除必要的保护设施和附属设施外，禁止其他生产建设活动。建设项目应符合公园总体规划。在地质公园及可能对地质公园造成影响的周边地区，禁止进行采石、取土、开矿、放牧、砍伐以及其他对保护对象有损害的活动。未经管理机构批准，不得在地质公园范围内采集标本和化石。由于北海子国家级湿地地质公园位于旅游中心城镇建设范围内，因此应以红色文化旅游建设为中心，对城关镇及周边地区进行资源整合，充分考虑生态环境保护与城市发展和旅游发展的融合。

湿地公园管理。根据《国家湿地公园管理办法》规定，湿地公园是指以保护湿地生态系统、合理利用湿地资源为目的，可供开展湿地保护、恢复、宣传、教育、科研、监测、生态旅游等活动的特定区域。凉州区内的石羊河国家湿地公园规划总面积 61.749 平方公里，其中湿地保育区和恢复重建区规划总面积 46.58 平方公里。

历史文化保护区管理。永昌境内的圣容寺塔为全国重点文物保护单位，按照“保护为主、抢救第一、合理利用、加强管理”的方针，采取周边污染整治和预防措施、加强生态旅游管理等手段，全面消除保护区潜在的破坏因素，确保历史文物的原真性和完整性，以充分发挥历史文化遗址的教育、科学和文化、宣传作用，不断提高其社会效益和经济效益。

基本农田保护区管理。依据《中华人民共和国农业法》《中华人民共和国土地管理法》《基本农田保护条例》以及基本农田规划进行管理，确保基本农田面积不减少、用途不改变、质量不降低。在未取得耕地或基本农田变更为建设用地审批前，任何单位和个人不得改变用途或占用。禁止任何单位和个人在基本农田保护区内进行开发建设，禁止任何单位和个人闲置、荒芜基本农田。国家能源、交通、水利等重点建设项目选址确实无法避开基本农田的，要节约用地，并给予合理置换补偿。

## 3.1.2　强化生态保护红线管控

### 3.1.2.1　生态保护红线

生态保护红线包括禁止开发区生态保护红线，重要生态功能区生态保护红线和生态环境敏感区、脆弱区生态保护红线。禁止开发区红线范围包括祁连山地区三市八县（区）的各自然保护区、森林公园、风景名胜区、世界文化自然遗产、地质公园等。重要生态功能区红线划定范围包括纳入祁连山冰川和水源涵养生态功能区的六县［天祝县、古浪县、永昌县、肃南县（不包括北部区块）、民乐县和山丹县］中重要性等级高、人为干扰小的核心区域。

推动建立统一空间规划体系。各级领导干部突出生态保护红线思维，加大生态环境保护力度，推动建立统一的、科学的生态保护红线管控边界。政府机构各职能部门在制定各类规划时，服从生态保护红线规划，建立“多规融合”和“多规合一”的统一空间规划体系。

制定生态保护红线管理方法。重点对祁连山生态保护红线调整审批程序，生态保护红线范围内新增建设项目、用地以及现状建设项目、用地的处理，项目的审批程序，违法行为的查处依据、要求和处罚办法等进行规定。成立祁连山生态保护红线管控领导小组及生态保护红线专家委员会等，加强生态保护红线科学管理。

落实建设项目准入正面清单。祁连山自然保护区生态保护红线原则上按照禁止开发区域的要求进行管理，严禁不符合主体功能区定位的各类开发活动，严禁任意改变其用途。生态保护红线划定后，只能增加，不能减少，红线内建设项目应符合建设项目准入正面清单。

探索推进祁连山自然保护区红线政策战略环评。认真落实规划环评条例，会同祁连山保护区红线管控相关部门，坚持早期介入、整体一致的原则，开展祁连山自然保护区生态保护红线政策环境影响评价。规范红线内建设项目环评，严格执行环保“三同时”制度，严格落实建设项目环境影响评价，加强规划环评和项目环评的联动机制，进一步扩大基层环保部门审批权限，优化分级审批管理。

搭建动态监测平台。一是综合运用遥感技术、地理信息系统以及各类型生态监测网络的定位监测功能，全面掌握祁连山生态保护红线的生态系统结构与功能状况的动态变化、存在的主要生态问题以及人类活动干扰及强度等信息；二是构建生态评估及预警标准体系和技术方法，对祁连山的生态系统服务功能进行定期评估，及时预测预警生态风险。

构建生态保护红线管理平台。建立结构完整、功能齐全、技术先进、天地一体的生态保护红线数字化综合管理平台，为生态保护红线管控的决策、考核等提供数据支持。建立健全生态保护红线生态状况监控系统，制定生态保护红线监测评估的技术标准体系。实现祁连山保护区生态保护红线信息系统与政府电子信息平台相联结。

建立健全公众参与机制。在祁连山生态保护红线保护的行政许可工作中设置公众参与机制；鼓励、引导地方民众参与到祁连山生态保护红线区的日常监督工作中；鼓励地方群众或环保 NGO 在祁连山的生态环境受到损害后，依法及时有效地提起环境公益诉讼。

以法律强制力管控红线。制定祁连山自然保护区的具体管理规定并依法贯彻落实。健全生态保护红线司法保护机制，健全法院、检察院环境资源司法职能配置，建立生态环境专门化司法保护体系。实行环保公安执法联动机制。

加强生态保护红线绩效考核。建立以生态保护红线保护成效为导向的评估考核制度，制定合理的考核评价指标，开展生态保护红线区生态功能的状况与变化评估；评估结果纳入各级领导干部政绩考核评级体系。

推动自然资源资产离任审计制度。推动祁连山生态保护红线相关地区探索自然资源资产离任审计制度，逐步降低或取消地区生产总值考核权重，探索科学合理的自然资源资产量化方式，推动建立一套科学可行的计算方法，探索编制自然资源资产负债表，对领导干部实行自然资源资产离任审计，建立生态环境损害责任终身追究制。

#### 3.1.2.2　环境质量底线

环境质量底线是保障人民群众呼吸上新鲜的空气、喝上干净的水、吃上放心的粮食、维护人类生存的基本环境质量需求的安全线，包括环境质量达标红线、污染物排放总量控制红线和环境风险管理红线。

强化水环境质量底线管控。强化水环境质量目标管理，明确祁连山自然保护区各类水体水质保护目标，逐一排查达标状况。加强良好水体保护。深化水污染物排放总量控制，将各类污染源纳入环境统计范围，狠抓工业企业污染防治，强化城镇生活污染防治，加大城市黑臭水体整治力度。提升水环境风险管理能力，提高饮用水水源水质全指标监测、水生生物监测、地下水环境监测、化学物质监测能力及环境风险防控技术支撑能力，全面开展祁连山水环境执法检查工作，根据水污染事件级别，落实预警预报与响应程序、应急处置及保障措施，依法及时对外公布相关信息，并做好舆论引导和舆情分析工作。

强化大气环境质量管控。祁连山自然保护区应将《环境空气质量标准》（GB 3095—2012）作为大气环境质量底线，对于大气环境红线区内空气质量已达标和未达标地区，分别制定环境空气质量标准，明确大气环境目标责任。严格执行大气污染物排放控制标准，远期将环境容量作为排污上线，确保各项污染物排放总量降至环境容量以下；近期将主要大气污染总量减排目标作为排放控制线。严格控制煤炭消费总量，持续推进能源结构调整和煤炭资源清洁利用，全面优化能源结构。严格落实大气环境风险管理，建立祁连山自然保护区大气污染防治部门联动工作机制，加强部门沟通协调，对重点地区、重点区域、重点时段、重点污染源实行集中监管，提高大气环境风险管理水平，加强大气污染风险应急能力建设。

强化土壤环境质量管控。开展土壤环境质量调查，建立污染地块档案，实施农用地分类管理，将红线范围内的农用地划分为优先保护类、安全利用类、严格管控类 3 个类别，严控农业生产污染土壤；严格建设用地准入管理，建立污染地块名录及其开发利用的负面清单，严防矿产资源开发污染土壤，强化工业废物处理处置。强化土壤污染治理与修复工程监管，研究制定土壤治理与修复项目相关管理制度，细化项目实施各环节技术要求，推动建立公平公正的第三方机构管理措施。实施土壤环境风险动态监测，在祁连山自然保护区固体废物集中处置区周边、饮用水水源保护区以及周边土壤环境风险较大的地区等设置土壤环境风险监测点位。

#### 3.1.2.3 资源利用上线

资源利用上线是为促进资源能源节约，保障能源、水、土地等资源高效利用，不应突破的资源利用最高限值。资源利用上线应符合祁连山地区三市八县（区）经济社会发展的基本需求，并与现阶段资源环境承载能力相适应。

加强能源消耗管控。加快发展风能、太阳能等可再生能源，控制煤炭消费总量，实施清洁能源战略，推动各领域节能降耗。健全节能管理制度，调整产业结构，发展低能耗、高产出产业，提高能源利用效率和效益。全面推进武威、金昌等国家新能源示范城市建设。

强化水资源消耗管控。调整农业生产布局，调整农作物种植结构以及农、林、牧、渔业用水结构，探索灌溉用水总量控制与定额管理，为农业搭建节水数据管理平台。提升工业用水效率，对重点用水企业实施定额管理，推广工业用水重复利用、中水回用等节水技术与产品，实施低排水染整工艺改造及废水综合利用。实行最严格水资源管理，严格控制祁连山自然保护区取用水总量，创建用水单位重点监控名录，严格控制地下水开采，加强取水许可管理。

加强土地资源消耗管控。实行土地资源利用红线的总量控制和责任制，将耕地保护红线，草地、林地、湿地（水域）等生态用地的保护红线，以及建设用地利用的上线等进行逐级分解，实行总量控制和首长负责制。建立土地资源的市场流转机制和补偿机制，实现各类土地资源在空间上的合理布局与优化配置。实行草原保护区、基本农田等特殊地区土地资源利用的效益控制和准入机制。

强化矿产资源消耗管控。禁止在生态功能区、自然保护区、饮用水水源保护区、风景名胜区、湿地公园、地质公园等环境敏感和脆弱区进行采矿等活动。推进矿业转型升级与绿色矿业发展，矿山企业应当采取科学的开采方法和选矿工艺，提高矿山废弃物的资源化水平，减少矿山废弃物的排放。做优以新材料为主体的矿产品加工业。以张掖市为例，依托市内丰富的矿产资源，明确矿产资源的储量情况，打造钨、钼深加工产业基地，凹凸棒新材料产业基地，煤炭产业基地，新型建材产业基地，利用新技术、新工艺延长钨、钼、凹凸棒等的循环经济产业链。

### 3.1.3 优化空间发展布局

按照《甘肃省生态文明体制改革实施方案》要求，建立空间规划体系，合理划定城镇、农业、生态三类空间比例；健全国土空间用途管制制度，明确城镇、农业、生态三类空间管控重点。

#### 3.1.3.1 统筹布局城镇空间

城镇空间主要承担经济、文化、人口、产业等中心功能，是产业发展、城镇建设和人口集聚的重要区域。

合理确定城镇发展规模等级。结合区域定位、产业基础、发展战略等因素，合理确定城镇发展规模等级。武威向 50 万～100 万人的中等城市发展，提高经济社会活动组织能力，强化区域服务功能，带动周边地区发展；加快发展小城市，强化产业功能、服务功能和居住功能，提升市政基础设施和公共服务设施建设水平，提高集聚人口和服务周边的能力，形成 20 万～50 万人的小城市（包括张掖市、金昌市），10 万～20 万人的小城市（包括永昌县、古浪县、民乐县），5 万～10 万人的小城市（包括山丹县、天祝县），5 万人以下的小城市（包括肃南县）。推动城乡一体化和农民就近就地城镇化，引导形成定位清晰、层次分明、规模适度的城镇体系，促进大中小城市和小城镇合理分工、功能互补、协同发展。

优化城镇发展空间布局。引导受水资源限制的河西走廊城市带区域，以节约用水为前提，在城镇化建设和产业发展中坚持以水定人、以水定产、以水定城，使区域内人口流动与资源环境承载力相匹配。武威（古浪）、永昌、张掖等市（县）要建成综合发展型城镇。自然保护区核心区、缓冲区与原有城镇区域冲突时，结合“十三五”异地扶贫搬迁工作，对居住在自然保护区核心区与缓冲区内的居民实施生态移民，减少对区域内生物多样性资源的破坏和威胁。

合理划定城镇开发边界。加快推进“多规合一”，结合农村人口向城镇转移的规模和速度，科学确定城镇人口和产业规模。采取“红线倒逼”的方式，以生态保护红线、永久基本农田红线等非建设性空间边界划定为前提，在城镇空间范围内，尽量采用河流、高速公路、铁路、山体等具有明显隔离作用的地物作为边界，划定一条或多条闭合的城镇开发边界。

实施城镇空间用途管制。实行差异化用途管制措施，对城镇优先开发空间，严格按照土地利用总体规划确定的“三界四区”进行管控，在主要拐点设置标识公告，防止城镇建设无序蔓延扩张。允许在城镇建设用地总规模保持不变和不突破城镇开发边界的前提下，依程序对城镇空间布局进行局部调整，调整后的城镇布局应与现有城镇空间保持集中连片。对于城镇后备开发空间，以提供生态服务和农产品为主，区域内不进行大规模高强度城镇化和工业化开发。健全自然资源资产产权和用途管制制度，逐步实现核心区和缓冲区的集体土地、山林由保护区管理机构统一实行用途管理。

强化中心城区空间布局引导。按照集约紧凑、疏密有致的原则，结合城市功能定位，从人口、经济、资源环境相均衡的角度出发，引导中心城区因地制宜布局、适度有序拓展，优化城市形态和功能。因地制宜开展绿化建设，营造宜居环境。节约集约利用土地、水、能源等资源，提高绿色空间比重，改善城乡生态环境质量。

#### 3.1.3.2　发展特色农业空间

根据甘肃省“一带五区”现代农业发展格局，张掖市、金昌市和武威市属于河西农产品主产区，应充分发挥区域特色优势，优化农业生产结构，走产出高效、产品安全、资源节约、环境友好的甘肃特色农业现代化发展之路。

加快建设特色优势产业。提高优势特色农产品供给水平，加快建设优势农业产业基地。河西走廊重点发展酿酒葡萄、啤酒大麦和啤酒花产业，打造全国重要的酿酒原料种植基地，适度发展露地及设施葡萄、皇冠梨、红枣、枸杞等特色优势果品生产基地，建设蔬菜标准园创建和标准化生产基地，以温带荒漠区为重点，建设干旱中药材种植区。张掖市、金昌市、武威市重点发展苜蓿、甜高粱等优质牧草产业基地，张掖甘州区、武威凉州区建设国家级玉米制种与加工基地、特色瓜菜花卉种子生产基地，武威市建设重离子辐照育种基地。天祝县重点建设牦牛、藏羊产业带。凉州区创建国家级出口皇冠梨质量安全示范区，古浪县创建国家级出口枸杞质量安全示范区。张掖市肃南县北部区块应大力发展制种、棉花、油料、酿造原料和果蔬、牛羊肉、冷水鱼等特色产品生产及深加工。张掖市和武威市作为“高原夏菜”物流集散与配送中心，应建设大中型产地综合市场、专业市场和冷链物流园区，形成完善、便捷、高效的物流配送体系。

大力发展戈壁生态农业。祁连山自然保护区三市八县（区）是以戈壁滩、砂石地、盐碱地、沙化地、滩涂地为主的地区，在符合国家有关生态保护法律、法规、政策的前提下，以高效节能日光温室为载体，发展以蔬菜和瓜果等特色农产品种植为主的新型农业。发展戈壁农业要充分考虑内陆河流域的水资源供给能力，加大传统农业节水力度，将节约的水资源调剂供给戈壁农业发展，利用先进的节水灌溉技术，引进先进的装备设施，建成基础设施完备、设施装备先进、科技支撑水平高、综合生产能力强、生态环境友好、产品特色鲜明的河西戈壁农业产业带。

稳固提升粮食生产能力。以基本农田为依托，推进粮食综合生产能力建设，在河西粮食主产区，集中划定粮食核心产区，提高粮食生产能力以保障粮食安全。布局玉米、马铃薯、小麦三大粮食生产功能区，把武威市、张掖市建设为优质专用马铃薯主产区，突出马铃薯主粮、精淀粉、变性淀粉等特色加工。

#### 3.1.3.3 合理管控生态空间

生态空间是指以提供生态产品或生态服务为主体功能的空间。生态空间主要分布在祁连山地、河西走廊北部等区域。按照分类分级保护，河西内陆河上游生态保护区作为水源涵养与水源补给生态屏障，石羊河下游生态保护治理区作为防风固沙与水土保持生态屏障。

实施生态空间分级用途管制。生态保护红线内严禁任意改变生态空间用途，禁止违法转为城镇空间和农业空间，鼓励开展维护、修复和提升生态功能的活动，工程项目选址应主动避让。生态保护红线外的生态空间按照用途分区，依法制定区域准入条件，明确允许、限制、禁止的产业和项目类型清单，限制开发利用活动，在不妨碍现有生态功能的前提下，允许适度的国土开发、资源和景观利用。

加强重点生态空间分类保护。对于河西内陆河流域，定位“水源涵养及补给保护区”，坚持生态优先、保护与发展并重的方针，加快传统畜牧业发展方式的转变，全面推行禁牧休牧轮牧、以草定畜等制度，加大生态修复和环境保护力度，加强草原综合治理、天然林资源保护、陡坡地退耕还林还草等工程，重点增强草原、森林水源涵养能力；对于祁连山地区，定位为“生物多样性保护区”，应切实保护较高质量林区，按地类实施公平合理的生态补偿机制，建立自然增长的长效机制；对于城市生态保护区，应加强专门的政府管理、专业的绿地规划、专项的资金支持等方面，以保障城市绿地建设，构建充满活力的城市生态系统。

加强自然保护区分区管理。保护区划分为核心区、缓冲区和实验区，由省林业行政主管部门竖立标牌，并予以公示。除必要的科学研究外，禁止任何人进入保护区的核心区。禁止在保护区的缓冲区开展旅游和生产经营活动，但可以开展以教学科研为目的的、非破坏性的科学研究、教学实习和标本采集活动。可以进入保护区的实验区从事非破坏性的科学试验、教学实习、参观考察、旅游以及驯化、繁殖珍稀濒危野生动植物等活动。在保护区的核心区和缓冲区内，不得建设任何生产设施。

协调生态保护与农业生产及矿产资源开发空间布局。生态保护红线内已有的农业用地，建立逐步退出机制，恢复生态用途；国家级自然保护区核心区中的基本农田要逐步退出，并在区域内补划。生态保护红线外生态空间内的耕地，除符合国家生态退耕条件，并纳入国家生态退耕总体安排，或因国家重大生态工程建设需要外，不得随意转用。鼓励各地根据生态保护需要，结合工矿废弃地复垦利用、矿山环境恢复治理等各类工程，因地制宜地促进生态保护红线内矿业权逐步有序退出。

### 3.1.4　构建绿色发展格局

调整和优化区域经济布局，调优一产、调强二产、调快三产。一是定位“粮食功能区与国家种业基地建设”，推进粮食综合生产能力建设和国家种子生产基地能力提升；定位“生态农牧业与可持续发展试验示范区建设”，发展绿色生态农业，建设可持续示范区；定位“特色优势产业提质增效与升级”，全面推进特色优势产业优化升级，打造祁连山绿色生态农产品区域综合形象品牌。二是全面落实严格的项目建设环境评价和生态恢复治理抵押金制度，强化对水源、土地、森林、草原、湿地等自然资源的保护，促进资源密集型工业向资本和劳动密集型工业转变，不断减轻生态压力，提高地区的环境承载力。三是充分认识和把握服务业占地少、能耗低、污染小等发展优势和特点，大力发展民族文化、生态旅游和现代服务业，用现代经营方式和信息技术改造提升传统服务业，使服务业在环境的不断优化中加速发展，促进传统服务业向现代服务业转变。

#### 3.1.4.1 强化产业发展空间管控

优化工业发展空间布局。按照“大兰州、河西走廊、陇东南”三大经济区的工业空间布局，着力构建功能定位清晰、区域特色产业相互补充、产业发展与资源环境相协调的工业发展格局。祁连山自然保护区三市八县（区）大力推动优势产业、优势企业和优势资源向重点开发区、园区集中，发挥规模效益，提高国土空间利用质量。永昌县要立足工业发展基础，将河西堡打造成河西走廊中东部地区重要的交通节点和集化工、电力、建材、冶金和现代物流于一体的工业强镇。

提升创新转型产业空间。强化土地利用总体规划和城市总体规划在空间布局上的协调，加强对产业项目选址和布局的引导。在规划和土地利用年度计划中充分考虑工业发展用地需求，适度增加建设用地指标，优先满足新产业、新业态项目落地。保障生态环境保护和废弃物治理配套设施建设空间，严格管控工业“三废”达标排放，协调工业与邻近农业生产空间的关系，鼓励园区向生态型园区发展。

改造提升传统优势产业。强化传统优势产业的基础和支撑作用，盘活存量、优化结构、改革重组，增强产业分工协作和配套能力，推动传统优势产业从半成品向产成品转变，从粗放低效向优质高效提升，从产业链中低端向中高端迈进，从短链向全链循环发展，推动产业集群式发展和转型升级，重塑传统产业竞争新优势。金昌市面临矿产枯竭风险，张掖市受国家去产能政策影响，应及时调整产业布局，优化产业结构，加快产业转型升级，发展新能源产业和新材料产业。把金昌市建设成为国家重点有色金属新材料基地，推进形成全省产业链。

发展壮大战略性新兴产业。以新能源、新材料、先进装备和智能制造、生物医药、信息技术、节能环保、新型煤化工、现代服务业、公共安全等领域为重点，深入实施战略性新兴产业发展总体攻坚战，开展优势产业链培育行动，培育一批新的支柱产业和新的增长点。围绕高端制造、绿色发展需求，构建新一代材料产业体系，形成规模化市场供给能力。抓住新兴生物产业迅猛兴起和健康产业快速发展机遇，推动中药新药和疫苗创制，发展保健类产品，推进生物育种规模化发展，加快发展生物医药产业。大力推进绿色、低碳技术创新和应用，继续发展壮大新能源，加快煤炭清洁利用和节能环保产业发展。促进大数据广泛应用，推动移动互联网、电子商务等行业发展壮大。

引导现代服务业合理集聚。优化现代服务业空间布局，引导同种类型的服务业在空间上相对集中，构建特色鲜明的现代服务业集聚区。合理安排现代物流、信息服务、电子商务、商务会展、科技服务等生产性服务业发展空间，促进生产性服务业与制造业、现代农业有机结合。选择具备条件的区域建设服务业综合改革试点区，优化现代物流建设布局。在构建“一中心、四枢纽、五节点”现代物流发展格局下，提升金昌市、武威市区域性物流枢纽地位，将张掖市建设为重要物流节点。保障物流枢纽、物流中心、物流园区和物流配送中心发展空间，将武威市打造成为三大国际陆港之一，加快构建衔接“一带一路”的国际物流大通道。

统筹矿产资源开发与深加工产业发展。统筹全省矿产资源勘查开发与保护，推进各区域协调发展，突出重点、优化布局，大力推进资源产业基地建设，促进资源优势转化为经济优势。总结金昌市在发展循环经济方面的经验，大力发展循环经济，提高资源综合利用水平，加强废气废水利用率，发挥循环经济产业链效应。加快河西地区金昌市国家镍、铜、铂族金属开采加工和循环经济产业示范基地及张掖—酒泉铁、铜、钨多金属资源开发加工产业基地建设，大力发展矿产品选冶、加工产业，加强矿产资源综合利用，加快矿业转型升级和绿色发展。

构建特色鲜明的文化旅游产业发展布局。结合全省“十三五”旅游发展规划，符合条件的地区可深入挖掘河西走廊历史文化内涵，创作一批形式丰富、题材丰富的文化艺术精品。张掖甘州区、武威凉州区作为历史和民族文化旅游重镇，应大力扶持、传承民族传统文化，鼓励创造兼具思想性、艺术性、观赏性，人民群众喜闻乐见的优秀文化服务产品。凉州区以城区为中心，发展两条特色旅游带：祁连山休闲观光旅游带、东部沙漠风情旅游带。天祝县应充分发挥藏族民族风俗风情特色，发展乡村旅游。永昌县应立足“一心、二区、三带、四片区”布局，利用现有的骊靬文化、香草花卉文化等文化资源，学习旅游发达地区的先进经验，完善本地旅游产品开发体系，增强旅游核心吸引力。各地应完善文化产业国际交流交易平台，推动传统媒体与新兴媒体融合发展，提升先进文化的互联网传播吸引力，提升甘肃文化品牌知名度。

积极保障旅游发展建设空间。列入祁连山冰川与水源涵养生态功能区的祁连山地区六县，以及祁连山地区的国家级和省级自然保护区、世界文化自然遗产、风景名胜区、森林公园、地质公园等各类保护区，应遵循“科学规划、保护优先、严格准入、严格监管”的工作原则，多方协同明确景区环保职责，做好景区旅游规划，以生态、低碳、绿色为导向，加大资金投入，完善旅游服务设施，提升旅游环保应用水平，推广节能环保设备，促进技术升级，促进景区提质升级，加大景区生态环境保护，积极保障旅游基础设施和公共服务设施建设空间，支持旅游集散中心建设。明确旅游新业态用地政策，支持民族特色、民俗风情、乡村旅游、自驾车、房车营地旅游等项目用地，满足多样化的旅游消费需求。研究旅游产业用地标准，创新旅游产业用地规划管控和供地政策，实行旅游产业用地分类管理，支持农民利用集体土地参与旅游开发，促进旅游产业加快发展。

#### 3.1.4.2 推动生活方式绿色化

推动政府及企业实行绿色采购。祁连山自然保护区三市八县（区）各级政府部门应建立绿色采购标准，发布绿色采购清单，保障绿色产品采购预算。鼓励非政府机构、企业实行绿色采购，建设绿色流通服务体系，鼓励企业就近采购。

推动政府无纸化办公。祁连山自然保护区各级政府部门应全面实行无纸化办公，搭建一体化业务综合管理平台，促进环境信息机构建设，实现“一站式”办事平台。构建企业“一企一档”数据库，建立企业信息精细化管理平台。推进环境信用信息系统建设，构建守信激励与失信惩戒机制。

大力发展绿色交通。在祁连山自然保护区推进交通运输结构调整，加快交通基础设施建设，优化交通基础设施布局，充分发挥不同运输方式的比较优势和组合优势，推进现代综合交通运输体系建设。优先发展公共交通，鼓励发展城市慢行交通系统，促进城乡客运绿色发展。完善公交基础设施服务网，推进“公交都市”创建活动。推进交通运输智能化，推进公众出行和物流平台信息服务系统建设，引导创建“共享型”交通运输模式。加大新能源和清洁能源在公共交通和客货运输及船舶领域的应用，促进交通用能清洁化；支持电动汽车充电桩建设。

积极发展再生资源回收与综合利用服务业。打造以张掖市、金昌市及武威市为中心，辐射全区中心城市的再生资源网络回收体系。实行生活垃圾分类处理，支持各县（区）建立社区再生资源回收网点。继续支持再生资源回收示范企业、加工龙头企业发展壮大。运用信息技术手段，提高再生资源的回收和利用率，实现节能环保服务业由低端为主向更加注重高端发展转变。

积极推进低碳节约的生活方式。在祁连山自然保护区大力推动风能、光伏发电，推广绿色供热制冷、绿色照明和智能化管控。全面推动使用节水器具，禁止销售不符合节水标准的产品、设备；公共建筑必须采用节水器具，限期淘汰公共建筑中不符合节水标准的水龙头、便器水箱等生活用水器具；新建公共和民用建筑必须采用节水型器具。积极推广中水回用，要求建筑面积超过 2 万平方米的新建公共建筑、保障性住房，应安装配备中水回用设施。

## 3.2　完善绿色经济体系，促进产业发展

### 3.2.1　绿色农业

#### 3.2.1.1　优化农业布局

充分利用区域内光、热、水、气、土、肥及自然生物资源的属性条件，充分发挥其在生产领域中的自然属性和经济属性功能，根据市场需求合理配置资源，使其充分发挥生态、经济和社会效益，优化祁连山自然保护区种植业和畜禽养殖业布局。突破行政区域限制，连片建设、集聚发展，促进区域优势种植业和养殖业由分散点状向带状块状发展。

（1）种植业

根据祁连山自然保护区自然气候资源、土地资源、水资源以及光热条件分布状况，优化该区域种植业布局。

在稳定粮食种植面积、加强农产品质量安全监管、确保粮食安全的基础上，以马铃薯、高原夏菜、油料、食用菌、藜麦、优质林果、现代制种等当地优势产业为重点，以农业经营主体为主导，积极推进农业规范化、标准化、品牌化生产，开展“三品一标”认证，并按照“一乡一品”“一村一业”的思路形成乡村特色产业，进一步提升绿色农业整体竞争力，如山丹县寺沟村的香菇、永昌县的胡萝卜等。引领扶持和培育壮大一批具有一定生产经营能力和品牌影响力的龙头企业及专业合作社，如亚盛薯业、爱福农业，加快构建生产、加工、贮存、营销产业体系，延伸农业产业链，提升产品附加值。建立现代农业生态示范园区，在已建立的农业生态示范园区，如武威国家农业科技园区、民乐县省级农业科技园区等，积极引进新设施、新模式，实施日光温室、设施大棚等设施装备提升改造工程，推进标准化、低污染种植模式，构建如“种—养—菌—肥”等一体化的绿色循环农业生产体系。

（2）畜牧业

依托祁连山自然保护区畜牧业发展振兴项目，按照“立足资源、因地制宜、分类规划、重点建设”原则，优化该区域畜禽养殖业布局。

优化畜牧业布局，严格执行祁连山自然保护区核心区和缓冲区不能有放牧行为，继续加大财政支持力度，大力提升甘肃高山细毛羊、高原牦牛、浅山区肉牛养殖等特色优势产业，以甘州区国家现代农业示范区优质畜牧产业基地、天祝县产业园区等养殖小区、饲草料基地基础建设为基础，改善畜牧业生产条件，在肃南县、甘州区、天祝县等优势

区域加快畜禽标准化规模养殖场建设，改造低层次养殖小区，提升规模化养殖比重。以市场化、工业化理念谋划畜牧业发展，组建现代农牧业投资公司，引领扶持和培育壮大当地农牧业龙头企业，加快鹿系列产品开发、牛羊肉精深加工等项目，推进传统优势产业创新技术、延伸链条，形成“企业—基地—农户”发展模式。大力推行标准化生产，开展“三品一标”认证，构建覆盖全产业链的质量安全追溯体系，提升农畜产品市场竞争力。

（3）戈壁农业

在戈壁滩、砂石地、盐碱地、沙化地、滩涂地等不适宜耕作的闲置土地上，在符合国家有关生态保护法律、法规、政策的前提下，以高效节能日光温室为载体，发展设施蔬菜及瓜果等特色农产品的新型农业发展业态。

把戈壁农业作为加快绿色农业转型升级的着力点，戈壁农业能利用戈壁、沙地、盐碱地等非耕闲置地，依靠当地资源禀赋和区位优势，同时具有节约水土资源、高效率、清洁绿色的特点，能改变当地生态脆弱和资源紧、硬约束的现状。把戈壁农业作为加快绿色农业转型升级的突破口，编制完善发展规划，坚持生态优先、适度规模、量力而行，以当地水资源和生态环境的可承载能力为限，连片整体推进开发。在生态保护和资源合理利用的前提下，以精细蔬菜、食用菌、设施林果等为主打产品，在民乐县、甘州区、古浪县等具有的丰富非耕闲置地资源区域，以及已经开始建立的海升集团现代智能温室工业化栽培生态示范项目、古浪县戈壁农业项目等十余个戈壁农业示范园区基础上，完善示范园区道路、绿化、供电、供水等基础设施，着力将祁连山自然保护区打造成富有竞争力的“菜篮子”产品生产供应基地。

#### 3.2.1.2 构建绿色农业产业链

基于甘肃祁连山自然保护区种植业和养殖业发展特点，结合该区域生态工业和现代服务业的发展，以农副产品精深加工产业发展为重点，构建区域农业与工业之间的生态产业链；以休闲观光农业和文化旅游产业发展为依托，促进区域农业与服务产业的联动，构建一、二、三产业之间的生态产业链。

（1）以农副产品精深加工为重点，促进一、二产业之间的联动

基于甘肃祁连山自然保护区种植业、养殖业的特点，以诸如甘州区国家现代农业示范区优质制种产业基地、优质果蔬产业基地等为依托，围绕高原夏菜、油料、食用菌、藜麦、优质林果、现代制种以及绿色畜牧等产业，加快推进农副产品产地初加工，并稳步发展农副产品精深加工，构建区域农业与工业之间的生态产业链，促进区域农业与工

业发展的联动。

提升种植业农副产品附加值。主要措施包括：一是促进现有农副产品加工龙头企业，如甘肃昆仑生化有限责任公司、甘肃爱味客马铃薯加工有限公司等与农民专业合作社合作，完善初级农副产品收购与供应体系；二是在县级区域重点引进规模化的高原夏菜、食用菌、优质林果等加工企业，配套引进农副产品清洗、分级、包装等产后商品化处理相关企业，同时发展特色农副产品冷藏、保鲜、冷藏运输等冷链物流业服务延伸产业链；三是综合评估该区域现有的农副产品加工企业的环境效益、社会效益及经济效益，促进该区域范围内现有规模较小的农副产品加工企业提档升级，培育区域性农副产品加工品牌企业；四是充分利用张掖市、武威市、金昌市及周边大区域农副产品加工产业资源，以高原夏菜、食用菌、优质林果等精深加工为导向，与相关农副产品加工企业建立合作关系，实现种植业产业链在大区域的延伸与完善。

提升畜牧业农副产品附加值。结合甘肃祁连山自然保护区畜牧业发展，以高山细毛羊、高原牦牛、肉羊和肉牛养殖基地为依托，如甘州区国家现代农业示范区优质畜牧产业基地、天祝县产业园区等，构建区域畜牧业与农副产品加工业之间的产业链，提升农副产品附加值。主要措施包括：一是推广“企业—基地—农户”模式，通过统一供种、统一饲料、统一防疫、统一收购，保障肉制品加工的质量；二是在县级区域重点引进规模化的牛、羊肉制品精深加工企业及饲料加工企业，实现肉制品加工产业链的补链，并配套引进农副产品清洗、分级、包装等产后商品化处理相关企业，同时发展特色农副产品冷藏、保鲜、冷藏运输等冷链物流业服务延伸产业链；三是综合评估该区域现有的肉制品加工企业的环境效益、社会效益及经济效益，促进该区域范围内现有规模较小的肉制品加工企业提档升级，培育区域肉制品加工品牌企业；四是充分利用张掖市、武威市、金昌市及周边大区域肉制品加工产业资源，以生态肉制品加工为导向，与相关农副产品加工企业建立合作关系，实现畜牧业产业链在大区域的延伸与完善。

（2）结合生态旅游产业发展，促进一、三产业联动

深化一、三产业联动。基于甘肃祁连山自然保护区生态旅游资源开发，结合区域文化旅游产业发展，以休闲观光农业为重点，构建该区域农业与服务业之间的生态产业链。主要措施包括：一是通过文化旅游产业发展，为该区域高原夏菜、食用菌、优质林果、高山细毛羊、高原牦牛等特色农副产品及其精深加工产品提供销售平台，带动区域绿色农业发展；二是结合区域观光农业发展及生态田园景观打造，以生态农家乐建设为载体，加强绿色农产品生产基地与当地农家乐的联系，增加绿色农产品供应渠道，完善绿色农

产品供应链，重点推广绿色水果、蔬菜采摘体验式农家乐等一、三产业联动模式；三是结合农村服务业的发展，完善绿色农产品及其精深加工产品的流通体系，规划设立高原夏菜、食用菌、优质林果、高山细毛羊、高原牦牛等特色农产品收购服务点，建设一批与绿色农业相适应的农业生产资料市场和产地型农产品批发市场，并按“民办、民管、民受益”原则，以专业协会为纽带，鼓励专业户、营销户、龙头企业和经纪人队伍从事无公害畜产品的经营和销售；四是以该区域特色果蔬种植产业及畜禽精深产品加工产业为重点，发展特色农产品冷藏、保鲜、冷藏运输等冷链物流业，进一步促进区域一、二、三产业联动发展。

#### 3.2.1.3 搭建农业信息平台

结合甘肃祁连山自然保护区农业发展特点，以区域内八县（区）政府为主导，以各乡镇政府为载体，加快该区域绿色农业信息共享平台建设，主要包括农产品市场信息共享平台和农业技术服务信息平台两个方面。

（1）农产品市场信息共享平台

建立完善的市场信息应用系统和市场交流共享平台。以高原夏菜、食用菌、优质林果、高山细毛羊、高原牦牛等特色农产品及其精深加工产品销售为重点，完善甘肃祁连山自然保护区农产品市场和农产品信息网络体系，建立完善的市场信息应用系统和市场交流共享平台。

一是构建现代营销网络，建立具有专业性、时效性、准确性的市场信息平台和系统，提供市场信息，正确引导农产品生产和流通，推进“农超对接”“农市对接”“农校对接”，增强市场服务功能，提高该区域农产品的市场化水平。二是通过完善县级店、乡镇店、村级店等农村流通体系，充分利用甘肃祁连山区域铁路及G30连霍高速公路资源，建立农资配送中心，完善农村货物快速配送服务体系，提高生产资料和生活资料保障水平。三是以区域性农产品批发交易市场建设为依托，构建集农产品物流和信息流于一体，具有物流配送、结算、信息、法律咨询等服务功能的区域性农产品交易平台。四是通过政府政策导向，引导该区域农副产品精深加工的龙头企业开拓国内外市场，通过建立营销网络或与国内外企业合作等方式，实现企业与市场的对接，扩大市场占有份额，增强产业发展的区域牵动能力。五是加大宣传力度，广泛宣传该区域的绿色、特色、优质农产品，举办和组织参与各类农产品展示、展销和推广活动，提高产品知名度，壮大消费群体，拓展国内外市场。

（2）农业技术服务信息平台

加快区域农业技术服务信息平台的构建与完善。结合甘肃祁连山自然保护区农业发展特点，以推广无公害、绿色及有机农产品生产为导向，以高原夏菜、食用菌、优质林果、高山细毛羊、高原牦牛等特色农产品为重点，加快区域农业技术服务信息平台的构建与完善。

一是探索乡镇农业技术推广机构改革与建设的新模式，尝试新品种供应、新技术推广、病虫害专业化统防统治、农资统购统供等服务，提升公共服务能力。二是重点对主导产业突出的乡镇农业服务机构，改善工作条件，健全工作机制，提升服务能力。通过建立农技推广责任制、考核制等机制，遴选农技推广人员和农业科技示范户，建立农业科技示范基地等，提高基层农业技术信息服务的针对性。三是抓好基层农技人员知识更新培训，提高农技服务人员的业务素质，重点加强对农民标准化生产和管理技术的培训，建设一批标准化示范基地，实行全过程标准化生产，提高病虫害防治和控制能力。四是建立“市—县—乡”农业信息服务网络和3个市站、8个县中心与多个乡镇级服务点，加强农业发展基础信息服务工作。大力开展高原夏菜、食用菌、优质林果、高山细毛羊、高原牦牛等特色农产品的品种引进、试验、示范、推广工作和农业生产重大技术问题研究，有针对性地培育和落实主推品种和主推技术。五是加快农产品质量安全信息体系建设，加快县级农产品质量检验检测站建设，提高农产品质量检测水平，指导农产品的无害化生产，为农产品质量管理提供依据。

（3）绿色农业共生体系建设（图3-1）

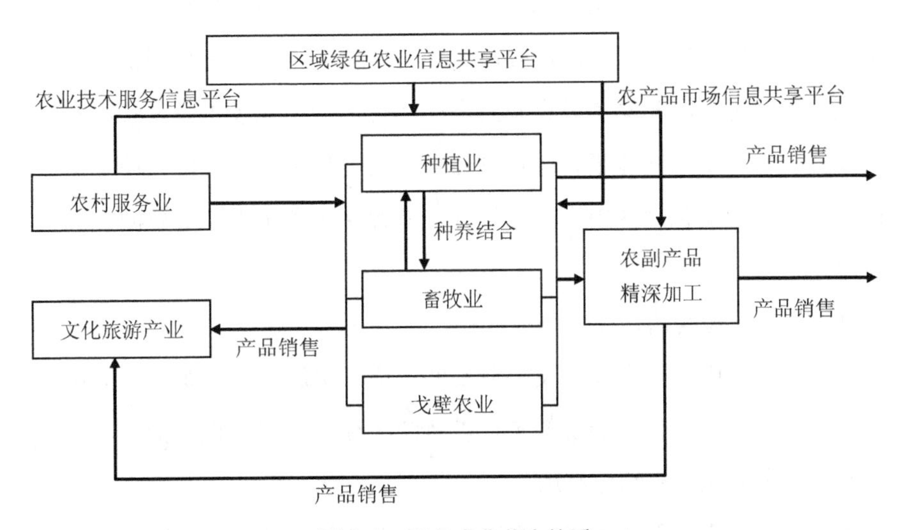


图3-1　绿色农业共生体系

## 3.2.2 生态工业

### 3.2.2.1 促进形成生态工业体系

结合甘肃祁连山自然保护区自然资源分布和主导产业发展现状，按照集中、集约、集群发展的原则，以产业集聚及构建区域性工业共生体系为导向，以工业园区生态化建设为重点，合理选址，严防地质灾害，促进优势产业相对集中和企业进入工业园区，形成生产专业化地区和产业密集带，构建科学的生产力空间。

（1）实施生态工业园区建设

根据张掖、金昌、武威三市及各县对当地工业发展的要求，重点对甘肃祁连山自然保护区内各县现有的工业园区实施生态工业园区建设，如古浪工业集中区、天祝金强工业集中区、山丹城北工业园区、民乐生态工业园区等。保证园区内企业污染物排放达标，各类重点污染物排放总量均不超过国家或地方的总量控制要求，资源利用与污染控制关键指标达标。全面完善多元化、多层次的循环经济产业链，周密设计园区的产业循环，着力加强与外部企业、园区、产业的错位耦合链接，引入优质静脉产业企业的入园补链功能；园区内扶持特色农副产品精深加工、有色金属、钢铁建材等原有优势产业，加快发展高端装备制造、新材料、新能源、生物制药、信息技术、节能环保、公共安全等新兴产业。各个园区应根据实际情况设立1～2个重点产业进行资源倾斜，优先扶持引导形成龙头产业，提高市场竞争力。

（2）完善园区配套基础设施

除加强管理之外，以园区生态化建设为依托，加快各园区配套基础设施建设，便于处理污染，同时可以利用集聚效应，提高效率，降低成本。一是加强供水基础设施、供电基础设施及道路等园区配套基础设施建设；二是加强工业废水收集管网及处理设施、工业废气处置设施、工业固体废物堆存及处置设施、噪声污染防治设施等工业污染治理基础设施建设；三是加强园区中水回用设施、能源梯级利用设施等资源能源集约化利用基础设施建设。

（3）推广清洁能源与清洁生产工业

在各个工业园区中，根据布局及产业发展定位，实施工业能源结构优化、清洁能源利用、能源的梯级利用、传统能源低碳化以及园区绿色厂房建设等措施，逐步实现该区域工业发展过程中的能源集约化利用。

大力推进企业技术创新和技术改造，构建以企业为主体的区域性创新体系，在区域范围内全面推广清洁生产工艺。严格执行相关行业污染物排放标准、清洁生产标准。将清洁生产审核结果与排污许可、限期治理等环境管理工作相结合，并作为创建环境友好企业、通过上市公司环境保护核查以及申请国家和省市级污染治理资金的优先条件，降低产污强度。重点推行对农产品深加工产业、建材产业、化工产业、有色金属产业等的清洁生产审核，鼓励非强制实施清洁生产行业相关企业自愿进行清洁生产审核。以农产品深加工产业、建材产业、化工产业、有色金属产业等为重点，促进制造业企业开展产品的生态设计和生产，优先采用易回收、易降解、无毒无害或者低毒低害的材料和设计方案，大力推进对工业企业的生态化改造，引导企业建立资源高效利用、循环利用、联合利用的技术开发机构，致力研究开发清洁生产技术、无废少废工艺、清洁能源与可再生能源技术、节能节水技术、废物再生循环利用技术以及先进管理技术，用节约、循环、环保的高新技术改造传统产业。搭建中介服务平台，引导省或者市清洁生产咨询服务机构为园区企业实施清洁生产提供咨询服务及技术依托，通过采用预防污染的策略来减少污染物的产生，使资源、能源消耗和污染物的产生降到最低，构建生态工业体系。

（4）强化监督管理

严格设定园区企业、项目准入门槛，特别是严禁非法矿产开采、水电站非法运营等行为。应该严格设定矿产开发准入条件，新建矿山必须符合国家、省产业政策，符合国家和省矿产资源规划，达到国家有关矿山企业准入条件，同时大力推进矿产资源绿色开采和清洁利用，强化矿产资源节约与综合利用。对于现有的高能耗、高耗水的产业，也应建立相应的资源消耗统计评价制度，加强监督管理，防止企业违规排污，破坏生态环境。

#### 3.2.2.2　构建区域性产业链体系

以甘肃祁连山自然保护区各县级工业集中区或工业园区生态化建设为载体，依托该区域的资源和政策优势，充分利用甘肃经济的发展平台，重点发展与各个园区主导产业密切相关、附加值高、碳排放少、环境污染小、能耗水耗低的低碳产业。通过实施产业价值链在大区域延伸战略，实现优势产业的进一步提升；通过与张掖、金昌、武威三市及其周边大区域共建虚拟生态产业链，实现均势产业的升级；通过加大“腾笼换鸟”力度，淘汰劣势产业，引进优势产业。以特色农产品深加工产业、有色金属产业、建材产业、新材料产业等为重点，构建该区域产品链体系。

（1）特色农副产品深加工产业

形成特色农副产品深加工产业链。利用甘肃祁连山自然保护区丰富的农副产品资源优势，结合该区域绿色农产品生产基地布局，通过提升区域范围内现有农产品深加工企业生产水平，引进规模化的具有先进生产技术的农产品深加工企业以及培育壮大现有的龙头骨干企业，加快区域农产品深加工产业的产品链体系构建，主要措施包括：一是进一步规范壮大现有的绿色农产品生产基地，以高原夏菜、食用菌、优质林果、高山细毛羊、高原牦牛等绿色农产品为重点，以无公害农副产品、绿色产品和有机产品生产为导向，通过规模化、标准化、现代化的绿色农产品生产基地建设，为农副产品深加工产业提供优质的原料保障。二是延伸产品链，提升农副产品附加值，结合甘肃祁连山自然保护区种植业和畜牧业发展特点，以高原夏菜、食用菌、优质林果、高山细毛羊、高原牦牛等绿色农产品为导向，重点引进规模化、现代化的冻干食品、罐头食品、保健食品等相关农产品深加工企业，延伸农副产品加工产业的产品链，提升区域农产品附加值。同时，结合区域物流产业发展，带动果蔬保鲜、储运、配送等关联产业发展。三是引进规模化的高品质有机肥制造企业，对生物医药产业所产生的药渣、农副产品加工产业所产生的副产物以及畜牧养殖粪便、农作物秸秆等有机废弃物进行资源化利用。

（2）有色金属产业

构建有色金属产业链。以肃南县、山丹县、凉州区等集中区生态化建设为重点，以祁连山自然保护区内矿产资源为基础，以矿山开采、金属冶炼、金属加工及下游产业有色金属四大产业类型为核心，通过引进相应综合型产品链补链项目，与大区域内金属加工相关上下游企业建立产品及技术合作关系，延伸产品产业链，以及积极支持开发具有自主知识产权的金属加工技术和产品，加快金属加工产业产品及技术向建材、新材料产业的辐射和渗透，构建区域性的金属精深加工产品产业链体系。

1）完善上游原材料供应产品链

甘肃祁连山自然保护区具有丰富的矿产资源，因此在金属精深加工产业的上游产品链完善过程中，将以肃南县为重点，进一步规范该区域的矿产开采企业，适当引进具备先进矿产开采技术的企业，促进该区域矿产资源的集约化开发，同时为金属冶炼、加工及下游产业提供原材料。

2）巩固壮大现有的优势企业，延伸下游产业链

以山丹县、凉州区等现有的以及规划重点发展的金属冶炼、金属加工和新材料等金属相关优势企业为核心，构建生态产业共生体系。以技术含量高、发展潜力大的企业为龙头，加强科技引领，实现产业高端化。推广使用先进的平台开采方式，将矿山开采与生态环境保护相结合，全力打造“绿色矿业”经济。促进重点金属冶炼、加工企业研发，并延长有

色金属企业产品产业链条，辐射至建材、新材料等下游产业，进一步提高产品附加值。

（3）建材产业

构建建材产业链。结合甘肃祁连山自然保护区建材产业发展基础，以肃南县工业集中区、天祝县工业集中区等为重点，构建区域建材产业的产品链体系，主要措施包括：一是积极支持开发具有自主知识产权的建材生产技术和产品，提高区域内现有建材产业的自主创新能力，壮大该区域具有优势的规模化建材制造企业，同时通过“关、停、并、转”规范该区域现有的以水泥、玻璃生产为主导的建材生产企业，促进建材产业的集聚发展。二是引进高效烘干兼粉磨设备和垃圾焚烧尾气、废渣处理一体化技术，利用新型干法水泥烧成系统处置城市生活垃圾，拓展产业间废弃物、副产品循环利用空间，构建水泥产业、煤电产业、新型建材产业等产业间废弃物综合利用体系。三是依托祁连山自然保护区丰富的萤石、硅石、石英石等矿产资源，大力开展招商引资，扶持和鼓励宏源矿业引进新技术、新工艺，不断提升产业和产品的科技含量。四是在氟材料领域，限制粗放型简单扩张式增长，重点发展高性能含氟聚合物、新型ODS替代品、高端含氟精细化学品、含氟电子化学品、氟材料加工应用技术，实现产品高端化、替代化、多样化，拉长氟材料产业链，提升产品附加值。五是引进矿渣微粉技术，充分利用粉煤灰、煤矸石、建筑垃圾等各类固体废物生产新型建材产品，构建新型建材循环经济产业链。同时，结合区域建材产业发展，配套建设余热发电设施，实现余热能源的综合利用。

（4）新材料产业

构建新材料产业链。以新材料产业发展为导向，完善有色金属产业下游产业链。一是加快发展高端金属产业，鼓励企业通过自主创新和技术改造扩大规模，并积极引进下游电容器制造企业，延伸产品链。二是结合电冶产业发展，加大新材料产品研发力度，重点引进具备研发实力的镍、铅、锌等新材料产品制造企业。三是以该区域矿产资源为依托，重点引进先进高分子材料和高性能纤维及复合材料制造企业。整体上形成该区域矿产采、选、冶及综合利用的生态产业链。

#### 3.2.2.3　构建生态工业信息平台

以甘肃祁连山自然保护区的各县级生态工业园区生态化建设为依托，以特色农产品深加工产业、有色金属产业、建材产业、新材料产业等为重点，通过企业资助大学科研、企业与大学合作研究、大学参加企业科研、大学推动契约式合作创新以及发展科技园与创新研究中心等模式构建区域生态工业“产—学—研”信息平台，促进生态产业链的完善及可持续发展。

（1）特色农副产品深加工产业“产—学—研”信息合作平台

农副产品深加工产业“产—学—研”信息合作平台将以大学推动契约式合作创新为主要构建模式，即充分利用大区域范围内的兰州大学、甘肃农业大学、兰州理工大学等高校自身拥有的知识和人才等资源优势，凭借新兴技术的领先，通过契约交易方式推动技术向企业的扩散，并在产学合作创新中承担大部分的技术风险，对企业的创新起主导作用，从而以高原夏菜、食用菌、优质林果、高山细毛羊、高原牦牛等绿色农产品深加工企业为核心，承担农产品深加工行业领域的产品研发以及检测、信息、标准化及人才培训等工作，为区域农产品深加工产业发展提供技术和人力支撑。

（2）有色金属产业“产—学—研”信息合作平台

有色金属产业“产—学—研”信息合作平台将依托工业集中区，以企业拉动契约式合作创新为主要构建模式，即以工业园区内技术含量高、发展潜力大的核心企业为主导的模式。以有色金属冶炼、加工等技术研发为导向，增强核心企业自主研发创新能力，从而使金属精深加工及下游配套产品生产企业根据市场需求拉动产品创新；同时，除依靠自身的研发能力以外，还通过契约合作的方式，吸引大区域范围内的兰州大学、兰州理工大学等高校以及相关科研机构参与自身的产品创新，拓展新市场并创造利润。

（3）建材产业“产—学—研”信息合作平台

建材产业“产—学—研”信息合作平台将以企业拉动契约式合作创新为主要构建模式。一是针对规模化水泥生产企业，以建材行业清洁生产技术、副产物综合利用技术以及高附加值建材产品研发为导向，增强核心企业自主研发创新能力。二是以节能环保新型建筑材料研发为核心，通过契约合作的方式，吸引大区域范围内的兰州大学、兰州交通大学、兰州理工大学等高校以及相关科研机构参与自身的产品创新。

（4）新材料产业“产—学—研”信息合作平台

新材料产业“产—学—研”信息合作平台将以工业集中区或工业园区为载体，以企业内部化创新和企业拉动契约式合作创新相结合为构建模式，即以该区域范围内的新材料产业相关企业为创新主体，以通过企业产权控制形式实现创新资源整合为主要模式，以市场契约式合作为企业提高研发投资效率的补充手段；同时，以稀有金属材料和功能材料、高性能稀土功能材料、高端金属结构材料、先进高分子材料和高性能纤维及复合材料等新材料生产企业为主导，根据市场需求拉动产品创新，通过契约合作的方式，吸引大区域的高校（如兰州大学、兰州交通大学、河西学院）以及相关科研机构参与自身的产品创新，不断整合区内及周边地区“产—学—研”资源，构建以技术、检测、培训、信息、标准化为主的公共服务体系。

## 3.2.3 现代服务业

### 3.2.3.1 优化服务业布局

以甘肃祁连山自然保护区的经济社会发展条件、自然资源禀赋条件为基础，统筹考虑现有的和未来的生产力发展格局、人口分布格局，结合区域的生态功能区划，构建甘肃祁连山自然保护区以文化旅游产业为核心，以农村服务及物流、商贸、信息服务等现代服务产业发展为辅助的总体空间布局。

推进核心景区建设。积极推进大佛寺、甘州古城玉泉山庄休闲度假景区等核心景区资源整合，深化经营管理机制改革。大力推进重点文化旅游项目建设，精心打造中国汽车拉力锦标赛、全国冰雪山地马拉松赛、山丹皇家马场马文化旅游艺术节、全国油菜花节、裕固族民俗文化旅游节等品牌节会赛事，积极推进河西五市宣传营销区域联动，共推河西走廊精品旅游线路，共同开发客源市场，持续扩大对外影响力。建设和改造提升一批特色餐饮购物街区，培育壮大乡村旅游、医养旅游、研学旅游、户外运动等旅游业态，打造具有地方特色的精品剧目，丰富旅游产品供给。

（1）大力发展文化旅游产业

结合甘肃祁连山自然保护区丰富的自然资源，践行祁连山国家公园规划，构建生态文化旅游融合发展试验区，打造生态休闲度假旅游目的地。把文化旅游产业作为现代服务业发展的引擎和龙头，以全域旅游的发展理念，完善核心景区建设，加强与周边市县景区之间的区域联合和协同发展。大力实施“旅游 +”工程，重视民族文化遗产传承和开发，促进旅游与文化、体育等产业的融合发展，加快培育旅游新业态。

（2）推进农村服务产业

农村服务产业主要分布于甘肃祁连山自然保护区八县（区）各个乡镇的场镇所在地，围绕服务生产、繁荣农村经济、增加农民收入、提高农民生活水平，构建和完善以农村商贸流通、物流、金融、科技和信息、生活和文化服务为主体的农村社会化综合服务体系。

（3）完善物流、商贸、信息服务等产业

物流、商贸、信息服务等产业区位于甘肃祁连山自然保护区八县（区）的县城区域，充分利用八县（区）城中作为县域社会经济发展中心的乡镇优势，结合该区域生态旅游产业发展，加快发展物流服务、商贸流通、信息服务等现代服务业。

#### 3.2.3.2 构建以文化旅游产业为核心的服务业体系

扶持发展重点行业。加大甘肃祁连山自然保护区第三产业内部的结构调整与提升，制定有效的产业扶持措施，有选择地发展重点行业，尤其是与第一、第二产业发展配套服务的生产性服务行业。积极发展文化创意、咨询服务、金融信息服务等商务服务业。在工业集中区有重点地发展工业设计、设备安装与维修研发、物流、信息技术服务等生产性服务业。

加强基础设施建设。建成游客集散中心和导游服务中心，开通连接主要景区的旅游专线，扎实推进基础设施建设，补齐旅游服务设施短板。建成旅游大数据中心和智慧旅游服务、管理、营销平台，提升旅游信息化服务水平。探索建立旅游综合执法监管机制，持续开展旅游业专项整治行动，着力打造旅游市场秩序。同时大力发展金融保险、健康养老、咨询评估等新兴服务业，培育新的经济增长点。培育壮大商贸流通业主体，加快甘肃嘉禾蔬菜果品冷链物流配送中心、张掖传化公路港物流园等商流基础设施项目建设，完善绿洲农副产品综合批发市场、玉米种子暨农产品交易中心服务功能。进一步健全县乡村三级电商服务体系。

（1）促进文化旅游业发展

充分利用甘肃祁连山区域丰富的自然资源，把文化旅游业作为现代服务业发展的引擎和龙头。一是找准各县（区）重点景点，重点打造肃南县中华裕固风情走廊、马蹄寺、夹心滩红色记忆主题公园、西柳沟特色村寨；山丹县大佛寺、“彩虹山丹”城郊田园景观带、“七馆”红色文化旅游景区；甘州区平山湖大峡谷、湿地公园；民乐县扁都口风光旅游区、圣天寺；天祝县喜秀龙草原、冰沟河、天堂景区；古浪县马路滩沙漠生态旅游区、红军西路军古浪战役纪念馆；凉州区鸠摩罗什寺、古钟楼、凉州战役纪念馆、古凉州历史文化长廊；永昌县御山峡圣容寺、花田小镇等景区，完善核心景区建设，加强与周边市县景区之间的区域联合和协同发展。二是适时举办皇家马场马文化艺术节、焉支山旅游文化节、乌鞘岭国际滑雪艺术节、“野性祁连”国际越野跑、大红沟乡村旅游节、山丹花旅游文化艺术节等，挖掘人文内涵，提升品牌效应，打造旅游新形象。三是大力实施“旅游+”工程，重视民族文化遗产传承和开发，促进旅游与文化、体育等产业的融合发展，加快培育旅游新业态，同时与第一、第二产业协同发展。四是精心策划旅游路线，诸如山丹县城—焉支山—皇家马场旅游线路、天祝县城—互助北山国家森林公园旅游线路。扶持发展特色田园综合体，加大特色街区、旅游饭店、旅游厕所建设力度，提升旅游品质。五是借助网站、微信、微博、播客、手机终端等新媒体，持续推进多层次的营销宣传，同时联结兰州、敦煌、西宁、内蒙古四线旅游板块，积极吸引省外游客。

（2）推进现代物流业发展

基于甘肃祁连山区域的特色农产品、生态工业产品以及甘肃祁连山自然保护区八县（区）的铁路及G30连霍高速公路资源，加强物流基础设施建设，推进物流业现代化发展，建成多功能集成的物流服务体系。一是依托产业特色和区位优势，以物流一体化和信息化为主线，统筹规划独特区位的物流资源，在各个县级区域打造覆盖全县、服务全市的物流枢纽。二是整合物流资源，科学布局物流企业和物流中心，推进现代物流业集群发展，在交通区位较好、市场需求显著的城镇建设物流园区。围绕重点产业大力发展矿产资源、新材料产品、农产品等大件物品专业物流集群，围绕快捷需求和零星需求发展小件快递物流集群和零担物流集群。三是以先进技术为支撑，强化基础设施，整合物流资源，建立现代物流服务体系，提高物流专业化、社会化、规模化水平，推进现代物流业发展壮大和结构升级。加快公路、城际快递通道等重大交通基础设施建设，进一步提高农村公路通达深度和技术标准，形成高密度、网络化的便捷公路运输、物流服务节点的物流运输体系。四是构建肉类和速冻食品、果蔬和特色农产品冷链物流体系，建设批销食用菌、肉类、农资等重要商品储备设施，提高应急保供能力。五是推进物流企业建立区域性物流信息共享平台，实现物流信息资源的共享。六是培育发展第三方物流企业，促进制造企业、商贸企业改变业务流程，实施供应链管理，促进物流业务分离外包，形成制造业、商贸业与物流业联动发展格局；引进一批国内外大型现代物流企业进入甘肃祁连山自然保护区市场，提高物流服务的社会化水平和专业化水平。七是提升物流信息化、标准化水平，推进企业物流信息化，促进信息技术应用；同时，加强对物流运输车辆的管理，提高物流运输车辆尾气检测达标率，有效控制物流车辆尾气对当地大气环境的影响。

（3）完善现代信息服务业发展

突出比较优势，坚持自主创新，强化信息基础，促进甘肃祁连山自然保护区信息服务业与其他产业的融合和互动发展。一是加强信息基础设施建设，构建统一的网络传输体系、数据资源与灾备体系、信息安全体系和信息化应用支撑体系，整合信息网资源；加快甘肃祁连山自然保护区信息化建设，强力推进区域公共信息服务平台、电子政务网络平台和工业园区信息化平台等建设，全面提升经济社会信息化水平。二是发展提升信息传输业，依托中国电信、中国移动和中国联通等大型信息服务企业，大力提高信息传输水平。三是推动信息服务业与该区域其他产业的融合发展，加快推进现代信息服务业与传统工业的融合，推动工业企业信息化发展，利用信息化手段深入推进现代服务业的优化升级与服务创新。

（4）实现商贸流通服务业转型

结合当地区域优势，以甘肃祁连山自然保护区范围内各个县城为核心，加快推进批发、零售、会展等行业发展，完善基础设施，优化商贸结构，创新流通方式，发展新兴业态，扩大流通规模，增强市场功能，实现传统商贸向现代商贸转型升级。一是针对特色农产品及工业产品，加快建设产地农产品批发市场和城区销地批发市场，配套建设冷藏、冷链物流设施，产品检测系统及市场信息服务系统；整合现有资源，突出市场特色，强化市场功能，引入现代交易方式，扶持发展一批大型生产资料、消费品、特色农产品等专业批发交易市场；以特色农产品基地为载体，结合市场开拓与建设，发展面向国内外客户的专业化市场。二是促进批发贸易升级，建设批发、批零兼营类消费品批发市场；同时促进连锁经营多领域跨地区发展，引导连锁企业加强配送中心建设，推进区域供应链管理，加快发展电子商务，提高流通领域信息化水平。三是加快完善商品零售网络，在该区域的农村建设“万村千乡市场工程”和“新农村现代流通服务网络工程”，利用农家店、社区综合服务社，推进日用消费品和重要农业生产资料的连锁经营；在该区域的少数民族聚居地区加快建设民族贸易服务网点；同时推进行政农村商贸服务中心建设，完善购物、文化、信息和农业技术服务等综合服务功能。

（5）健全金融服务业体系

健全区域金融机构体系，培育金融市场，加快甘肃祁连山自然保护区金融服务业改革创新，改善融资结构，优化金融环境，促进金融服务业健康快速发展。一是紧密结合甘肃祁连山自然保护区生产力布局情况，合理布局金融服务业基层营业网点，全面推进该区域银行业、证券业、保险业、准金融业等金融服务体系建设，增强金融机构网点的可持续发展能力，为该区域建设和社会经济发展提供有力的金融支持。二是加大该区域金融监管力度，改善金融环境，加快以信贷诚信为重点的社会信用体系建设，建立完善的社会信用担保体系，加强金融领域司法环境整治，规范金融中介服务机构发展；健全金融风险应急管理机制，防范和化解潜在风险，确保该区域金融安全、稳健运行。三是创新发展金融服务类型，以该区域绿色农业、生态工业、现代服务业发展为导向，促进绿色信贷服务业发展，加强金融服务业对甘肃祁连山自然保护区生态环境保护和生态产业发展的支持；鼓励发展银团贷款、并购贷款等金融产品，促进各种金融市场创新和金融衍生品业务发展；鼓励企业通过发行中期票据、债券和短期融资券等方式进行融资。

（6）构建农村服务业体系

围绕服务生产、繁荣农村经济、增加农民收入、提高农民生活水平这一目的，甘肃祁连山自然保护区构建和完善以农村商贸流通、物流、金融、科技和信息、生活和文化服务为主体的农村社会化综合服务体系。一是完善农村商品流通体系，围绕农业产前、产中、产后，加快农村流通基础设施建设，规划建设一批与现代农业相适应的农业生产资料市场和产地型农产品批发市场。二是健全农村金融服务体系，支持各类金融组织向农村延伸网点开展业务，深化农村信用社改革，积极发展村镇银行、小额贷款公司和农村资金互助社，完善农业抵押担保体系，创新农村金融服务产品，推进政策性农业保险试点。三是完善农业科技和信息服务体系，加强农业公共服务能力建设，普及健全农业技术推广、动植物疫病防控、农产品质量安全监管等公共服务机构，加快良种繁育体系建设，推进农业科技创新、转化，实施科技入户工程；发挥农民专业合作组织、农业专业协会和农业企业的带动作用，加快信息技术在农村生产经营中的应用，促进农民增收致富。四是加快发展农村生活服务业，推进农村社区建设，加快发展农村文化、医疗卫生、社会保障、计划生育等事业，提高公共服务均等化水平，丰富农民物质文化生活。

（7）完善社区服务业体系

以甘肃祁连山自然保护区八县（区）的县城区域为重点，完善社区服务网络，拓展服务领域，推动社区服务业向市场化、产业化、社会化方向发展，满足日益增长的居民多元化、多层次、全方位的服务需要，提高居民的生活质量和福利水平。一是加快社区服务体系建设，完善社区服务设施，健全服务网络，增强服务功能，创新服务方式，发展全方位、多层次的社区就业、养老、救助、卫生和计划生育、文体教育、公共安全、商业七大服务体系。二是改造提升城镇社区服务业。积极推动新技术、新业态、新流程和新的服务方式等进入社区服务业。

## 3.3　加强系统保护修复，维护生态功能

长期以来，祁连山地区在自然因素和人为因素的双重影响下，出现了冰川退缩、水源涵养功能减弱、植被退化、水土流失加重、生物多样性受损等诸多问题。尤其是近 50 年来，全球气候变化加剧了该地区生态环境的脆弱性，祁连山冰川普遍退缩减薄，因此造成祁连山地区的草原、湿地、沼泽来水量增加，地下水水位抬升，引起该地区土壤盐

碱化；高山地区受冰川退缩影响，地表裸露，高寒草甸退化，呈现土地荒漠化趋势，水源涵养功能萎缩。

### 3.3.1 强化重要生态系统保育

保护和修复森林、草地、湿地、冰川、绿洲等生态环境，加强森林资源保护与生态公益林建设，实行退耕还草还湿，加强冰川保护与监测，加强绿洲生态保护，促进生态系统自然恢复和顺向演替等重要生态功能。

#### 3.3.1.1 加强森林保护与建设

加强林业生态资源保护。一是完善天然林保护制度，健全天然林管护体系，民乐、山丹、肃南、永昌等县继续实施天然林保护工程，全面加强祁连山北坡天然林保护，形成远山设卡、近山巡护的合理布局；二是上述地区要依托生态公益林保护工程，加强公益林管护，完善森林生态效益补偿政策，强化国有、集体和个人所有公益林管护，保障和维护所有者、管护者的权益。

加强森林可持续经营。坚持数量和质量并重、质量优先，宜封则封、宜造则造、宜林则林、宜灌则灌、宜草则草，实施森林质量精准提升工程。一是科学开展天然次生林经营，通过保育结合人工促进天然更新，加快森林群落的正向演替进程，调整林分层次结构，优化树种组成，大力培育天然复层异龄林。二是加快开展人工林经营，推进人工商品林集约经营，改造低效退化林分，提高森林质量和林地产出，因地制宜地开展生物质能源林、碳汇林基地集约化、规模化建设；推进人工公益林近自然经营，大力培育混交、复层森林结构，适时调整林分密度。三是适度开展灌木林经营，根据自然条件确定灌木林经营方向、方式和经营强度，有条件的地区适度培育乔木林，形成乔灌混交林，提高防护等综合效能。

多举措增加森林覆盖率。以天祝三峡国家森林公园、天祝冰沟河省级森林公园、永昌豹子头省级森林公园、张掖森林公园等天然林地保护和培育等为重点，开展大规模植树造林、低产林改造、森林抚育等工作。加强金川河流域等水源地保护区防护林保育工作，进一步增强森林吸收污染、净化水质的功能，全面保障饮用水水源安全、重要湖库生态安全。以三北、黑河流域防护林建设为重点，加大防护林建设力度。持续推进张掖黑河湿地自然保护区、石羊河湿地公园森林保育工作，有效保护其范围内的自然环境和自然资源。

科学封山育林，加强封山管护。对祁连山保护区海拔 3 800～4 780 米范围内的雪山、冰川、沼泽湿地以及外围高山灌丛、高山草甸进行全面封育；对海拔 2 400～3 200 米范围内各条支流两侧汇水区的森林资源进行封山管护；对河流两岸水土流失严重区、植被退化区、生态脆弱区的宜封区实行重点封育，包括天然林缘区质量较差林分、疏林地、残败灌木林地、灌草地以及宜林地等，封育成林后纳入现有植被管护范围。

稳步推进新一轮退耕还林还草工程。争取将 15～25 度坡耕地以及 25 度以上坡耕地、严重沙化耕地和重要水源地全部纳入退耕还林还草范围，加大建设项目整改力度，禁止任何单位和个人进入祁连山自然保护区的核心区，古浪县、凉州区、民乐县、永昌县、天祝县现有居民全部进行移民搬迁；禁止在缓冲区开展旅游和从事生产经营活动；实验区在不破坏植被的前提下，有计划地开展多种经营活动。民乐县、山丹县、肃南县、永昌县坚决关闭保护区内破坏生态环境的违规违法项目，积极稳妥地做好企业退出工作。加强矿山生态破坏区、“下山入川”移民迁出区生态恢复。

明确祁连山北坡林地权属，解决林地长期超载放牧问题。全面贯彻落实《中共中央关于全面深化改革若干重大问题的决定》，加快建立并实行归属清晰、权责明确、监管有效的林业资源资产产权制度，由甘肃省政府协调祁连山北坡所在地各级政府，统一颁发祁连山国家级自然保护区林权证，明确祁连山北坡林地权属，解决长期以来林地和牧草地权属重叠问题，取消灌木林地和宜林地上的草地使用权，禁止牧民在灌木林和宜林地上放牧，遏制超载放牧造成的林地退化趋势。

逐步转移安置保护区农牧民，减轻农牧业生产对林地的破坏。实施积极的人口退出政策，优先将祁连山国家级自然保护区核心区、缓冲区内的居民转移安置到保护区外，给予合理的安置补偿，进行职业技能培训，帮助他们发展生态种养、商业、运输业，或通过劳务输出及转为生态管护人员等多种方式，进行就业安置。将迁出区的土地使用权收回交自然保护区规划还林还草，从根本上解决农牧民生产生活造成的林地退化问题。

建立林业资源资产用途管制制度，严格限制林地流失。落实《全国林地保护利用规划纲要（2010—2020 年）》和《甘肃省林地保护利用规划纲要（2010—2020 年）》，尽快划定林地红线，将 3 个国家级自然保护区核心区、缓冲区内的土地全部划为Ⅰ级保护林地，将 3 个国家级自然保护区实验区的林地区划为Ⅱ级保护林地。对祁连山北坡林地实行严格的征占用限额管理，依法保护管理林地和森林资源资产，严格控制林地和森林资源资产流失。

切实加强森林防火工作。建立健全林区内市、县（区）、乡镇防火组织，实行防火行政领导负责制，划定防火责任区，制定防火制度，定期对防火人员进行防火知识和灭火技术培训；加强野外用火管理；建立林区与周边社区护林防火联防制度，定期召开联防会议，提高应急能力；加强防火基础设施建设，配备相应的设备和巡护监测网络，建立完整的防火监测体系。

加强综合监管，开展全面督察。加强森林资源采伐利用监管和湿地动态监测，构建自然保护区信息共享平台，开展自然保护区管理能力提升工程建设，加强自然保护区等重点区域生物多样性保护。开展林业自然保护区全面督察，对张掖黑河湿地自然保护区、祁连山自然保护区等国家级自然保护区进行全面督察，对自然保护区生态环境问题加强监管。

#### 3.3.1.2 加强草地保护与治理

稳定和完善草原承包经营制度，完成草原承包权确权工作。积极推进草原生态环境保护与建设，逐步完善草原承包经营制度，有效落实草原保护法律法规。积极联合省农牧、国土等部门，加大协调工作力度，指导张掖、武威、金昌三市政府制定相关政策，按标准合理确定草原和林地范围，建立规范有序的管理体制，彻底解决“一地两证”问题。

坚持用养结合，加强草原资源合理利用与保护。着力发展草地农业、循环农业、退耕（牧）还草与草原保护，推动天祝县建成国家级草牧业发展试点县、古浪县建成全省草地农业试点县。开展现代草食畜牧业提升工程，加快国家级草原生态畜牧业可持续发展示范区建设，建成全省重要的甜高粱、苜蓿等优质饲草产品生产基地、牧草种子生产基地和防灾减灾饲草料储备基地。在重点生态功能区，通过发展草食畜牧业和后续产业、建设绿色能源等方式，改善农牧民生产生活条件，保护与恢复林草植被，减少水土流失。以森林草原水源涵养区为重点区域，持续推进草原畜牧业生产方式转变和牧区生态环境整治，实现草畜平衡，2023 年实现全面禁牧。

加强草原生态保护与建设，实施新一轮退耕（牧）还草工程。加强草原生态保护与建设，严格执行禁牧休牧、草畜平衡和奖励补助制度，加大天然草原退牧还草力度，积极开展已垦草原植被和草原“三化”治理；规划沙化草地治理、退化草地补播两项治理工程，以民乐县、甘州区、山丹县、永昌县、凉州区、古浪县、天祝县等为重点实施地区，采用免耕补播的方法，增加沙化草地的植被覆盖度，并实行阶段性禁牧教育；对封育后有条件人工补播种草的中度退化草地实施人工补播。实施退耕（牧）还草工程，恢复草原植被，大力建设草原围栏，实施重度退化草原补播改良，建设人工草地，推进养殖暖棚建设，加大草原鼠虫害和沙化草原持续连片治理，开展宜垦撂荒草原治理。

加强草原监测网络体系及防火指挥体系建设。落实减畜措施和管护责任制，强化禁牧区巡回检查，遏制草原超载过牧。完善草原火灾预警监测、信息网络、指挥系统和扑救设备配套工作。扩大草原火情监控系统建设范围，在祁连山自然保护区的重点草原防火区、草原自然保护区和其他重点草原防火区，建设以多点远程视频监控设备为主干、以云结构计算为基础的草原防灾减灾监控系统，提升重点区域火灾的预警监测能力，确保草原火灾早发现。强化草原防火物资保障体系建设，加强草原防火物资储备库站建设，探索引进技术含量高、操作简便的大型草原防扑火装备，提高草原防扑火装备现代化水平。

#### 3.3.1.3 推进湿地保护与修复

实行湿地分级管理。根据湿地重要程度，对张掖黑河湿地国家级自然保护区内国际重要湿地、永昌北海子国家湿地公园、祁连山国家级自然保护区内重要湿地等实施严格保护，禁止擅自占用。对祁连山江河源头和水源涵养区的湿地，结合草原奖励补助政策，实施休牧禁牧保护、建设生态廊道，重点加强对水资源和野生动植物的保护。对于河西内陆河中下游湿地、绿洲外围湿地，在严格控制开发利用和围垦强度的基础上，积极开展退化湿地恢复和修复工作，扩大湿地面积，通过湿地生态补偿项目，建立湿地资源可持续利用模式。建立湿地生态用水预警机制，重点加强水资源调配与管理，合理确定生活、生产和生态用水，确保湿地生态用水需求。

实施退耕还湿。在河西走廊、祁连山地等范围内，对张掖黑河湿地国家级自然保护区内国际重要湿地，永昌北海子国家湿地公园，祁连山国家级自然保护区内的非第二轮土地承包期内、非基本农田的耕地实施退耕还湿。在严禁围垦和开发天然湿地的前提下，开展退耕还湿，合理安置当地居民，扩大湿地面积，改善退还湿地的生态水文过程，发挥湿地的固碳、净化、保水和蓄水等功能。拟退耕还湿的土地要有明确的水源供给和满足生态用水量等水源保障条件。主要采取以自然恢复为主，人工辅助促进自然恢复及工程措施为辅的技术。通过地形改造（地形整理、围堰拆除等）、植被恢复、栖息地营造、引水补水（水系沟通）、清淤疏浚、初期管护等措施恢复湿地，构建生态功能完善的湿地生态系统，恢复湿地生态服务功能。

加强湿地保护和建设工程。开展退化湿地保护与恢复治理，实施退耕还湿、退养还滩、生态补水，加强污染和有害生物防控，推进湿地可持续利用示范、社区扶持共建和湿地生态效益补偿试点，稳定和扩大湿地面积，改善湿地生态质量，维护湿地生态系统的完整性和稳定性。在重点水源地保护区、森林草原水源涵养区实施湿地保护和建设工程，并以肃南县、民乐县、天祝县、山丹县为重点实施区域。主要措施包括：一是减畜禁牧，减少或停止对沼泽化草甸资源的过度利用，封泽育草，保持其自然植被的稳定性；二是利用人工增雨条件，扩大祁连山自然保护区人工增雨作业的范围和加大人工增雨的强度，增加湿地储水量；三是在人畜进出活动区周围建立网围栏实施封育；四是设立宣传警示牌，通过宣传教育和法律法规，规范人类活动；五是安排管护人员，配备必要的交通、通信工具，对特别重要的地区实施巡护检查。

实施黑河湿地保护工程。依托全省湿地保护与恢复工程，重点建设张掖国家湿地公园，构建黑河湿地生态屏障，加强天然湿地生态系统保护与建设，对生态退化严重的湿地开展水资源调配、污染治理、生态修复等综合治理，加强湿地资源监测、管理等支撑体系建设。依托张掖国家湿地公园，开展以湿地生态经济试验示范为课题的项目研究，探索湿地资源循环利用的新模式，建设以湿地展览馆为主的科普、展示、教育基地，打造西部高原内陆河流域特色鲜明的国家级湿地生态旅游景区，促进湿地生态经济长足发展。

#### 3.3.1.4 实施冰川生态监测与保护

加强冰川区生态监测。充分发挥气象、水文水资源、卫星、无人机等生态监测能力，构建天地空立体化监测体系，加强祁连山主脉与支脉脊线两侧冰川区域生态监测，定期对冰川、积雪、冰雪径流、生态系统进行长期监（观）测，尤其要加强疏勒南山团结峰地区冰川的生态监测，定期发布监测结果。

人工增加冰川区降水量。黑河流域和北大河流域的冰川以冰斗冰川和小型山谷冰川为主，对气候变化十分敏感，针对这一问题，气象部门要加强祁连山冰川区域内生态环境和气象观测，开展在保护区内的人工作业工作，为冰川保护区域增加降水量。

强化冰川区及周边地区生态环境保护。禁止在冰川区进行一切开发建设活动，保护高寒植被，提高冰川区自然生态恢复能力。强化冰川区周边地区生态环境保护力度，提高环境保护门槛，严控矿产资源开发，严禁“三高”产业。在有降水气象条件时，及时开展人工增雨作业，提高积雪、结冰的厚度。

积极开展相关科学研究。建立监测信息大数据平台，使用高分辨率的遥感设备等技术弥补传统观测方式的不足，形成实时监测数据以完成冰川多年动态变化的评估工作，特别是冰川形态、冰川物质平衡以及冰川区气象、水文等多种参数，为开展祁连山自然保护区冰川研究做好数据准备，提供有力的科研支撑。

#### 3.3.1.5　加强绿洲生态保护与建设

加强农田防护林工程建设。加强三北防护林体系五期工程建设，对绿洲边缘防风固沙林带进行改造完善，在风沙沿线的村庄、道路、水利设施及农田等周围设置保障生产生活的防风固沙基干林带，巩固提高绿洲边缘防风固沙成效，建立起第二道防沙屏障。启动实施丝绸之路经济带甘肃段生态屏障和黑河流域等百万亩防护林基地建设工程，对残败、缺株断带、病虫危害的农田防护林、防风固沙基干林带进行更新改造、补植补造和林分修复，提高防护效益，打通连接重点生态功能区的绿色廊道。

着力推进节水灌溉。支持古浪、永昌、山丹、民乐等农业条件较好的县发展特色农业和绿洲节水高效农业。控制农业用水总量，逐步退还被农业挤占的生态用水，加强石羊河流域地下水治理，维持合理的地下水水位。

提升国土绿化水平。大力开展平原农区防护林、城市（城镇）防护林、工业园区防护林、村庄绿化美化和绿色通道建设，提高平原农区防护体系综合功能，稳定绿洲生态。加快建设三北防护林等防护林体系。

### 3.3.2　实施重点生态退化地区综合治理

祁连山部分地区面临严重的生态退化问题，主要包括土地沙漠化、水土流失、矿山环境、水电站环境问题等，需全面开展综合治理，对重点地区采取有针对性的措施。

#### 3.3.2.1　开展重点矿产资源开发区域生态建设与修复

坚持自然恢复为主、人工恢复为辅，持续推进矿山环境整治修复。按照《关于加强矿山地质环境恢复和综合治理的指导意见》，以永昌县、肃南县、山丹县、民乐县、天祝县为重点，严格实行矿产资源开发利用方案和矿山地质环境保护与治理恢复方案、土地复垦方案同步编制、同步审查、同步实施的“三同时”制度和社会公示制度。重点加快工矿废弃地、破损山体和灾毁林地的生态治理和植被恢复，兴林与治山相结合，着力拓展生态空间；开展绿色通道建设、河渠湖库周边绿化、矿区植被恢复。加强已关闭矿山的监管和生态治理，严格执行闭坑矿山报告审批制度，对于历史遗留的闭坑和关闭矿山地质环境治理问题，要利用多渠道筹资进行生态环境恢复工作。

确保祁连山国家级自然保护区内已设矿业权退出。以永昌县、肃南县、山丹县、民乐县、天祝县为重点，认真落实自然保护区管理的有关法律法规和规章制度。对自然保护区内已设置的商业探采矿权限期退出；对自然保护区设立之前已存在的合法探采矿权，以及自然保护区设立之后各项手续完备且已征得保护区主管部门同意设立的探采矿权，分类提出差别化的补偿和退出方案，并组织实施；对不符合自然保护区相关管理规定但在设立前已合法存在的其他历史遗留问题，制定方案，分步推动解决。按照自愿协商、合法约定优先原则，由县级人民政府依据调查核实的勘查开采和履行义务等情况，与矿业权人充分协商，确定补偿金额，签订补偿协议。对协商不一致的，甘肃省将对探矿权和采矿权通过会计核算、资产评估确定补偿金额。

合理开发矿产资源。首先，必须认真落实主体功能区规划，严守生态保护红线，属于禁止开发区的坚决不允许开发，属于限制开发区的按照功能要求限定开发红线，而在重点开发区，则要科学规划，有序开发利用。其次，要依法办事，根据《环境保护法》《矿产资源法》等法律规章，做到程序合规、行为合法，杜绝无证开发，打击滥采乱挖、违法生产等破坏生态环境行为，按照“谁破坏、谁承担”原则，依法进行经济处罚或追究法律责任。再次，要打造绿色矿山，严格控制矿山开采、加工作业、废弃物堆放、矿石装运过程中的粉尘排放。最后，要大力提倡循环经济，按照“平衡开采、综合利用、延伸产业链”的要求，以基地生产、规模生产为主体，全面构建结构合理、优势突出、集约利用、链条完整的资源开发利用产业体系。总之，祁连山自然保护区的矿产资源开发，必须以生态保护为前提，推动资源开发绿色、低碳、循环发展，实现生态保护与资源开发利用有机统一。

加强矿区环境保护与修复。永昌县要加强煤矿、石英岩矿、黏土矿、有色金属等采矿点的环境监理、环境评价、环境监测及生态治理工作。同时，要求矿山废水、固体废物和废气排放达到国家规定的排放标准要求，以保障区域内的环境质量不下降。矿山企业要加强矿区内采矿引起的次生地质灾害的防范和治理，对已发生的崩塌、塌陷等地质灾害要及时治理。山丹县通过矿山环境治理恢复项目和老军乡生态保护矿山复绿项目，推进山丹矿山现有生态环境问题的恢复治理，全面整治山丹马场现有生态环境问题，遏制土地沙漠化和草场退化。民乐县继续开展以“千矿整治”活动为载体的废弃矿山治理工作，加强露天开采矿山的边坡整治、复垦、复绿及景观修复，使矿山生态环境与周边自然环境相协调。

健全矿山环境治理和恢复治理保证金制度。按照“谁开发、谁保护，谁破坏、谁治理”的原则，依据《甘肃省矿山环境恢复治理保证金管理暂行办法》的要求，永昌县、肃南县、山丹县、民乐县、天祝县要健全和完善矿山地质环境治理和恢复治理保证金制度，全面建立矿山环境恢复治理保证金体制，加大矿山生态环境保护，促进矿产资源开发与环境保护协调发展。

加强执法监督力度。各级国土资源部门和林业部门要加强矿山生态环境保护和治理的监督管理，要把资源保护和矿山生态环境保护结合起来，将矿山地质环境恢复和综合治理的责任与工作落实情况作为矿山企业信息社会公示的重要内容和抽检的重要方面，强化对采矿权人主体责任的社会监督和执法监管。加大执法监督力度，督促矿山企业严格按照恢复治理方案边开采、边治理。对拒不履行恢复治理义务的在建和生产矿山，依法依规严肃处理。

#### 3.3.2.2 推进水电站区域生态建设与修复

确保祁连山自然保护区水电站生态环境问题得到全面整改。按照“谁审批、谁负责”的原则，对祁连山国家级自然保护区内违法违规水电站进行关停，违法的水电站项目一律依法关闭或停止建设，并追究违法责任；违规的水电站先关闭或先停建，整改违规问题后报省政府研究决定是否允许其继续运行和继续建设。根据《甘肃祁连山国家级自然保护区水电站关停退出整治方案》，明确对甘肃祁连山国家级自然保护区内 42 座水电站采取差别化处置意见，涉及武威、金昌、张掖三市的天祝、凉州、永昌、山丹、肃南和甘州六县（区）。按照“共性问题统一尺度、个性问题一站一策”的思路，科学合理确定水电站分类处置办法，采取差别化处置。对装机容量小、水能资源利用率低、所处河流断面多年平均来水量小的金强河、龙沟两座水电站，予以关停退出；对马场二号水电站无审批手续的机组停止运行。同时，对工程建设已基本完成、具备投产运行条件、工程继续建设利大于弊、对生态环境的进一步影响十分有限的水电站项目，可继续建设，但须尽快处理好多处扰动地表的植被恢复问题。此外，针对未批先建的大孤山、二龙山、宝瓶河、神树 4 座水电站，由核准部门依据有关规定予以处理；对于无取水许可证的皇城大干沟、东水峡两座水电站，由水利部门依据有关规定予以处罚；对未按期竣工验收的龙汇等 13 座水电站，由核准部门依据有关规定予以处罚，并依据有关规程组织验收。

开展保护区内项目土地复垦生态恢复整治工作。重点加强水电项目开发流域内的植被恢复、水土流失治理、河道治理和垃圾处理。祁连山自然保护区的水电开发项目有不少位于祁连山保护区实验区和外围保护地带，一些水电开发项目所处环境敏感。项目所在地周边林木丛生，在建设过程中将弃渣、砂石料等堆放于树林之中或倾倒于河滩，不同程度地造成了挤占河道、破坏树木等问题。针对肃南县工业集中区的讨赖河流域祁青段河滩原有、遗留的砂石料采挖点全面开展回填、平整和植被恢复治理工作，并尽快推动该类河道弃渣清理、外运和填埋恢复工作，以彻底解决保护区内该流域目前生态环境破坏严重的局面，以点带面，扭转祁连山生态环境现状。肃南县应总结祁连山国家级自然保护区肃南段水电开发生态恢复治理项目经验，依托隆畅河流域水电站生态环境恢复整治工程项目和黑河流域（肃南段）水电站生态环境恢复整治工程项目，对隆畅河、黑河流域内的27座水电站周边生态环境进行彻底整治，恢复原貌，消除污染隐患。

建设祁连山自然保护区水电站生态流量监控平台。对现有监控平台进行升级改造，扩展到祁连山自然保护区所有已建水电站，对已建成运行的引水式水电站实行生态基流全天候、无死角动态监管，实现区域内水电站全覆盖、无缝式监管目标。

#### 3.3.2.3 加大沙漠化土地治理力度

实施沙化土地封禁保护。开展沙化土地封禁保护区试点工程，加强张掖市、武威市北部沙化封禁保护，将风沙源区、风沙口、沙尘路径、沙化扩展活跃区作为重点突破区域，增加林草植被，构建丝绸之路甘肃段生态防护带。金昌市依托退耕还林工程、“三北”防护林工程、防沙治沙工程，在巩固现有绿化成果的基础上，以扩大林草植被、改善生态环境为目标，因地制宜地设立封滩育林区、沙化土地封禁保护区和禁牧区，保护现有林草植被，防止土地进一步荒漠化。对重点风沙沿线的风沙口处，建设风沙沿线防护林工程，防止风沙前移，保护永昌县绿洲安全，达到有效治理的目标。

实施沙化土地治理。以荒漠草原水源涵养区和森林草原水源涵养区的沙漠化地区为重点实施土地治理。根据各地区沙漠化土地的不同类型，采取相应的治理措施：具有稀疏植被生长的半流动沙地，可以封沙育灌草；具有植被生长条件的流动沙地与半流动沙地，可以播种草本植物或栽植乔灌木树种；居民点、交通要道、水利设施、工矿区附近的流动沙地，先以网格状沙障固沙，然后在沙障内播种牧草种子或适生灌木种子，或采取青杨、小叶杨、柽柳等插穗深栽造林的方法，最终达到固定沙地的目的。

#### 3.3.2.4 加强水土流失地区生态治理

构建祁连山自然保护区水土流失综合防护体系。根据《祁连山生态保护红线划定方案》，祁连山自然保护区水土流失主要涉及古浪县南部一带，水土流失生态保护红线内生态系统以山地荒漠带、山地草原带为主，保护重点为荒漠植物；祁连山自然保护区水土保持生态保护红线主要分布在古浪县、天祝县、山丹县等地带，水土保持生态保护红线内生态系统以草原为主，保护重点为草原生态系统。以上地区需针对祁连山地区水土流失产生、发展的机理，因地制宜、因害设防，生物措施和农业技术措施并举，本着循序渐进和重点治理的原则，对古浪县、永昌县、民乐县、凉州区等水土流失严重的区域进行针对性治理，采取营造水保林、人工种草等措施，构建生物防护网，有效涵养水源，减弱径流对地表的冲刷强度。同时，结合小型水利水保工程，有效拦蓄山洪，降低破坏强度。在坡度15度以下的耕地实施保护性耕作，减轻对土壤的直接破坏，同时增加植被和土壤覆盖度，有效降低土壤蒸发强度，控制农田荒漠化，达到提高水土保持能力的目的。

加强水土流失地区生态治理。开展水土流失治理与盐渍化治理工程，坚持预防与保护相结合、工程措施与非工程措施相结合的原则，加强水土流失综合治理。在隆畅河等流域开展水土保持恢复整治工作，对该流域 4 座电站水土流失区开展土地平整、弃渣场的拦渣墙建设、护坡建设和植被种植等工作，以尽快遏制该河段水土流失问题，确保该流域生态环境良性循环发展。

## 3.3.3 加强重点区域生态建设

按照祁连山规划范围和地域、功能类型和发展方向，将规划区划分为重点水源地保护区、森林草原水源涵养区和农田草原生态治理恢复区。

### 3.3.3.1 重点水源地保护区

重点水源地保护区包括现代冰川分布区、重要河流及重要水库上游封护区以及国家级自然保护区的核心区、缓冲区。冰川主要分布在河西走廊南山、托勒山、冷龙岭等山脊地带；河源地主要为黑河、疏勒河、石羊河等河流源头地区；国家级自然保护区为祁连山国家级自然保护区。

加强冰川雪山、河源湿地、生物多样性集中分布区及自然保护区核心区和缓冲区的保护力度。加强凉州区、肃南县、永昌县、天祝县境内的冰山环境保护，包括设置保护警戒线、警示牌、宣传牌以及配备必要的巡护设备等；对冰川进行常态化监测，在冰川退缩严重的关键地区开展长期监测。加强张掖黑河、石羊河等湿地保护和基础设施建设，主要建设内容为减畜禁牧、围栏封育、设立宣传警示牌，配备基层保护站的办公、生活以及巡护设备，野生动物救护点及配套设备，禽鸟疫害处理设备设施等。对划为禁止开发区的自然保护区核心区和缓冲区、湿地公园、风景名胜区等，以及祁连山低山和山麓地带，要限制放牧、垦荒等农事活动，禁止开挖矿产等生产建设活动，保护森林草场不再退化，特别是东、西大河上游毁草开荒、开挖煤矿、超载放牧等问题严重。除祁连山自然保护区实验区外，要特别防止人类活动对古冰川形成的各种地貌及周围的自然环境的破坏，禁止在祁连山冰川表面进行自驾游等旅游活动，禁止狩猎、采挖珍稀动植物。

### 3.3.3.2 森林草原水源涵养区

森林草原水源涵养区是祁连山森林草原资源相对集中的区域。有最完整的寒温性山地暗针叶林—草原生态系统，森林茂密、草原广袤。森林主要分布在祁连山中、东部地区的阴坡和半阴坡。肃南县、天祝县、山丹县、民乐县的乔木林以祁连圆柏林为主，辅以油松林、青杆林、山杨林、桦树林。草原主要分布在非林区的草山、草坡及林区的阳坡、半阳坡，还包括国家级自然保护区的实验区。

加强对天然乔木林地、灌木林地、人饮水源地、天然草地和高原野生动植物的保护；加大造林、封山育林（草）和退化草地治理工程的实施力度；实施草原生态保护奖励机制，保持草畜平衡。有效遏制林草植被退化趋势，实现林草植被覆盖度显著提高，森林—草原生态结构趋于合理，水源涵养能力进一步增强，动植物物种资源更加丰富，生态系统良性循环，人与自然和谐相处。

#### 3.3.3.3 农田草原生态治理恢复区

农田草原生态治理恢复区位于祁连山北坡下部，祁连山北坡下部是绿洲农业区，产业有依靠灌溉的绿洲农业和非灌溉畜牧业，包括甘肃省的肃南县、甘州区、民乐县、山丹县、永昌县、凉州区、古浪县、天祝县靠近祁连山的河西走廊地带。该区是发展种植业、林果业和畜牧业的重点区域，由于人口集中，农牧业开发强度大，超载过牧，植被破坏严重，出现了水土流失、荒漠化等生态问题。

重点实施生态治理工程，调整产业结构。恢复植被，调整区域农牧业产业结构，发展设施农牧业和特色林果业，完善农田林网体系，实施林缘区弃耕地植被恢复等工程，逐步增加植被覆盖度，遏制土地荒漠化和沙化，改善农牧业生产生活环境。

贯彻落实耕地草原河湖修养生息制度。调整严重污染和地下水严重超采地区的耕地用途，科学实施关井压田，逐步恢复地下水位。在保证耕地保护目标的基础上，制订耕地轮作种植计划，使耕地进行轮作生息，恢复土壤肥力。

### 3.3.4 加强生态系统管理

划定并严守生态保护红线，将生态空间范围内具有特殊重要生态功能的区域加以强制性严格保护。抓好祁连山国家公园体制试点，为国家公园的建立提供可复制、可推广的有效管理模式和经验，充分发挥对全国、全省生态文明体制改革的引领带动作用。全面推进自然保护区建设，强化生物多样性保护，完善生态系统服务功能。

#### 3.3.4.1 整体推进国家公园建设

推进祁连山国家公园建设。祁连山国家公园应将自然保护区及周边区域进行资源整合，完善和优化保护区的功能区划，形成“大保护区”的治理格局。按照《建立国家公园体制总体方案》要求，结合《祁连山国家公园体制试点方案》，合理界定国家公园范围，整合完善分类科学、保护有力的自然保护地体系，更好地保护自然生态和自然文化遗产的原真性、完整性。加强国家公园内风景名胜区、自然文化遗产、森林公园、沙漠公园、地质公园等各类保护地规划、建设和管理的统筹协调，提高保护管理效能。

设立统一管理机构。根据《建立国家公园体制总体方案》的文件要求，各国家公园应建立统一事权、分级管理体制。按照祁连山国家公园体制试点要求，配合中央和省完成祁连山国家公园管理机构组建任务，设立综合管理机构，建立省际联系会商机制，积极探索“山长制”和设立国家生态文明体制改革试验区。摸清园区内涉及自然资源和生态保护的政府有关机构的人员、资产情况，厘清全市涉及自然资源和生态保护的政府部门的职能职责和事权划分，解决职能交叉重叠的突出问题，理顺涉及国家公园保护、建设、管理的体制机制，成立跨区域统一管理和执法机构。

完善自然系统保护制度，健全严格保护管理制度。做好自然资源本底情况调查和生态系统监测，严格规划建设管控，除不损害生态系统的原住民生产生活设施改造和自然观光、科研、教育、旅游外，禁止其他开发建设活动。实施差别化保护管理方式。按照自然资源特征和管理目标，合理划定功能分区，实行差别化保护管理。重点保护区域内居民要逐步实施生态移民搬迁，集体土地在充分征求其所有权人、承包权人意见基础上，优先通过租赁、置换等方式规范流转，由国家公园管理机构统一管理。其他区域内居民根据实际情况，实施生态移民搬迁或实行相对集中居住，集体土地可通过合作协议等方式实现统一有效管理。完善责任追究制度，强化国家公园管理机构的自然生态系统保护主体责任，明确当地政府和相关部门的相应责任，对违背国家公园保护管理要求、造成生态系统和资源环境严重破坏的人员要记录在案，依法依规严肃问责、终身追责。

构建社区协调发展制度。由政府牵头同周围地区的教育资源系统，如区域图书馆、博物馆、展览馆等建立合作关系，统筹社区内资源，加强资源共享，通过深入社区教学提升居民参与度。明确居民的主体地位，组织居民参与社会生态环境保护活动，转变社区居民的价值观念。顺应“互联网+”“旅游+”的发展趋势，大力推荐区域内数字化教育建设。

加强自然保护区建设。建立完善自然保护区管理制度，优化自然保护区功能区划，严格控制自然保护区规划调整。加强自然保护区规范化建设，推进自然保护区由数量规模型向质量效益型转变。祁连山自然保护区、甘州区东大山自然保护区和张掖黑河湿地自然保护区、山丹县龙首山自然保护区、古浪县昌岭山自然保护区等应依据《中华人民共和国自然保护区条例》、《甘肃省主体功能区规划》确定的原则和自然保护区规划，按核心区、缓冲区和实验区进行分类管理。

#### 3.3.4.2 强化生物多样性保护

全面开展生物多样性本底调查。落实《中国生物多样性保护战略与行动计划》（2011—2030年），依据《祁连山生态保护与建设综合治理规划（2012—2020年）》，推进祁连山区域生物多样性的本底调查与评估工作。以生物多样性保护优先区域为重点，在永昌、古浪、天祝、肃南、民乐、山丹等县（区）境内的生物多样性保护优先区域，以祁连山国家级自然保护区为主，优先开展生物多样性调查和评估，重点针对双峰驼、雪豹、盘羊、普氏原羚等物种设计调查方案。此外，还应加强与科研院校的合作，提高队伍素质，加强科研能力。

加强生物多样性就地保护。改革世界自然遗产、自然保护区、风景名胜区、森林公园、湿地公园管理体制，对上述保护地进行功能重组，探索建设国家公园，构建不同形式的保护地体系。加强以雪豹为核心的生物多样性监测评估，对珍稀濒危野生动植物实施有效保护。打通野生动物栖息地之间的廊道，根据野生动物生存繁衍与扩散的需求，撤除保护区天然林保护工程的网围栏，引导牧民拆除或改造草场围栏。在铁路、公路通过的隧道上方恢复植被，确保廊道有效可用。严格按照国家公园总体规划要求实施新建工程，并充分考虑野生动物通行需要，通过修建高架桥等方式，为雪豹等动物留出通道。

开展受威胁物种迁地保护。实施濒危野生动植物拯救和野生动植物迁徙地保护，实施濒危野生动植物抢救性保护工程，建设生物多样性观测站点。依托祁连山国家级自然保护区内的植物园和凉州生态植物园、金昌植物园等，对原生生境破坏严重的甘肃特有珍稀濒危植物进行迁地保护。依托祁连山国家公园、祁连山国家级自然保护区，加大公园内植物园等建设，培育生物多样性保育中心，增强植物园在迁地保护植物方面的科研实力和迁地保护植物的能力。

加强野生生物种质资源库建设。开展野生植物种子、植物离体材料、微生物菌株、动物种质资源等的收集，尤其是珍稀濒危动植物种质资源的收集工作。建立种质资源数据库和信息共享管理系统，提高生物资源的管理和信息交流能力。针对普氏野马、雪豹、普氏原羚、藏野驴、麝、雪莲等国家重点保护的珍稀濒危野生动植物物种，建立救护繁育中心和基因库，保存种质资源，扩大种群数量。

## 3.4 健全环境管理体系，提高环境质量

根据《中共中央　国务院关于全面加强生态环境保护坚决打好污染防治攻坚战的意见》的要求以及生态环境部四项专项行动的要求，祁连山自然保护区三市八县（区）应以改善环境质量为核心，重点打好水、大气、土壤污染防治三大战役，提高环境治理的针对性和效率，有效防范环境风险，全面加强环境监察、监测能力建设，提升环境管理水平，构建环境管理长效机制。

### 3.4.1 深化水环境系统治理

根据打好“碧水保卫战”的要求，深入实施水污染防治行动计划，坚持污染减排和生态扩容两手发力，加快工业、农业、生活污染源和水生态系统整治工作，保障饮用水安全，消除城市黑臭水体，减少污染严重水体和不达标水体。以改善流域水环境质量为核心，系统推进水环境管理、水污染防治、水安全保障和水资源管理，构建祁连山自然保护区水环境安全格局。

#### 3.4.1.1 加强水环境管理

强化水环境质量目标精细化管理。明确祁连山自然保护区各类水体水质保护目标，逐一排查达标状况。确定水质良好的水体、饮用水水源地、质量不达标的水体、黑臭水体等各类水体的差异化水质保护目标，清单式排查达标状况。对于未达到水质目标要求的地区要制定水体达标方案，将治污任务逐一落实到汇水范围内的排污单位，明确责任主体、治理措施和达标时限。对于治理后水质仍不达标的区域实施挂牌督办，必要时采取区域限批等强制措施进行管控。

深化水污染物排放总量控制。完善祁连山自然保护区水污染物统计体系，逐步将工业、城镇生活、农业和移动源等各类污染源纳入环境统计范围。重点推进黑河流域污染源治理，确立黑河流域水功能区限制纳污红线，加强水功能区限制纳污红线管理。全面防治石羊河流域水污染，按照石羊河流域重点治理规划，加大对化学需氧量、氨氮、总磷、重金属及其他影响人体健康污染物的控制力度，强化化学需氧量和氨氮排放总量的控制。

实施流域综合整治。加快中部绿洲节水型社会建设，遏制下游荒漠化，实施石羊河、黑河、疏勒河三大内陆河流域综合治理工程。疏勒河、黑河、石羊河水系的控制指标如

下：疏勒河水系考核断面水质优良比例达到75%；县级及以上城市集中式饮用水水源地水质优良比例达到100%；地下水质量考核点位水质级别保持稳定；地级城市建成区黑臭水体基本消除。黑河水系考核断面水质优良比例达到100%；县级及以上城市集中式饮用水水源地水质优良比例达到100%；地下水质量考核点位水质级别保持稳定；地级城市建成区黑臭水体基本消除。石羊河水系考核断面水质优良比例达到100%；县级及以上城市集中式饮用水水源地水质优良比例达到100%；地下水质量考核点位水质级别保持稳定；地级城市建成区黑臭水体基本消除。

加强良好水体保护。加强江河源头、水源涵养区和水质良好湖泊保护。合理确定张掖黑河湿地的最小生态水位和基本生态水量，按照国家《水质较好湖泊生态环境保护总体规划（2013—2020年）》的相关要求，组织开展黑河湿地水生态环境安全评估，严格落实湿地保护区制度，加强黑河湿地良好水体的持续保护。

加大城市黑臭水体整治力度。推进城市黑臭水体整治，开展黑臭水体排查，公布黑臭水体名称、责任人及达标期限。采取控源截污、垃圾清理、清淤疏浚、生态修复等措施，加大黑臭水体治理力度。借助水生态文明建设，对黑河、山丹河、洪水河等河流两岸人口集中河段进行绿化，提高河道行洪能力，改善区域环境。

#### 3.4.1.2 全面控制污染物排放

狠抓工业企业污染防治。一是对水污染重点行业进行专项整治，制定造纸、焦化、氮肥、有色金属、石油、化工、印染、农副食品加工、制药、制革、农药、电镀等重点行业专项治理方案，并将其纳入强制性清洁生产审核范围；二是全面开展采掘、石油等重点水污染行业的环境整治工作，全面取缔集中式饮用水水源一、二级保护区和自然保护区核心区、缓冲区内的相关建设项目；三是集中整治工业集聚区水污染，要求其建设和完善污水集中处置等污染治理设施，提高园区污水处理能力，进一步控制工业行业水污染物排放总量；四是抓好水污染防治重点工程，做好金川公司选冶化厂区废水治理工程、永昌电厂废水深度处理回用工程等。

强化城镇生活污染防治。一是要加快城镇污水处理设施建设与改造，对现有城镇污水处理设施因地制宜进行改造，要求达到相应排放标准或再利用要求，其中新建城镇污水处理设施要执行一级A排放标准；二是全面加强配套管网建设，强化城中村、老旧城区和城乡接合部污水截流和收集；三是加快城镇污水处理厂建设，天祝县、古浪县要完善城乡污水基础设施建设，提高污水处理率，有效控制市内水污染，重点加快永昌城镇污水处理厂和污水收集系统的建设，缓解资源紧缺、污染加重的趋势。

加强地下水污染防治。一是对三市八县（区）石化存贮销售企业和工业园区、矿山开采区、垃圾填埋场等区域进行必要的防渗处理；二是组织对已建成的加油站进行防渗改造，其地下油罐全部改造为双层罐，不具备改造条件的，必须建设防渗池，有效防范采掘、石油行业污染地下水的环境风险；三是严控地下水超采，制定地下水超采区压采实施方案，建立开发利用地下水水位、取水总量双控制约束指标体系。

打好农业农村污染治理攻坚战。以建设美丽宜居村庄为导向，持续开展农村人居环境整治行动。祁连山自然保护区三市八县（区）农村人居环境明显改善，村庄环境基本干净整洁有序。减少化肥农药使用量，制（修）订并严格执行化肥农药等农业投入品质量标准，严格控制高毒高风险农药使用，推进有机肥替代化肥、病虫害绿色防控替代化学防治，完善废旧地膜和包装废弃物等回收处理制度。化肥农药使用量实现零增长。坚持种植和养殖相结合，就地就近消纳利用畜禽养殖废弃物。畜禽粪污综合利用率达到75%以上，规模养殖场粪污处理设施装备配套率达到95%以上。

#### 3.4.1.3　保障饮用水安全

打好水源地保护攻坚战。完善水源地管理档案，纳入各地常态化管理。加强水源水、出厂水、管网水、末梢水的全过程管理。划定集中式饮用水水源保护区，推进规范化建设。以武威市西营河渠首水源地、杂木河渠首水源地为示范，加快张掖市水源地西大河水库和皇城水库及冯家滩水源地、古浪县柳条河地表水水源地等的生态保护，采取“一源一策”办法有序开展水源地环境保护规范化建设。单一水源供水的地级及以上城市应当建设应急水源或备用水源。定期监（检）测、评估集中式饮用水水源、供水单位供水和用户水龙头水质状况，县级及以上城市至少每季度向社会公开一次。

依法清理饮用水水源保护区内违法建筑和排污口。严格控制祁连山自然保护区水源保护区周边区域建设项目环境准入，有序开展水源地规范化建设，依法清理饮用水水源保护区违法建筑和排污口，逐步实施隔离防护、警示宣传、界标界桩、污染源清理整治等水源地环境保护工程建设，开展集中式饮用水水源地的集中整治，对存在问题的区域开展重点整治，搬迁一级保护区内污染源并进行生态修复。加强饮用水质的监测和管理力度，加大城镇集中式和农村分散式饮用水水源地环境隐患排查，保障饮用水安全，各个水源地水质100%达标。

#### 3.4.1.4　提高水资源利用效率

促进节水型社会建设。严格按照《取水许可和水资源费征收管理条例》《甘肃省石羊河流域水资源管理条例》等规章条例开展水资源管理工作。合理优化三次产业的用水比例，推进工业和城市生活节水，努力提高单方水的产出效益，加强各行业节水能力，逐步进行节水技术改造，引进和推广节水型新工艺、新技术。农业节水方面，主要是提高输配水技术、田间节水灌溉技术与节水管理水平等。工业节水方面，加强企业内部用水管理和建立用水计量体系，加强用水定额管理。生活节水方面，强化公共用水和自建设施供水的计划管理，明确公共部门和单位的用水指标。加强节水宣传教育，提高公众节水意识，强化公众参与和社会监督，构建全民行动格局。

加快现代农业建设。以河西走廊国家级高效节水灌溉示范区建设项目为载体，以水资源可持续利用和保障生态安全为核心，以农业增效、农民增收、农村繁荣为目标，坚持工程措施与非工程措施相结合，工程节水、农艺节水、管理节水并举，全面推广农田高效节水技术，积极调整优化农业结构，大力发展特色优势产业和循环农业，加快建设绿色、有机农产品生产、加工基地，促进用水结构和生产方式的根本性转变，建立节水农业与生态保护相生相伴的耦合体系，走出北方干旱地区恢复自然生态、发展现代农业的新路子。优化农业生产结构和区域布局，在地表水过度开发和地下水超采严重的河西内陆河地区开展退地减水试点工作，逐步压减地下水超采区范围内的耕地、河道内开垦的耕地以及土地二轮承包后新开荒的耕地，大力发展农业高效节水项目。在地下水超采区，尤其是超采区面积较大的甘州区、永昌县、凉州区等区域，要适当减少用水量较大的农作物种植面积，改种耐旱经济作物，减少农业灌溉用水量。

### 3.4.2 持续推进大气环境治理

坚决贯彻落实打赢“蓝天保卫战”的精神，以改善空气质量、保障人民群众身体健康为目标，深化空气质量达标分类管控，通过用煤总量降低、能源结构调整和资源清洁利用，工业污染源、移动污染源等联防联治，实现空气污染排放持续削减。

#### 3.4.2.1 分类管控大气环境质量

实施城市空气质量达标分类管理。严格落实《大气污染防治行动计划》，统筹考虑区域环境承载能力，以 $PM_{2.5}$（细颗粒物）控制为核心，对各县（区）空气质量改善实行分类管理。$PM_{2.5}$ 年均浓度已经达标的县（区）应当持续改善，接近达标的县（区）应当实现达标，对超标比较严重的区县提出浓度下降要求。重点加强三市八县（区）主城区及其影响区的质量管理，严格影响区的空气质量目标要求。强化大气污染物总量控制与空气质量改善的衔接，落实差异化控制目标和政策。制定对空气质量连续达标或者有大幅度改善的县（区）的奖励办法，探索增加其污染物排放总量指标、资金奖励、政策放宽等多种形式的奖励措施。

严格大气污染物排放控制标准。对祁连山自然保护区大气环境应实施更加严格的总量控制要求与排放标准。远期将环境容量作为排污上线，确保各项污染物排放总量降至环境容量以下；近期将主要大气污染总量减排目标作为排放控制线。

#### 3.4.2.2 全面优化能源结构

持续推进能源结构调整和资源清洁利用。加快发展天然气与可再生能源，实现清洁能源供应和消费多元化，构建清洁能源产业体系，逐步提高清洁能源使用比例，建立健全推广使用清洁能源的环境经济政策和管理措施。落实《大气污染防治行动计划》和《甘肃省人民政府关于贯彻落实国务院大气污染防治行动计划的实施意见》的要求，分区分类对资源能源利用进行管控，持续推进能源结构调整和煤炭资源的清洁利用。加快推进永昌县城区供热燃煤锅炉节能技术改造，淘汰小锅炉实施集中供暖工程，新建项目必须同步建设脱硫设施，在城区内严格控制新建大气污染设施，减少二氧化硫等废气排放，彻底改善城市大气环境质量。加强清河现代循环农业产业园基础设施建设，完成园区4千米主干道绿化、亮化工程以及园区道路硬化工程，减少园区废气、粉尘产生量，完善园区绿化系统，加大绿化力度。凉州区应依托城区分散小锅炉并网集中供热项目、工业锅炉清洁能源替代项目，减少大气污染，达到《锅炉大气污染物排放标准》（GB 13271—2014）新建锅炉标准。

严格控制煤炭消费总量。严格落实祁连山自然保护区三市八县（区）各地区煤炭消费总量的控制目标，推进煤炭清洁利用，提高煤炭洗选比例，提升煤电高效清洁发展水平。限制高硫分、高灰分煤炭的开采与使用，提高煤炭洗选比例，新建煤矿应同步建设煤炭洗选设施，现有煤矿要加快建设与改造。金昌市大气污染重点治理城市开展“高污染燃料禁燃区”划定和调整工作。

提高能源利用效率。严格落实节能评估审查制度，新建高耗能项目单位产品（产值）能耗要达到国内先进水平，用能设备达到一级能效标准。积极建设绿色建筑，贯彻执行《甘肃省绿色建筑行动实施方案》，祁连山自然保护区三市八县（区）所辖政府投资的公共建筑、保障性住房等要率先执行绿色建筑标准，新建建筑要严格执行强制性节能标准。

#### 3.4.2.3 强化多污染源治理

加强工业企业大气污染源防治。在水泥、化工、煤炭、电力、冶金、造纸等重点工业行业，以削减二氧化硫、氮氧化物、烟（粉）尘和挥发性有机物产生量和控制排放量为目标；对所有重点工业污染源，实行24小时在线监控，实施重点企业、锅炉房烟尘、扬尘、二氧化硫、氮氧化合物综合治理，实现总量和指标双达标；加大工业烟（粉）尘治理，强化水泥行业粉尘治理，加强对火电、水泥行业以及 20 蒸吨/小时及以上燃煤锅炉的烟粉尘治理，采用高效除尘技术，加快对重点行业除尘设施的升级改造，确保达标排放。

强化移动源污染防治。张掖市、金昌市与武威市应加强顶层设计，从行业发展规划、城市规划、城市公共交通、清洁燃油供应等方面采取综合措施，协调推进“车、油、路”同步发展；加快和优化城市公共绿色交通体系建设，大力发展综合公共绿色交通系统；对机动车环保检测、联网传输、环保标志发放、路查、路检、停放地抽检、车用燃油供应、销售环保达标车辆等工作进行统一监督管理。

严管餐饮行业油烟污染和露天焚烧。推进餐饮业油烟污染治理，加强新建饮食服务经营场所的环保审批，推广使用天然气、电等清洁能源；饮食服务经营场所要安装高效油烟净化设施。强化无油烟净化设施露天烧烤的治理，对在市区道路、车站、广场等公共场所从事露天烧烤和摆放饮食摊点、店外设置的炉灶、占道流动经营的饮食摊点，进行清理取缔。露天烧烤要定点经营，并推行清洁无烟烧烤。组织开展餐饮业油烟专项执法行动，城区餐饮业、单位食堂必须采取安装油烟净化装置、设置专用烟道等措施，防止油烟对周围居民生活环境造成污染。

加强对焚烧物质的环境监管。加大对城市清扫废物、园林废物、建筑废弃物等物质焚烧的管控。在人口集中地区、机场周围、交通干线附近及其他依法需要特殊保护区域内禁止焚烧沥青、油毡、橡胶、塑料、皮革、垃圾以及其他产生有毒有害烟尘、二噁英和恶臭气体的物质。加大对烟花爆竹的燃放监管，在武威市、金昌市、张掖市人民政府规定的时段和区域内禁止燃放烟花爆竹。

加大农村秸秆焚烧污染防治。加强对秸秆焚烧的管控，落实《中华人民共和国大气污染防治法》和《大气污染防治行动计划》，建立健全县（区）、乡镇街道、村三级秸秆焚烧责任体系，完善目标责任追究制度，落实秸秆禁烧制度，建立监督落实机制。依法科学划分重点区域和重点时段，加强重点区域和重点时段秸秆禁烧管理工作。提高秸秆综合利用水平，建立较为完善的农作物秸秆综合利用体系，加强农作物秸秆综合利用技术推广，发挥秸秆生物质能和饲料资源的作用，实施秸秆气化、饲料加工、秸秆还田、燃料利用，秸秆氨化、青贮养畜过腹还田，秸秆堆肥，秸秆覆盖还田等措施，提高秸秆综合利用率，降低农业生产对化肥的依赖程度，实现节肥、节水、节能的统一。

### 3.4.3 分级分类防控土壤污染

贯彻落实扎实推进“净土保卫战”的行动要求，全面实施《土壤污染防治行动计划》，突出重点区域、行业和污染物，有效管控农用地和城市建设用地土壤环境风险。开展土壤环境现状监测与调查，摸清全区土壤污染情况，以耕地为重点强化农用地管理，保障农产品质量安全，开展建设用地土壤环境风险管控，强化各类土壤污染来源联合监管，加强土壤污染用途管控，分级分类加强土壤环境质量监控，保障全区土壤环境安全。

#### 3.4.3.1 开展土壤详查摸清底数

加强区域土壤环境质量监测网络建设。结合甘肃省土壤环境质量监测国控点和省控土壤监测点的布设，积极参与全省土壤环境质量监测网络建设工作，对耕地和集中式饮用水水源地土壤环境开展监测，划分农用地土壤环境质量等级，建立农产品产地土壤环境质量档案，开展受污染耕地土壤环境监测和农产品质量检测，积极开展土壤环境调查，推进祁连山自然保护区农村环境质量监测试点示范工作，逐步建立完善县域及农村土壤环境监测体系。加强土壤环境监测和野外生态监测能力建设，实现区域内土壤环境质量监测点位的全覆盖。

开展土壤环境状况调查和评估。根据《甘肃省土壤环境保护和综合治理计划》的统一部署安排，开展祁连山自然保护区土壤污染状况详查，加强土壤环境监测监管，按照国家及甘肃省的要求，进一步摸清土壤污染底数，以农用地和重点行业企业用地为重点，完成祁连山自然保护区土壤污染状况详查及重点行业企业用地土壤污染状况调查。依据土壤环境质量对耕地实行分区用途管控，确定土壤环境保护优先区域。建立严格的耕地和集中式饮用水水源地土壤环境保护制度，编制完成耕地土壤环境质量分类清单。

#### 3.4.3.2 加强污染土壤用途管控

实施农用地分级管理。以耕地为重点，统筹兼顾园地、林地、牧草地，按照未污染、轻中度污染、重度污染三个等级，实施“绿、黄、红”分级管理。建立重要农产品产地土壤环境和农产品质量综合数据库。划定农用地土壤环境质量等级，实施分级管理，未受污染的优先保护，作为永久基本农田的确保面积不减少，加大保护力度；轻中度污染的要制定安全利用方案，开展土壤环境质量监测和农产品质量检测，采取严格环境准入、阻断土壤污染来源等措施，防止土壤污染加重，降低其产出农产品的超标风险；严格管控重度污染耕地，严禁在重度污染耕地种植食用农产品。实施耕地土壤环境治理保护重大工程，开展重点地区涉重金属行业排查和整治，完成农产品禁止生产区域的划定。

严格建设用地准入管理。建立祁连山自然保护区建设用地土壤环境质量状况调查评估制度，对涉及场地污染的已收回与拟收回土地开展土壤环境质量状况评估。根据建设用地土壤环境调查评估结果，建立污染地块名录及其开发利用的负面清单，合理确定土地用途，实施建设用地环境风险分类管控。对于开发利用的各类地块，必须达到相应规划用地的土壤风险管控目标；对于暂不开发利用的地块，由政府制定环境风险管控方案，划定管制区域，设立标识，发布公告，定期开展土壤和地下水环境监测。同时防范建设用地新增污染，严格落实环保“三同时”制度，需要建设的土壤污染物防治设施，要与主体工程同时设计、同时施工、同时投产使用。

#### 3.4.3.3　加强土壤污染来源联合防控

强化污染源头控制。加强对工矿企业、农牧业生产过程、危险废物处理处置活动的监管，切断土壤污染源头。加强土壤污染工业来源的识别与防治，加快推进电镀、鞣革、印染、化工、危险废物处置等重污染行业统一规划、统一定点。对重点防控行业企业进行排查，重点防控企业的周边土壤环境质量实施例行监测，对达不到污染物排放标准的重点监管企业，限期进行治理。建立严格的优先土壤保护区域环境管理制度，严格控制在优先区域周边新建可能影响土壤环境质量的项目。严控农业生产过程环境污染，强化农药化肥和农膜等农用化学品施用以及畜禽养殖业对土壤污染的监督管理。加强生活垃圾、污水、危险废物等集中式治污设施周边土壤环境监管，规范废物集中处理处置活动。

严防矿产资源开发污染土壤。重点加强对金昌县矿产资源开发利用活动的辐射安全监管，特别是加强针对有色金属、稀土、石煤等矿产资源开发利用过程中的辐射环境监督管理；督促有关企业建立机构、完善制度并配备必要监测仪器设备，每年对矿区土壤进行辐射环境监测并将监测结果向当地生态环境主管部门报备；全面整治历史遗留尾矿库，完善覆膜、压土、排洪、堤坝加固等隐患治理和闭库措施。

强化工业废物处理处置。全面整治三市八县（区）的尾矿、煤矸石、工业副产石膏、粉煤灰、冶炼渣、电石渣、铬渣、砷渣及脱硫、脱硝、除尘过程产生的固体废物堆存场所，完善防扬散、防流失、防渗漏等基础设施，制定整治方案并有序实施。加强工业固体废物综合利用，对电子废物、废轮胎、废塑料等再生利用活动进行清理整顿，集中建设和运营污染治理设施，防止污染土壤。武威工业园区、金昌工业园区、新能源及装备制造产业园等要对各污水处理厂、临时渣厂、灰场等按规范要求做防渗处理，减少污染物下渗污染土壤。

严控农业生产污染土壤。一是合理使用化肥农药，采取精准施肥、改进施肥方式、有机肥替代等措施，推进秸秆、畜禽粪便资源肥料化利用，减少化肥使用量，推广应用生物农药、高效低毒低残留农药和现代植保机械，提升雾化和沉降度、防止“跑冒滴漏”，提高农药利用率，继续推进在甘州区、山丹县开展农药、化肥等农业投入品包装物集中回收处理试点，并逐步推广；二是推进废弃农膜回收利用，深入贯彻《甘肃省废旧农膜回收利用条例》，严格执行地膜产品强制性标准，健全废弃农膜回收贮运和综合利用网络，调动各方面回收和综合利用废弃农膜的主动性、积极性；三是严控畜禽养殖污染，严格规范兽药、饲料添加剂的生产和使用，防止过量使用，促进源头减量；四是加强灌溉水水质管理，加强对农业灌溉用水水质监测，重点对黑河中游灌溉面积大于30万亩的灌区水进行抽查监测。

#### 3.4.3.4 推进土壤污染治理修复

开展土壤污染治理与修复试点示范。按照“谁污染，谁治理”的原则，明确治理与修复主体；责任主体灭失或责任主体不明确的，由地区政府依法承担相关责任。针对典型受污染地块，开展土壤污染治理与修复试点工作，加快建立使用技术模式；建立土壤污染治理与修复全过程监管制度，严格修复方案审查，加强修复过程监督和检查，由第三方对损害状况、修复成效进行评估；统筹土壤和地下水、大气环境协同治理，开展土壤、地下水重金属和有机污染协同修复试点工作，重点推进商品粮生产基地、菜篮子基地和集中式饮用水水源地重金属和有机物污染土壤治理修复示范、历史遗留场地和垃圾填埋场等综合治理与修复试点。重点加强工业园区、矿产资源开采污染土壤的风险防控，以金昌市冶炼、石化、电镀、煤化工等重污染行业企业遗留污染地块为重点，强化污染地块开发监管。

制定实施农用地土壤污染治理与修复计划。甘州区、民乐县等产粮大县和山丹县（山丹军马场）、民乐县等产油大县要加快制定完成土壤环境保护方案；推进安全利用类耕地的合理利用，制定实施受污染耕地安全利用方案，优先采取农艺调控、替代种植等措施，降低农产品超标风险；对严格管控类耕地，主要采取种植结构调整或者按照国家计划经批准后进行退耕还林还草等风险管控措施，优先采取不影响农业生产、不降低土壤生产功能的修复措施，积极推进民乐县重金属污染耕地修复试点工作进程。

### 3.4.4 严格防控环境风险

#### 3.4.4.1 强化生态环境预警能力

提升生态风险评估与预警能力。在祁连山国家级自然保护区开展典型生态功能区生态预警监测试点工作，建成以卫星遥感、地面生态定位监测为主，无人机和现场监测为辅的生态预警监测网络。利用国内主流卫星遥感数据，综合运用地学分析、地理空间信息技术以及基于人工智能的遥感综合解译技术，开展不同尺度的生态状况监测与分析评估，对人类干扰、生态破坏等活动进行监测、评估与预警。强化祁连山自然保护区内包含国家重点生态功能区在内的饮用水水源地、河西农产品主产区的风险预警机制，建立健全环境风险预测预警体系。

建设自然生态灾害保障系统。整合气象、水文、地质、农业、林业、野生动物疫病疫源等自然灾害信息资源，提升防灾减灾信息管理与服务能力、气象预警与评估能力、气候影响评估能力和生态服务型人工影响天气能力，构建防灾减灾救灾与生态环境风险应急处置为一体的防控体系。在永昌县豹子头森林公园入口处等规划建设森林气象站，完成风向、风速、气温、湿度、雨量等的自动监测，为森林防火决策提供科学依据。积极开展有害生物防治，配套林区生物监测、检疫和防治基础设施设备，基本实现有害生物监测预警预报，控制有害生物大面积蔓延。

实行森林资源增长目标考核制度。落实《全国主体功能区规划》规定，取消对肃南、天祝政府的生产总值考核，实行生态保护优先的绩效评价，把森林覆盖率作为政府目标责任制的主要考核指标，由甘肃省人民政府组织领导，以森林调查监测数据为依据，考核评价各地森林资源增长目标完成情况。编制林地资源负债表，对保护区所在地领导干部实行林地资源资产离任审计制度，建立林地损失责任终身追究制，用严格的制度约束地方政府因单纯追求经济发展而随意占用林地的行为。

#### 3.4.4.2 有效防范水环境风险

加强重要水体水质监测预警。强化园区污水处理功能，落实水质定期监测机制；健全水资源和水质监测系统，实现地表水资源开发与保护的良性循环；建立健全地下水开采监管管理机制，完善地下水动态监测、预报系统，做到依法开采、统一管理、合理配置、采补平衡，实现水资源的可持续利用。

加强水源地风险防范。定期开展饮用水水源保护区环境状况调查评估，强化饮用水水源保护区环境管理。逐一明确地表水水源汇水区、地下水水源补给区范围，逐一排查威胁饮用水水源地安全的重点污染源，逐一制定应急预案并及时评估、更新、定期演练，实现“一源一案”“一厂一案”。完善重大突发环境事件的物资和技术储备，做到污染事故不中断供水。

### 3.4.4.3　加强大气环境风险识别

严格大气环境风险管理。建立祁连山自然保护区大气污染防治部门联动工作机制，加强部门沟通协调，紧密协同配合，对重点地区、重点区域、重点时段、重点污染源实行集中监管，提高大气环境风险管理水平。一是建立大气风险源数据库；二是建立涉及有毒有害废气排放企业环境信息强制披露制度；三是禁止在三市八县（区）新建涉及有毒有害气体、易造成大气环境风险的各种项目；四是对于已具有潜在环境风险的企业，应责令限期迁出敏感区。

加强大气污染风险预警能力建设。推进在重点敏感保护目标、重点环境风险源、环境风险源集中区和易发生跨界纠纷的重大环境风险区域，利用全方面数据监控平台，建立大气环境风险监控点，实现视频监控、自动报警功能，建立气象、环保等多部门联动的环境质量预报机制，强化区域大气环境质量预报，实现风险信息研判和预警，加强祁连山大气污染风险预警能力。

### 3.4.4.4　严格控制土壤环境风险

实施土壤环境风险动态监测。适时增加区控监测点位，在祁连山自然保护区固体废物集中处置区周边、饮用水水源保护区以及周边土壤环境风险较大的地区等设置土壤环境风险监测点位，实施动态监测，力求实现三市八县（区）重点区位土壤环境质量监测点位全覆盖。

建立土壤环境信息化管理平台。在祁连山自然保护区土壤污染状况详查和风险评估的基础上，建立土壤环境数据信息共享机制，逐步整合集成环保、规划国土、农牧、水务等部门掌握的土壤环境质量、土地利用类型及分布、土壤地质环境、农药化肥施用量等相关数据，构建土壤环境信息化管理平台，在数据收集整合与共享的基础上，构建土壤环境管理信息化平台，拓宽数据获取渠道，实现数据共享与动态更新。

建立污染地块环境管理档案。结合土壤污染状况详查情况，逐步建立污染地块名录，对列入名录的污染土壤，按照国家和甘肃省有关环境标准和技术规范，确定相应风险等级，并进一步开展土壤环境详细调查和风险评估，污染地块名录实行动态更新。逐步建立健全污染地块环境档案，档案中应包括污染地块的详细信息，主要包括土壤污染物的分布状况及其范围，污染地块对土壤、地表水、地下水、空气污染的影响情况，主要暴露途径，风险水平，采取的风险管理或治理修复措施等内容。

分类防范土壤污染风险。根据已建立的污染地块名录及其开发利用的负面清单，实行分类防控措施。对于高风险地块，严格防治新增土壤污染，强化污染综合防治，对现有涉重金属排放、有机污染物企业，要全部通过清洁生产审核，强化安全监管和达标治理，对安全防护距离不能达到要求的企业实施搬迁或淘汰和退出制度；对于中低风险地块，提高重点行业环保准入条件，加强现有重污染企业的清理和整顿，淘汰造成土壤污染的落后生产工艺及落后产能。

#### 3.4.4.5 完善固体废物回收处置体系

建立健全回收利用体系。以固体废物资源循环利用为导向，在降低再生资源回收成本的基础上，充分考虑祁连山自然保护区基本情况，提高固体废物资源利用效率，建立资源节约型社会管理体系，在保障环境安全的前提下提高综合利用水平。完善和落实鼓励工业固体废物利用和处置的有关优惠政策，强化工业固体废物综合利用和处置的技术开发，拓宽废物综合利用渠道。产生工业固体废物的重点行业要开展清洁生产审核和技术升级改造，减少工业固体废物产生量。

提高生活垃圾回收和处理水平。加强资金投入，保障现有生活垃圾处理设施稳定有效运行。鼓励开展资源回收利用，建立垃圾分类回收制度，提高资源回收利用的科技水平。加强生活垃圾填埋场渗滤液处理、焚烧飞灰处理、填埋场甲烷利用和恶臭处理，并向社会公开垃圾处置设施污染物排放情况。积极开展张掖市、金昌市、武威市餐厨垃圾资源化利用与无害化处理试点城市建设，实现祁连山自然保护区所在城市生活垃圾无害化处置率达到95%以上。

#### 3.4.4.6 严控有毒有害物质污染环境

推进危险化学品风险防控。建立祁连山自然保护区危险化学品企业黑名单制度，及时公示列入黑名单的企业，定期在媒体曝光。强化危险化学品生产企业主体责任，按照“谁产生，谁处置”的原则，及时处置危险化学品。运用物联网与云计算技术，对危险化学品生产、经营、储存、运输、使用和废弃物处置各环节实行全过程动态监管，完善安监、消防、交通、环保等危险化学品监管部门的协调联动、隐患排查机制和“市—区县—园区”三级环境管理体系。以祁连山自然保护区为重点监管区域，强化危险化学品运输安全管理，明确禁运时间段，规范运输路线。强化危险化学品企业环境风险防控主体责任，监督企业落实转移报告、环境风险防控管理计划、年度监测制度。实施危险化学品和化工企业生产、仓储安全环保搬迁工程。尽快完成环境激素类化学物质生产使用情况调查，监控评估饮用水水源地、农产品种植区等重点区域环境激素类化学物质风险。

强化危险废物管理水平。加强祁连山自然保护区危险废物产生现状调查核查，建立危险废物监管重点源清单并进行动态更新。强化危险废物规范化管理，督促危险废物产生、经营单位落实规范化管理各项制度。建立危险废物应急处置区域合作和协调机制，提高危险废物应急处置能力。落实《"十三五"甘肃省危险废物规范化管理考核工作方案》，三市八县（区）按照要求对武威市凉州区好年华蓄电池厂、天祝县兴宇冶金炉料有限责任公司、天祝联鑫铁合金有限责任公司、天祝欣锐材料有限公司、天祝中瓷陶瓷有限责任公司、古浪鑫森精细化工有限公司等产生危险废物的企业，以及天祝宏达环保科技有限公司、武威市医疗废物处置中心等经营处置危险废物的企业进行全面检查，考核、整改存在的问题。

## 3.4.5　加强生态环境监测监管能力建设

### 3.4.5.1　建立和完善生态环境监测网络

建立综合监测系统与网络。推广张掖市"一库八网三平台"信息监测平台建设模式，建立全区统一的环境质量监测网络，建立空气环境、水环境、土壤环境、声环境和辐射环境监测网，健全覆盖重点排污单位的污染源监测网络。基本实现辐射环境质量、污染源监测全覆盖，监测网络立体化、自动化、智能化水平明显提高，实现祁连山自然保护区生态环境监测网络基本全覆盖。

逐步开展标准化验收工作。围绕环境监管各领域标准化建设的同时，积极推动标准化建设达标验收工作，促进能力建设成果早日发挥效益。参考《环境监察标准化建设达标验收管理办法》（环发〔2011〕97 号）、《关于开展全国环境监测站标准化建设达标验收工作的通知》（环办〔2011〕140 号），积极开展监测、监察机构预验收工作，查缺补漏，为申请全面验收做好充分准备。张掖市、武威市、金昌市的环境信息、应急、核与辐射监管机构参照建设标准，积极组织自查，及时查缺补漏，促进标准化建设成果发挥效益。

### 3.4.5.2　加强环境监察执法能力

加强环境监察队伍建设。逐步提高祁连山自然保护区环境监察队伍的人员素质，加大培训力度，建立完善的考核、奖励和惩处制度，努力建成与新形势、新任务相适应的环境保护队伍。

提高环境监察执法能力。进一步提高监察执法机构建设标准，提高执法人员的装备水平，祁连山自然保护区环境监察机构争取尽快实现全部配备便携式手持移动执法终端。全面推进环境监察人员统一制式服装。完善"规范化、精细化、智能化、效能化"监察执法支撑体系建设，建成"硬件先进、软件出色、数据易得、管理智能、执法高效"的环境监察信息化体系。推进重点工业园区和乡镇环保机构规范设置，建立健全乡镇环保工作机制，提升乡镇环保工作专业化、规范化和标准化水准。开展证据固定、侦查技术等方面的培训，大幅提高执法人员能力和素质。拓展环境违法行为监督渠道，开展阳光执法。

#### 3.4.5.3 提升和完善环保应急能力

加强应急能力建设。加强张掖、金昌、武威 3 个市级环境监测站的现场应急监测、快速监测和移动监测能力建设。建立环境应急监测与决策支持系统，形成全区统一指挥、区域保障有力的应急监测网络，为处置环境污染事故提供技术、数据与辅助决策支撑。推动建立祁连山自然保护区重污染天气、饮用水水源地、有毒有害气体等重点领域风险预警机制，强化突发环境事件应急管理，提升应急反应能力。

健全环境应急管理与培训。建设祁连山自然保护区环境应急救援实训基地，加强环境应急管理队伍、专家队伍建设；构建应急联动机制，结合公安、消防、环保以及社会化应急力量共同参与环境应急工作，明确权责义务。

加强环境应急保障与调配。建立完善环境应急救援机构清单与专家库、应急物资储备库与信息库以及应急专项资金，确保应急人力、物力、财力储备与各项应急资源的快速调配；完善环境风险源、敏感目标、环境应急能力及环境应急预案等环境应急信息资源库；推动环境应急装备产业化、社会化，推进环境应急能力标准化建设。

#### 3.4.5.4 加强环境信息数据共享平台建设

实现生态环境监测信息集成共享。落实《甘肃省生态环境监测网络建设实施方案》，建立生态环境监测数据集成共享机制，建设常态化的数据汇聚和共享应用管理体系，实现各级各部门获取的环境质量、污染源、生态状况等监测数据有效集成、互联共享。构建祁连山自然保护区生态环境监测大数据平台，建成汇集各级各部门数据的环境监测数据库，形成县（区）、市、保护区三级逐级贯通统一的数据传输网络，建成能够实时监控监测采样、逻辑辨别数据质量、分析处理海量数据、自动生成监测报告、实时发布相关信息、有效满足数据共享的大数据平台。

实现生态环境监测信息统一发布。制定祁连山自然保护区生态环境监测信息发布管理规定，规范发布内容、流程、权限、渠道等，由甘肃祁连山国家级自然保护区管理局及时统一发布环境质量、重点污染源及生态状况监测信息，提高环境信息发布的权威性和公信力，保障公众知情权。

## 3.5　统筹城乡一体发展，美化人居环境

适度宜居的生活空间不仅是城市的外在形象，也是人们幸福和谐生活的重要载体。在宏观层次上，以生态景观和生态交通网络建设为抓手，发挥祁连山资源优势，建设特色景观，适应区域发展新格局；在中观尺度上，以森林城市和美丽乡村建设为抓手，建设宜居宜游城市，促进城乡基础设施一体化；在微观尺度上，以培育生态文化体系为抓手，深入挖掘祁连山生态文化的内涵。

### 3.5.1　优化生态景观建设

发挥资源优势，建设特色景观。发挥冰川、雪山、森林、草原、荒漠、自然遗迹等自然资源以及寺庙、石窟、古墓葬、古建筑、古文化遗址、革命纪念地和民俗风情等人文景观优势，依托祁连山国家公园、天祝三峡国家级森林公园、祁连冰沟河省级森林公园等风景名胜区奇异的自然景色、绚丽多彩的民风民俗，突出抓好基础设施建设、配套设施完善、品牌形象打造、文化内涵提升四项重点工作，打造祁连山自然保护区生态景观品牌。

保护森林资源，打造城市景观。祁连山自然保护区三市八县（区）要扎实推进城市园林绿化建设，持续完善基础配套功能。张掖市应强势推进张掖国家湿地公园、山丹新城区、民乐城北新区及西城区、肃南玉水苑等生态景观绿化工程，打造城市森林生态屏障，以城郊和新老城区接合部为重点，大力实施生态景观绿化工程，持续推进“森林进城、花木围城、园林美城”，全面打造宜居宜游城市森林生态屏障。以全民义务植树为抓手，把“四旁绿化”作为重点，将生态林与经济林相结合，调动群众参与绿化的积极性，开展大规模造林绿化活动，形成“一村一品、一路一景”的乡村绿化景观格局，助推“美丽乡村”建设。全面推进民乐县“大森林”建设，构筑起以“山上森林为面，三沿景观为线，城镇、村庄绿化为点”的民乐县大森林格局，确保实现“资源增长、林农增收”。

以绿洲城市为基础，构建内陆河沿岸城市带。张掖市和武威市把黑河城区段生态绿化带、黑河沿岸生态城市带、沿山高原生态城市片、石羊河沿岸作为重点，优化人居环境。依托张掖黑河生态带建设工程，沿黑河水系沿线，张掖市通过采取综合治理措施，开展大规模植树造林，打造贯穿张掖南北的生态景观带；利用张掖市走廊生态带建设工程，沿高铁、高速公路等重要交通干线，打造贯穿张掖东西的绿色交通景观带，形成高

标准生态景观绿色长廊。武威市则要着力以高标准建设金色大道、G569 高速公路、荣生路、天颐大道、红东路及红水河沿岸胡杨景观林带等绿色长廊通道。

### 3.5.2 加强绿色交通网络建设

适应区域发展新格局，发挥交通运输先行引导作用。根据国家“一带一路”、西部大开发、新型城镇化以及甘肃省经济、文化、生态三大国家级平台等战略的深入实施，加快形成祁连山地区区域协同发展、城乡统筹的大格局。顺应西部高铁经济、河西走廊同城化发展趋势，向西开放、向东融入、南北交汇，强化枢纽功能，打造丝绸之路经济带黄金段重要增长极，以交通基础设施互联互通带动民心沟通、要素流通、经济文化相融。

科学布局交通基础设施，节约集约使用土地等资源。按照全省“五路互通、枢纽互联”的目标，统筹利用综合运输通道线位资源和综合运输枢纽资源，协调通道内各种运输方式的线位走向和技术标准，促进各种运输方式在河西走廊城市枢纽节点的有效整合，提高交通运输资源集约利用水平。统筹区域、城乡交通协调发展，加快 S18 张掖至肃南高速公路、S236 东乐—马蹄寺公路新天至马蹄寺段等普通省、县、乡道建设，加强各种运输方式的有效连接，加强景区道路建设，着力改善城区公共交通及边远地区交通基础设施。优化交通工程建设方案，高效利用线位资源，按照节约集约用地要求，严格控制公路建设永久用地和临时用地。

发挥综合交通运输的整体优势和组合效率，降低能源消耗强度。按照“宜水则水、宜陆则陆、宜空则空”的原则，大力发展城市公共交通等低能耗运输方式，积极倡导低碳型交通消费模式和绿色出行方式。加快城市交通枢纽站建设，包括武威市城市公共交通运输枢纽站，武威市城西、古浪县、天祝县等。优化城市公交枢纽站场布局，加强城市公交站场建设，重点推进与城市综合客运枢纽相配套的城市公交站场和换乘设施建设。加大黄标车、老旧车辆淘汰力度，加强技术性节能减排，推进交通运输能源清洁化，促进新能源技术在交通基础设施中的应用，加快推广液化天然气（LNG）等清洁能源运输装备、装卸设施及纯电动、混合动力汽车，支持加气、充换电等配套设施的规划与建设。继续推广节能降碳技术，促进新技术、新产品、新工艺的应用。加快公路隧道照明 LED 改造，道路照明采用太阳能、风光互补方式供电，积极推进电子收费不停车系统。推进管理性节能减排，建立健全交通运输节能减排制度体系，强化制度约束，提升行业节能减排治理能力。

加大交通环境保护力度。进一步加大力度持续降低交通建设项目对祁连山国家级自然保护区、黑河湿地国家级自然保护区及水源地、旅游景区、文物遗址等重点保护区的环境影响，积极组织实施“零弃方、少借方”“实施改扩建工程绿色升级”“推进绿色服务区建设”“拓展公路旅游功能”等专项行动，推进生态工程技术在设计、建设、养护和运营等全过程的综合应用。强化公路服务区、枢纽站场水污染防治、噪声污染防控，建设生态型交通基础设施。严格落实祁连山自然保护区、黑河湿地保护区实验区修筑设施准入许可，持续推动“绿色通道”“生态公路”建设。

### 3.5.3　推进城乡人居环境建设

促进城乡基础设施一体化。进一步优化村镇布局，优化小城镇空间布局和功能型形态，积极打造“特色美丽乡村”，努力构建全域一体化的基础设施网络，推动城市公共服务向农村延伸，努力形成覆盖城乡、惠民便民的一体化发展格局。积极推进城乡交通、信息、能源、水利等基础设施规划、建设与管理一体化发展，要按照管用一体、职权统一的原则，实行规划编制、组织实施和责任落实上的集中统一，完善基础设施建设管理新机制。优化现有基础设施布局，重点向农村地区倾斜，提升对城镇化的整体支撑，推动基础设施城乡联网、共建共享，通过制定奖励机制，促进乡镇生活垃圾中转站等环卫设施的提升。创新农村基础设施决策、投入、建设、运行管护机制，积极引导社会资本参与农村公益性基础设施建设。

提升城镇人居生态环境。提升城镇规划水平，规范建设行为，改善居住条件，加强环境整治，建立健全环境与健康管理制度，开展重点区域、流域、行业环境与健康调查，建立污染源、环境质量、人群暴露和健康效应监测机制，促进人居生态环境质量得到明显改善。充分发挥森林在改善城市宜居环境和城市现代风貌方面的独特作用，建设大尺度森林、大面积湿地、大型绿地和花卉，完善城市绿道、生态文化传播等生态服务设施网络，增加城市绿色元素，使城市森林、绿地、水域、河道等形成完整的生态网络；充分利用城市周边闲置土地、荒山荒坡、污染土地开展植树造林，成片建设城市森林、湿地和永久性公共绿地，大力提高城市特别是建成区绿化覆盖率，改善森林景观，建设林水相依、林路相依、林居相依的城市森林复合生态系统，为城市营造绿色安全的生产空间、健康宜居的生活空间、优美完备的生态空间，初步形成符合省情、具有特色、类型丰富的森林城市格局。

引导农牧民向城镇聚集。立足祁连山资源优势，努力推进宜居宜游城市建设，促进农牧民向城镇聚集。加快张掖市宜居宜游城市建设，大力培育宜居宜游首位产业的实践。

立足黑河贯穿全境的实情，全面开展沿黑河干流生态城市带、沿山高原生态城市带建设，统筹城乡发展步伐，以更广阔的视野，优化区域产业布局，加快推进城镇化进程。依托宜居宜游首位产业的多元性、富民性，大力发展祁连玉产业、马文化产业和文化旅游产业等，引导和吸纳祁连山自然保护区核心区、缓冲区，以及绿洲与荒漠过渡带等生态敏感区、脆弱区的农牧民向城镇转移、向市民转变，让农牧区群众从传统产业中转移出来，加快推进生产方式转型、生活方式转变，最大限度减少人类活动对生态敏感区、脆弱区的干扰，促进生态系统自然修复，使山上的生态问题在山下解决，荒漠区的生态问题在绿洲解决。

改善农村人居生态环境。严格工业项目环境准入，防止城市和工业污染向农村转移，加强农业面源污染防治，加大种养业污染防治力度，大力推广清洁能源，推广节能环保型炉灶，改善农村居民生活环境。加强村庄整体风貌保护和设计，注重保留当地传统文化，切实保护自然人文景观和生态环境。发动全社会力量大规模植树增绿，建设乡村围村林、庭院林、公路林、水系林，发展森林公园、郊野公园、湿地公园，开展全省美丽乡村、生态文明小康村示范建设活动，特别是天祝等少数民族地区、丝绸之路保护带沿线地区生态示范村绿化美化，按照道路林荫化、庭院花果化的要求，完善乡村绿道、生态文化传承等生态服务设施，建设一条进村景观路、保留一处公共休憩绿地、保护一片民俗风水林、配置一块排污净水湿地，房前屋后见缝插绿，田间地头造林增绿，实现村庄绿化亮化，形成沿河风景林、房前屋后花果林、村中空地休憩林、村庄周围护村林的美丽乡村绿化格局。

实施乡村振兴战略。各市县尽快建立党委或政府领导牵头的领导机制。各级农业农村部门加强协调推动，做好衔接工作，与相关部门一起共同落实好各项工作任务。各地要将借鉴浙江经验做法与总结自身好典型结合起来，切实抓好农村人居环境整治的试点示范工作，以县为主体、以乡镇为依托、以村为基础，着力打造一批示范县、示范乡镇和示范村，以点带面、连线成片，分阶段、有步骤地滚动推进。同时，要注意统筹推进面上农村人居环境整治工作。祁连山自然保护区三市八县（区）要建立台账制度，将农村人居环境整治工作年度计划纳入党委政府目标责任考核范围，明确时间、落实责任、层层推进。制定具体考核验收标准和办法，明确可量化、可监测、可考核的指标，以县（市）为单位检查验收，建立以结果为导向的激励约束机制。

实施祁连山周边农村连片整治。甘州区主要建设内容有：在甘州区 20 个行政村小康住宅小区配套污水收集管网，建设小型生活污水处理站；购置垃圾转运车、吸污车、村庄保洁车、垃圾斗、小型垃圾箱/桶等垃圾收集设施；在全区 18 个乡镇，集镇建设小型污水处理厂。山丹县主要建设内容有：建设 20 吨污水处理站 7 座，配套建设污水管网 30 公里，购置垃圾清运车 6 辆，5 吨压缩式垃圾车 2 辆，购置垃圾斗 300 个，分类式垃圾箱 1 300 个，人力垃圾清运车 300 辆。民乐县主要建设内容有：对全县 10 个乡镇 152 个村组进行综合整治，采取“户集、村收、镇运”的模式对生活垃圾进行无害化处理。全面推广农村改厕与生活污水处理相结合的生态无害化卫生厕所（六格式污水处理池）建设，建造生活污水集中处理设施。肃南县主要建设内容有：在全县 6 个乡镇 65 村实施环境整治，购置垃圾车、垃圾斗、垃圾桶、手推车等，设置宣传牌，对水源地进行围栏，设置警示牌。

提升城乡居民的生态保护意识。加强生态文明建设的道德教育，多形式、多角度地普及生态地位、生态形势和生态环境保护的知识，牢固树立尊重自然、顺应自然、保护自然的生态文明建设理念，充分发挥政府的主导宣传作用和各类新型新闻媒体的传播作用，大力宣传环境保护知识、政策和法律法规，倡导生态文明，营造全社会关心、支持、参与环境保护的文化氛围，切实转变人们对自然的态度，营造全社会参与的生态文明建设氛围。

### 3.5.4　培育生态文化体系建设

深入挖掘祁连山生态文化内涵。祁连山的文化资源十分丰富，有森林、草原、野生动植物、河流、湿地、冰川等多样的自然资源，还有历史遗迹、文化传统、民族文化艺术等人文资源，要充分发挥祁连山自然保护区生态资源优势，深入挖掘保护区内张骞出使西域、隋炀帝西巡等历史文化，发掘甘州小调、摔跤、赛马会、拔棍、刺绣等人文内涵，把生态文化的创作宣传融合到生态保护、优美风光和特色旅游之中，让人们能更多地接纳与共享，产生心灵的共鸣。

建设生态文化载体。创建不同层次、多种形式的生态文化载体。包括政府机关、企事业单位、学校、社区等以集体为单位的生态文化载体；科技馆、文化馆、图书馆、博物馆、综合文化站等公共文化服务设施类的生态文化载体；生态文化宣传与弘扬的民间组织、社团等非政府组织生态文化载体，以及倡导和实践生态文化的先进企业、个人等模范型生态文化载体。定期组织少数民族旅游风情节，使旅游项目常态化。

建设生态文化基础设施。把生态文化作为公共文化服务体系建设重要内容，增加公益性生态文化事业投入，发挥图书馆、博物馆、科技馆以及体育文化设施传播生态文化的作用，提高生态文化基础设施的服务能力和水平。加强县级自然教育体验中心、生态科普教育中心等自然教育基地建设。依托环境公园展示与体验基地建设项目，开展环境公园展示与体验基地建设，提高环境宣教水平，倡导环境保护文化：设置以观光游览、休闲度假、科普教育为主题的森林生态旅游；永昌县要依托豹子头森林公园，以天然青海云杉林森林生态系统、踏雪赏“梅”（金露梅）为主题的森林生态文化，培育民众水源保护和森林保护意识。依托裕固族民俗度假区（县城）成功创建国家4A级旅游景区，建设一批少数民族特色村寨。

培育生态文化建设队伍。繁荣生态文化，关键是要培育在保护、抢救、传承和创新祁连山生态文化工作中有所专长的人才队伍。依托全民环境教育、环境科普和环境文化建设项目，积极开展全民环境教育、环境科普和环境文化建设，不断提高全县环境宣教水平。建立人才引进或扶持计划政策，深入开展环境宣传教育，各级党校要将环境保护列为干部教育培训的必修课程，提高各级领导干部和广大公务员的环境保护意识。加强对企业经营者及企业环保专职人员的培训教育，切实增强企业环保责任意识。积极开展环境警示教育，增强全社会的环境忧患意识。重视环保基础教育和专业教育，积极开展环保科普宣传活动。深入推进绿色学校、绿色社区、绿色家庭、绿色企业、绿色饭店、绿色医院、绿色人居等绿色系列的创建工作，倡导生态文化，弘扬生态文明，促进绿色消费观念的形成。

提高农牧民的环保意识。在保护区内有许多少数民族，他们本来就有非常好的传统生态自然观，例如裕固族的神山圣水理念、对自然的敬畏等。可以利用各个民族传统的生态自然观为保护区服务。宗教和传统文化中关于生态保护的积极一面可以为维护保护区发挥不可替代的作用。同时，建议在保护区内创建“自然教育基地”，对中小学生进行环境教育，将生态保护的理念根植于我们的下一代。

# 第四章
# 祁连山自然保护区生态文明建设与绿色发展制度体系

## 4.1 创新制度，形成协同管理体制

在甘肃祁连山自然保护区建立职能有机统一、跨地区、跨部门的生态文明建设与绿色发展协同管理模式，加快推动与生态文明建设要求、绿色发展需求相适应的管理体制改革，从体制根源上解决祁连山自然保护区环境保护与经济发展的矛盾。

成立祁连山自然保护区生态文明建设与绿色发展领导小组。依托祁连山自然保护区生态环境问题整改工作领导小组，积极研究筹备成立祁连山自然保护区生态文明建设与绿色发展领导小组，统筹负责地区内三市八县（区）的生态文明和绿色发展顶层设计、整体部署、组织实施，扛起生态文明建设的政治责任，确保生态文明建设要求全面贯彻，并使其真正融入经济建设、政治建设、文化建设、社会建设各方面和全过程。同时，将生态文明建设和绿色发展作为各级党委和政府的工作重点和衡量标准，按照系统优化的原则整合职能，建立环境绩效导向的社会治理长效机制。

着力推动祁连山国家公园体制试点工作。按照《建立国家公园体制总体方案》中的相关要求，不断推动祁连山国家公园建设。首先，严格规划建设管控，除不损害生态系统的原住民生产生活设施改造和自然观光、科研、教育、旅游外，禁止其他开发建设活动。其次，逐步搬离国家公园区域内不符合保护和规划要求的各类设施、工矿企业等，抓紧清理关停违法违规项目，建立已设矿业权逐步退出机制。最后，突出生态系统整体保护和系统修复，以探索解决跨地区、跨部门体制性问题为着力点，按照“山水林田湖草是一个生命共同体”的理念，在系统保护和综合治理、生态保护和民生改善协调发展、健全资源开发管控和有序退出等方面积极作为，依法实行更加严格的保护。

完善生态保护红线管控制度。综合分析评估区域内土地利用、水文、水资源、植被、

生物多样性、社会经济等基础地理数据，明确区域内当前存在的生态环境、社会经济发展和生态服务需求，联合林业和草原、水利等管理部门，评估祁连山自然保护区林业、牧业及水资源等的生态承载力。在此基础上，确定区域内水源涵养、生物多样性维护、水土保持、防风固沙等生态功能重要区域，划定生态保护红线。依据划定结果及受保护区域的生态特征和保护需求，建立合理的生态保护红线管控体系，确定生态保护红线管控级别及配套环境准入负面清单等，明确各级管制要求和措施，并持续开展生态保护红线环境绩效考核工作，将考核结果纳入生态文明建设目标评价考核体系，作为党政领导班子和领导干部综合评价及责任追究、离任审计的重要参考。

建立重大决策的生态环境影响评估制度。在生态文明建设中，进一步明确与确立适合祁连山自然保护区特点的政府生态管理职能，构建引导型政府生态管理职能模式或引导型政府生态管理职能方式。发挥战略环评和规划环评事前预防作用，减少开发建设活动对生态空间的挤占，合理避让生态环境敏感和脆弱区域。强化矿产资源开发规划环评，优化矿产资源开发布局，推动历史遗留矿山生态修复。以“生态保护红线、环境质量底线、资源利用上线和环境准入负面清单”为手段，强化空间、总量、准入环境管理。

## 4.2 强化考核，加强政府履职尽责

建立生态环境保护责任清单。坚持“党政同责”和“一岗双责”，明确甘肃省及三市八县（区）各级党委、政府对本行政区域生态环境保护工作负总责。梳理祁连山自然保护区管理机构、各级党委政府及相关部门的生态环境保护职责，重点推进保护区开山挖矿、水电站建设、生态修复等资源管理与生态环境保护职责存在交叉模糊的领域的责任清单化、明确化、公开化。遵循“依单履责、照单追责”原则充分发挥清单作用，发生环境问题时对照责任清单找准责任主体，公正合理进行追责。

建立生态风险评估与预警机制。协调整合生态环境、林业和草原、住建、水利、自然资源等部门各类资源、生态、环境专项监测系统，统筹构建祁连山自然保护区生态风险评估与预警平台，共享生态环境监测信息和预警成果。定期开展祁连山自然保护区生态状况调查、监测与评估，对生物多样性优先保护区、生态功能区等区域的人类干扰、生态破坏等活动进行监测、评估与预警，并生成生态风险评估与预警能力报告。

落实领导干部自然资源离任审计制度。建立自然资源资产离任审计协调机制，明确各部门职能范围，形成审前共商、审中协作和审后运用的合作机制。构建审计评价体系，

重点审计生态环保目标完成情况，自然资源资产管理和生态环境保护法律法规、政策措施执行情况，自然资源资产开发利用保护情况等。加强自然资源资产离任审计队伍建设，着力培育一批具备环境领域专业知识和技能的审计人才。探索建立专家库，组成由水质监测、森林测绘、环境保护等领域专业人才支持的咨询团队，实施专家咨询制度，聘请具备法律、环境工程等专业背景的技术专家共同参与审计工作。

建立生态文明建设的综合考评机制。在甘肃祁连山自然保护区三市八县（区）稳步推进实施基于生态产品和生态资产账户的管理模式，将社会经济发展过程中的资源消耗、环境损失、环境效益和生态资产变化情况纳入国民经济的统计核算体系，建立生态文明建设的目标体系、统计体系与核算制度。逐步形成充分体现地方环保绩效、行业和部门特色、广大公众意愿的评价考核机制，并与干部选拔任用制度相挂钩。对那些在推进生态文明建设中保护与发展相协调工作成效突出的领导干部进行优先选用，对不顾生态环境盲目决策、造成严重后果的官员，实施终身责任追究。科学谋划，注重考核内容的全面性，综合各方面实际情况，着力考核绿色发展的环境、绿色发展的前景、社会的全面进步和生态文明建设，确保通过考核使经济发展的路径更加科学化，资源环境的保护更加有力度。

## 4.3　综合监管，改革环境治理体系

实施自然保护区统一监测评估。按照统一的标准和规范，建设涵盖森林、草原等生态要素的功能完善、科学高效的祁连山自然保护区生态环境监测网络，结合遥感和地面生态监测手段，开展祁连山生态环境状况及变化趋势的监测、调查和评估，为保护区实施科学保护、依法保护提供依据。

构建自然保护区综合执法局。设立“自然保护区综合执法局”，由省政府直接领导，综合协调公安、林业和草原、自然资源、水利、农业农村等相关部门的资源，统一管理自然保护区的生态保护、修复和督察工作。

形成自然资源与生态环境监督管理部门联动机制。解决好生态环境与资源管理中长期存在的部门间“条块分割”问题，增进部门间的协调性，强化生态环境、林业和草原、水利、农业农村、自然资源等相关部门的合作，整合相关部门的自然、生态、环境保护相关职能，率先进行自然生态环境大部制改革试点，形成有效合作联动机制。检察、公安、生态环境部门进一步加强合作，建立多级联合调查办案的工作机制，打好检察、公安和生态环境部门联合检查的“组合拳”，对涉嫌环境犯罪的案件，实现“生态环境部门

快查快处、检察部门快捕快诉、公安机关快侦快办、法院快判快结”，形成各司其职、相互衔接、协调配合、联动互动的环境执法新机制。

严格祁连山自然保护区企业遵规守法。积极推进市、县（区）、镇网格化环境监管机制建设，优化配置监管力量，推动环境监管服务向农村地区延伸。完善“双随机”抽查制度，加大对有严重违法违规记录等情况的企业的检查力度。增加生态环境监管人员编制，提高执法人员装备水平，环境监察机构全部配备便携式手持移动执法终端。健全环保企业守信激励和失信惩戒机制，加强对企业环保信用状况的跟踪检查和综合评价、分类管理和评估信用记录，对环保守信企业从执法监管、资金补助、评优评先等方面实施正向激励；对失信企业从严审查其行政许可申请事项、加大执法监察频次、从严审批或者暂停各类环保专项资金补助等方面实施惩戒措施。完善排污许可证管理和企业刷卡排污的“一企一证”点源管理模式，积极开展排污许可证改革试点工作。推行绿色供应链环境管理体系，鼓励企业采用高效的清洁生产技术，将低碳绿色思维纳入产品的原材料采购、加工、包装、运输等全过程。

## 4.4 调节利益，完善生态补偿政策

制定《甘肃省自然保护区生态补偿条例》。目前，自然资源的各种单项法规多从各自资源管理行政部门的角度出发，缺乏整体的协调，易造成部门管理上的冲突；对自然保护区的管理和建设方面还存在法律空白，规定不够全面。应结合甘肃省的发展实际，在国家现有的自然保护区管理保护规定的基础上，制定出更加详尽的甘肃省自然保护区生态补偿条例，为祁连山生态补偿长效机制的建立奠定法律基础。

合理确定自然保护区生态补偿标准。自然保护区生态补偿标准应根据生态效益改善量，或根据各地区的社会、经济、环境条件来确定，使补偿标准尽可能接近于进行生态保护所支付的机会成本。对于甘肃省自然保护区来说，在确定补偿标准时应该考虑：一是以自然保护区涵养水源、保持水土、美化环境等生态效益作为补偿标准，而自然保护区的生态效益价值远高于经济价值，如果利用生态效益改善量作为补偿标准，其值过高，当前政府财力和受益者难以承受，因此，在确定补偿标准时，应考虑补偿主体的承受能力和意愿；二是以自然保护区管护费用和机会成本作为补偿标准，在确定自然保护区生态补偿标准时，将自然保护区的直接经营成本，连同部分或全部机会成本，补偿给自然保护区的管护者和社区居民，推动利益相关者积极参与自然保护区的建设和管理。

因地制宜选择多元化生态保护补偿模式。在中央财政和甘肃省财政均衡性转移支付的基础上，积极探索建立多元化生态补偿方式，引导和鼓励利益主体各方搭建协商平台，通过自愿协商建立横向补偿关系，采用资金直补、对口协作、产业转移、人才培训、共建园区等方式实施横向生态补偿。积极运用水权交易、流域产权交易、生态标识模式、环保基金等补偿方式，探索市场化补偿模式，拓宽资金筹措渠道。永昌县、民乐县区域内的祁连山冰川与水源涵养生态功能区，以一般性转移支付为主，配合以建设项目为导向的专项转移支付。武威市凉州区和张掖市甘州区等重点开发区域，以建设项目为导向的专项转移支付为主，确保资源开发行为合理且能得到及时、必要的生态修复。对古浪县、山丹县、民乐县等食物安全保障区，积极探索农产品生态标识、绿色有机食品等市场行为补偿方式。

推动保护区生态补偿试点建设。推动国家尽快启动建立祁连山生态补偿试验区，加大财政转移支付力度，促进保护区生态补偿的规范化、制度化。支持肃南县根据《肃南县祁连山生态保护与建设补偿试点县规划（2016—2020 年）》建设生态补偿示范县，开展试点工作。完善森林、草地、湿地、荒漠、冰川等重点生态区域补偿机制，稳步推进祁连山生态补偿示范区建设和生态补偿试点工作。积极做好黑河湿地自然保护区生态效益补偿试点工作，建立健全湿地公园管理体系。建立和健全生态保护补偿制度，加大对生态保护红线区域内的投入力度。参照新安江流域横向生态补偿和污染赔偿的做法，继续完善黑河流域省域间的横向生态补偿转移支付。

## 4.5 政策引导，完善市场激励制度

构建祁连山自然保护区绿色金融体系。将肃南县等重要区域生态环境保护与综合治理规划纳入国家生态环境保护与综合治理的政策支持范围，以国家投资为主，信贷资金支持为辅，引导金融资金对环境保护与综合治理的投入。兼顾政策性金融和商业性金融的特点，构建相互补充、共同发展的有利于环境保护与治理的金融体系。牢固树立“绿色信贷”理念，全面构造符合环保要求、收益稳定、运行安全、经济和社会效益良好的信贷资产格局。加强企业环保信息的征集和共享机制建设，逐步将企业环保审批、环保认证、环保事故等信息纳入人民银行企业征信系统，探索建立征信系统和环境保护相结合的信息共享机制，进一步发挥征信系统的监督作用，扶优限劣，有效推动并实现祁连山生态环境保护与综合治理的信息服务建设。

推行差别价格税费制度。充分发挥差别价格税费政策的导向作用，制定祁连山自然保护区排污企业差别收费价格落实方案，实施高污染、高耗能和产能过剩行业惩罚性资源价格。根据企业环境信用评价结果及淘汰落后产能等产业政策，编制祁连山自然保护区差别化收费企业目录，严格执行差别电价、阶梯电价、惩罚性电价和超定额用水累进加价等差别性资源价格，促进企业治污减排。加强信用评价与价格税费政策联动，发挥多种政策手段组合调控作用。积极推进环境保护税法的实施，对自然保护区内达标排放的污染物实行基本税率，对超标排放的污染物实行特殊税率；对一些新兴产业给予一定的优惠政策，同时鼓励传统产业的发展和产业升级，对产业升级换代等有利于环境保护的经济行为给予税收优惠政策；为了鼓励企业节能减排，对于资源综合利用水平达标的企业，给予一定的税收优惠政策，而对于环境保护政策性亏损的企业，给予免征和减征等税收待遇。

## 4.6 多元参与，构建社会共治体系

加强舆论宣传引导。健全甘肃祁连山自然保护区环境新闻发布制度，完善重大信息权威发布与政策解读机制，积极回应社会关切。建立自然保护区生态环保系统新闻发言人制度，及时对社会环境新闻进行正向舆论引导。强化新媒体建设及运用，开通“祁连山自然保护区生态文明建设”微信公众号，定期发布生态环境保护法律法规和生态文明知识解读，传播生态文明理念。充分调动基层力量，推动乡镇、社区等基层组织开展环境宣传教育活动，发展壮大环保志愿者队伍。支持和鼓励对于参与生态文明建设做出突出贡献的单位及个人进行表彰或奖励。

提升生态环保意识。在自然保护区内创建“自然教育基地”，将生态保护教育作为祁连山自然保护区素质教育的重要内容，纳入社会教育体系及各类培训中，打造祁连山自然保护区青少年环保教育品牌系列活动。加强公益性生态文化事业投入，搭建生态文化平台，继承发扬裕固族的神山圣水理念、对自然的敬畏等区域特有的传统生态自然观，提高区域农牧民的生态环保意识。发挥图书馆、博物馆、科技馆以及体育文化设施传播生态保护理念的作用，提高生态文化基础设施的服务能力和水平。

完善环境信息公开及公众参与制度。进一步完善“甘肃祁连山国家级自然保护区管理局”门户网站，全面推行保护区实施的重点工程、取得的成绩、存在的问题等生态环境信息公开，对涉及群众利益的重大决策和建设项目及时公开。健全举报制度，完善严

格的举报受理程序，限期办理公众举报投诉的生态环境问题。建立祁连山自然保护区有奖举报机制，根据举报行为的严重程度，给予举报人不同程度的奖励，充分调动公众在监督环境质量改善过程中的积极性。构建社区共管机制，在保护区内探索农牧民与保护局相互合作、共同管理自然资源的模式。

推行绿色生活及办公方式。建立甘肃祁连山自然保护区垃圾分类积分激励机制，实施“垃圾分类积分兑换”，推动实施生活垃圾强制分类。倡导绿色出行，推动新能源和清洁燃料车辆在公共领域的示范应用，加快发展绿色交通基础设施和慢行系统。提高办公设备和资产使用效率，积极推行无纸化办公。合理控制室内空调温度，推行夏季公务活动着便装。推广绿色采购，扩大政府绿色采购范围、采购规模，提升绿色采购在政府采购中的比重，鼓励非政府机构、企业实行绿色采购。

推行环境公益诉讼。充分发挥民间组织力量，支持和引导以环境公益协会为代表的环保社会组织开展工作，鼓励设立甘肃祁连山自然保护区环保公益组织，共同开展环保法律法规及政策的培训讲座和咨询服务。积极推行环境公益诉讼，推动将包括环保社会组织、公民等在内的主体纳入环境公益诉讼原告范围，推动制定和健全环境公益诉讼规则，提升公众在监督环境质量改善中的公益诉讼能力。

# 第五章

# 重点工程项目与投资

为保障“优化生态空间布局，筑牢生态屏障”“完善绿色经济体系，提质产业发展”“加强系统保护修复，维护生态功能”“健全环境管理体系，提高环境质量”以及“统筹城乡一体发展，美化人居环境”五大任务，本书将重点建设项目归纳为“绿色经济体系建设工程”“污染治理与生态保护工程”“健全环境管理体系项目”及“人居环境建设工程”四大类工程项目。四大类工程项目分别有 2 项、25 项、9 项和 6 项；所需投资分别为 0.88 亿元、106.12 亿元、6.38 亿元和 59.18 亿元，共计投资约 172.56 亿元（图 5-1），具体重点工程项目见表 5-1。

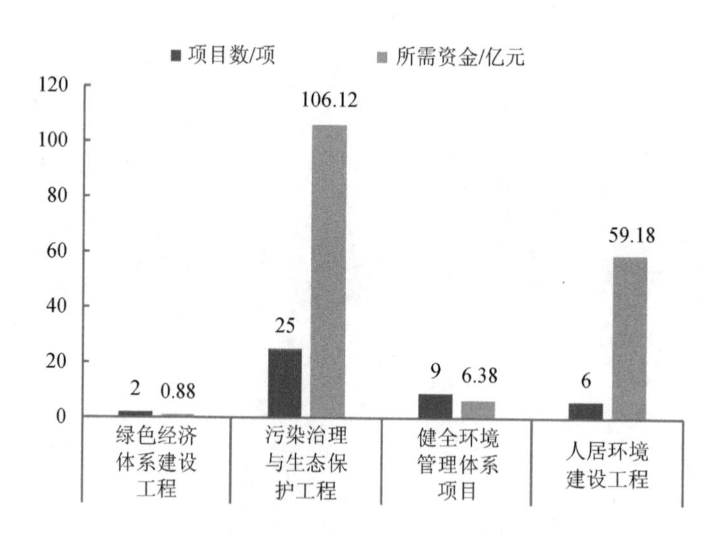


图 5-1　重点工程基本情况统计

表 5-1 重点工程项目统计

| 序号 | 项目类别 | 项目名称 | 项目内容及效果 | 完成时限 | 总投资/万元 | 实施地点 |
|---|---|---|---|---|---|---|
| 一 | 绿色经济体系建设工程 | | | | | |
| 1 | | 农业化肥治理 | 采取技术测土配方控制化肥施用 | 2016—2020 | 800 | 永昌县 |
| 2 | | 规模化畜禽养殖污染防治示范项目 | 在全县各规模化畜禽养殖示范点处理牲畜粪便、污水，产生沼气和沼肥等有机肥料 | 无 | 8 000 | 民乐县 |
| 二 | 污染治理与生态保护工程 | | | | | |
| 3 | 大气污染治理与防治 | 甘肃电投金昌发电公司二厂 2×330MW 热电机组超低排放改造项目（金川区） | 对现有的除尘、脱硫、脱硝设施进行改造，确保达到国家超低排放标准 | 2019.12 | 10 800 | 金昌市 |
| 4 | | 甘肃电投金昌发电公司一厂 2×330MW 热电机组超低排放改造项目（河西堡镇） | 对现有的除尘、脱硫、脱硝设施进行改造，确保达到国家超低排放标准 | 2019.12 | 115 000 | 金昌市 |
| 5 | | 河西堡镇工业区堆料场粉尘防治工程 | 对金铁公司、金化公司等企业物料堆场的粉尘采取防尘措施，有效减少大宗物料堆场的粉尘污染，可削减粉尘排放 2 719.30 t/a，改善镇区空气质量 | 2018.8 | 2 216 | 金昌市 |
| 6 | | 淘汰乡镇燃煤小锅炉项目 | 淘汰皇城镇、马蹄、康乐、白银、大河、明花、祁丰 7 个乡（镇）现有的 10 t/h 以下燃煤锅炉 | 2016—2020 | 2 100 | 甘南藏族自治州 |
| 7 | 水环境治理 | 农村污水收集、处理工程 | 提高农村污水的收集处理率，采用收集至城市污水处理厂或就地收集处理绿化等方式，减少农村污水的排放，提高农村污水处理能力 | 2020.12 | 8 200 | 金昌市 |
| 8 | | 城镇生活污水收集管网系统建设项目 | 改建、扩建县城生活污水收集管网 | 2016—2020 | 5 000 | 甘南藏族自治州 |
| 9 | | 县城集中式饮用水水源保护区规范化建设与保护项目 | 县城集中式饮用水水源 | 2016—2020 | 2 000 | 甘南藏族自治州 |
| 10 | | 肃南县集中式饮用水水源地一级、二级、准保护区整治工程 | 开展全县各乡镇集中式饮用水水源地保护区规范化建设与监控体系建设，以及突发性水污染事件应急机制建设 | 2016—2020 | 8 400 | 甘南藏族自治州 |

| 序号 | 项目类别 | 项目名称 | 项目内容及效果 | 完成时限 | 总投资/万元 | 实施地点 |
|---|---|---|---|---|---|---|
| 11 | 水环境治理 | 永昌县城区中水利用工程 | 建设容积 148 万 $m^3$ 的中水调蓄水池；敷设 DN600 输水管道约 12 km | 2015—2020 | 9 150 | 永昌县 |
| 12 | | 河西堡镇综合污水处理厂建设工程 | 建设年处理 15 000 $m^3$ 污水处理厂，敷设生活污水收集管网 2 768 m、工业废水收集管网 8 150 m；将河西堡镇化工园区的工业及生活污水并入河西堡镇综合污水处理厂，实现河西堡镇生活污水与工业废水的收集与处理 | 2015—2020 | 6 150 | 永昌县 |
| 13 | 土壤环境保护 | 金昌市土壤调查和治理项目 | 根据《土壤污染防治行动计划》，开展金昌市土壤调查和治理项目，总体上把土壤污染分为农用地和建设用地，分类进行监管治理和保护，划定金昌市土壤重金属严重污染的区域，提出治理的具体措施，将土壤污染治理责任和任务明确逐级分配到金昌市各地方政府和企业 | 2020.12 | 9 500 | 金昌市 |
| 14 | | 肃南县祁青工业园区土壤污染治理修复项目 | 对该区的土壤污染源进行全面监测评估，确定土壤污染等级，划分不同程度的土壤污染区域，开展场地平整工程、场地径流收集系统建设工程、区域环境污染综合治理和控制工程、污染场地生态重建和修复工程 | 无 | 2 600 | 甘南藏族自治州 |
| 15 | | 隆畅河上下游无主尾矿库恢复整治工程项目 | 对隆畅河上下游的 5 个无主尾矿库进行彻底整治，恢复原貌，消除污染隐患 | 2016—2018 | 5 000 | 甘南藏族自治州 |
| 16 | 固体废物污染防治与综合利用 | 金昌市危险废物资源化处置中心建设 | 建设可回收物料暂存库、废物收集运输系统及生产辅助设施等，主要处理金川集团公司及周边企业产生的砷渣、铅渣、冶炼渣等危险废物，建设规模 20 000 t/a。项目建成后，危险废物合规处置，消除危废堆存产生的环境风险 | 2020.12 | 8 700 | 金昌市 |

| 序号 | 项目类别 | 项目名称 | 项目内容及效果 | 完成时限 | 总投资/万元 | 实施地点 |
|---|---|---|---|---|---|---|
| 17 | 固体废物污染防治与综合利用 | 河西堡镇工业固体废物贮存场项目 | 一般工业固体废物贮存场拟选址于化工园区外东北角，贮存场容量拟设为 1 000 万 $m^3$，主要贮存各园区企业的一般工业固体废物 | 2018.12 | 6 500 | 金昌市 |
| 18 | | 河西堡镇渣场项目 | 拟选址于电厂新灰场附近，渣场容量拟设为 787 万 t，主要贮存电厂的粉煤灰和瓮福公司排放的磷石膏，减少镇区粉尘污染及固体废物堆存量 | 2018.10 | 4 200 | 金昌市 |
| 19 | | 清河园区固体废物处理工程 | 建成日处理垃圾 100 t 的垃圾综合处理配套工程 | 2016—2020 | 2 000 | 永昌县 |
| 20 | 生态修复 | 天然林保护工程 | 主要包括祁连山、大黄山林缘区，重点实施封山育林，累计完成荒山造林 0.25 万亩、封育 2.5 万亩 | 2015—2020 | 400 | 永昌县 |
| 21 | | 退耕还林工程 | 主要包括县域内国有荒山荒滩，重点实施封山育林和荒山造林，累计完成荒山造林 0.72 万亩、封山（滩）育林 1 万亩 | 2015—2020 | 590 | 永昌县 |
| 22 | | 三北防护林建设工程 | 主要包括各乡镇和国有林农场，累计建设生态经济型防护林 0.5 万亩，封山（滩）育林 10 万亩 | 2015—2020 | 3 500 | 永昌县 |
| 23 | | 防沙治沙工程 | 主要包括花草滩、露泉滩、铧尖滩、西大滩等区域，对沙生植被逐步进行封护管理，封护面积 15 万亩 | 2015—2020 | 1 000 | 永昌县 |
| 24 | | 金川河水土保持综合治理项目 | 营造河岸防护林带 90 $hm^2$，营造灌木林 133.33 $hm^2$，封禁面积 2 087.33 $hm^2$，修建灌溉渠道 9 km，修建护岸堤 1.6 km，修建管理站 1 处，建筑面积为 240 $m^2$ | 2016—2020 | 1 628 | 永昌县 |
| 25 | | 祁连山黑河流域山水林田湖生态保护修复项目 | 实施林草植被恢复、生物多样性保护、矿山环境治理恢复、保护区农牧民搬迁、黑河流域生态综合治理、小流域综合治理、水生态环境保护、湿地保护治理、土地整治与污染修复、重点区域生态治理、技术支撑体系建设等 | 2017—2019 | 526 000 | 张掖市 |

| 序号 | 项目类别 | 项目名称 | 项目内容及效果 | 完成时限 | 总投资/万元 | 实施地点 |
| --- | --- | --- | --- | --- | --- | --- |
| 26 | 生态修复 | 祁连山国家公园体制试点项目 | 张掖市植被修复10万亩。建设祁连山国家公园空天地一体化监测体系、林业有害生物及疫源疫病防控体系、森林草地生态系统生态环境监测体系。肃北县芦草湾沼泽湿地生态修复面积42.95 $hm^2$。构建盐池湾白唇鹿、黑颈鹤、雪豹监测与研究系统和空天地一体化资源生态监测网络体系 | 2018—2020 | 60 910 | 张掖市 |
| 27 | | 祁连山林地保护建设工程 | 实施林地、草地、湿地保护和建设及水土保持、冰川环境保护等 | 2018—2020 | 259 680 | 兰州市、张掖市、武威市、金昌市 |
| 三 | 健全环境管理体系项目 | | | | | |
| 28 | 环境监测、监管能力基础保障 | 环境监测能力建设 | 按照国家最新的排放标准要求，配备相应的环境监测及检测设施，提高环境监测能力；各企业均安装在线自动监测装置，提高环保实时监测监管能力 | 2019.6 | 960 | 金昌市 |
| 29 | | 环境监察能力建设 | 巩固标准化建设成果，配置环保执法装备，进行人员业务培训 | 2016—2020 | 300 | 山丹县 |
| 30 | | 环境应急监管能力建设 | 加强环境应急监测、管理专用设备配备，开展专业化应急监测、处置培训，完善保障支撑体系 | 2016—2020 | 800 | 山丹县 |
| 31 | | 重点区域空气质量预报预警、省级环境空气质量自动监测网质量控制系统建设项目 | 建设县城区域空气质量预报预警、省级环境空气质量自动监测网质量控制系统 | 2016—2020 | 200 | 甘南藏族自治州 |
| 32 | 环境基础设施公共服务 | 山丹县城区污水收集管网扩建及旧管网改造工程项目 | 污水管网总长为48 014 m，直径1 000 mm的圆形砖砌检查井个数为1 541座 | 2016—2020 | 4 762.52 | 山丹县 |
| 33 | | 乡镇饮用水水源地一级、二级保护区界桩及警示牌建设工程 | 对新划定保护区范围内的4个乡（镇）集中式饮用水水源地和14个乡（镇）分散式水源地进行围栏保护，设置警示牌36块，宣传牌18块，安装一、二级水源地保护围栏115 km | 2016—2020 | 1 500 | 山丹县 |

| 序号 | 项目类别 | 项目名称 | 项目内容及效果 | 完成时限 | 总投资/万元 | 实施地点 |
|---|---|---|---|---|---|---|
| 34 | 环境基础设施公共服务 | 清泉镇垃圾填埋场扩建项目 | 对2009年建设的垃圾填埋场进行扩建，扩建面积达到500多亩，有效库容达到100万$m^3$ | 2016—2020 | 2 000 | 山丹县 |
| 35 | 生态移民搬迁 | 永昌县水库移民工程 | 新建8万$m^3$蓄水池2座；发展膜下滴管3 500亩。新建支渠24.2 km，改造干渠3 km；修建混凝土道路33.2 km，沙砾石路面23.6 km；新建居民居住点2处，新建农宅50套，配套文化广场1处；新建集中养殖点2处，入住养殖户50户，配套铺装任务3 500 $m^2$，完善水、电及清洁能源设施；金川西村异地搬迁扶贫项目1处；金川东村“美丽乡村”建设项目1处；农民专业合作社培训10次；移民安置区基础设施建设5处 | 2016—2020 | 7 325.46 | 永昌县 |
| 36 | | 甘肃藏区2018年异地扶贫搬迁工程 | 对0.78万建档立卡贫困群众实施异地扶贫搬迁，计划建设安置住房0.18万套及相关基础设施、公共服务设施 | 2018—2019 | 46 000 | 甘南藏族自治州、武威市 |
| 四 | 人居环境建设工程 | | | | | |
| 37 | 人居环境建设 | 金川区防护绿地建设工程 | 开展金川区园林式城市建设、居民区防护绿地建设，防护林建设及园区企业绿化建设等工程，在经济技术开发区及二厂区等周围设置防护距离，并设置防护绿地，保障金川区居民生存环境 | 2018.6 | 1 500 | 金昌市 |
| 38 | | 武威雷台文化旅游城市综合体项目 | 占地1 070亩，主要建设雷台景区功能及整体形象提升工程、城市功能区及广场、综合性酒店 | 2018—2022 | 560 000 | 武威市 |

| 序号 | 项目类别 | 项目名称 | 项目内容及效果 | 完成时限 | 总投资/万元 | 实施地点 |
| --- | --- | --- | --- | --- | --- | --- |
| 39 | 人居环境建设 | 县城备用水源建设项目 | 新建县城备用水源地 | 2016—2020 | 6 000 | 甘南藏族自治州 |
| 40 | | 永昌县农村饮水安全工程巩固提升工程 | 永昌县计划改建供水工程63处，新建9项千吨万人水厂，水质化验室5处，信息化建设工程6处；新建改造村级以上管网182.82 km、村级管网429.19 km；维修改造水源井工程30处，改造水厂6处，配备水处理设施2套；改造集中入户井工程32处、入户设施17 320套；配备紫外线消毒设备56套；新建2万 $m^3$ 沉淀池1座、500 $m^3$ 调蓄水池1座、100 $m^3$ 调蓄水池4座、100 $m^3$ 高位水池5座、200 $m^3$ 高位水池3座、管理房260 $m^2$；水源地保护工程45处，蓄水池维护工程8处，安装金属围栏4 820 m、刺丝围栏11 880 m，设立警示牌184块，涉及人口19.18万人 | 2016—2020 | 12 313.81 | 永昌县 |
| 41 | | 永昌县农村河道综合整治项目 | 本项目计划对西河灌区涉及新城子、毛家庄、兆田、南湾、赵定庄、刘克庄、农林场、高古城、河沿子、夹河村，对东河灌区涉及南庄村、团庄、九坝、祁庄、永安、永丰、何家湾等村庄的山洪沟道疏浚、护岸加固治理，共计整治河道45 km | 2016—2020 | 4 000 | 永昌县 |
| 42 | | 农村环境连片整治项目 | 全面推广农村改厕与生活污水处理相结合的生态无害化生活公厕建设，建造生活污水集中处理设施；<br>建设乡镇垃圾中转站和行政村回收站 | “十二五”未完成“十三五”继续 | 8 000 | 民乐县 |

## 5.1 绿色经济体系建设工程

绿色经济体系完善工程主要有农村化肥整治、规模化畜禽养殖污染防治项目等，通过项目的实施，加快淘汰落后生产能力，促进形成“低投入、高产出；低消耗、少排放；能循环、可持续”的环保节约型产业。农村化肥整治、规模化畜禽养殖污染防治项目使农村农业污染得到有效遏制，实现环境承载能力和经济发展相适应的新型发展格局。

## 5.2 污染治理与生态保护工程

污染治理与生态保护工程主要有大气污染治理与防治、水环境治理、土壤环境保护、固体废物污染防治与综合利用以及生态修复等工程。通过实施大气、水、土壤等方面的污染治理以及林地、草地、湿地保护及水土保持等工程，进一步改善生态环境，巩固和扩大水源涵养林面积，恢复生态系统。对祁连山自然保护区河流修建防洪护岸、护坡，提高抗御山洪、滑坡、泥石流等自然灾害能力，能够很大程度上改善水土流失严重、生态脆弱的现象，有效保护湿地、森林和草地资源，极大地改善生态环境，有效遏制湿地生态环境遭受严重破坏的现象，稳定发挥生态系统多种服务功能，为祁连山地区乃至河西走廊提供良好的生态保障。

## 5.3 健全环境管理体系项目

健全环境管理体系项目主要包括开展环境监测、监管能力基础保障项目，环境基础设施公共服务以及生态移民搬迁工程。该项目有利于不断加强环保机构和队伍建设，提升环境监察、监测体系建设，实现常规环境监测和监控，健全环境保护管理机制，从而搭建环境保护公众参与平台。

## 5.4 人居环境建设工程

人居环境建设工程主要包括金川区防护绿地建设工程，武威雷台文化旅游城市综合体项目，农村污水收集、处理工程，永昌县农村饮水安全工程巩固提升工程，永昌县农村河道综合整治和农村环境连片整治项目等工程。积极改善城乡人居环境，培育生态文明意识，推动人与自然和谐发展。

按项目工程实施地点分别统计估算各地所需投资额（图 5-2），统计时将跨区域重大项目所需资金额进行均分，在统计项目数时，将跨区域重大项目在各地均计数 1 次，致使项目总数与表 5-1 不一致。图中显示甘南藏族自治州、张掖市、金昌市、武威市、兰州市 5 地中张掖市与武威市所需投资额最高，分别约为 67.72 亿元和 64.79 亿元，而甘南藏族自治州所需投资额最低，约为 5.63 亿元。就项目数而言，金昌市最多，达 23 项，其次为张掖市和甘南藏族自治州，分别为 10 项和 9 项，武威市较少，为 3 项，兰州市最少，仅 1 项。

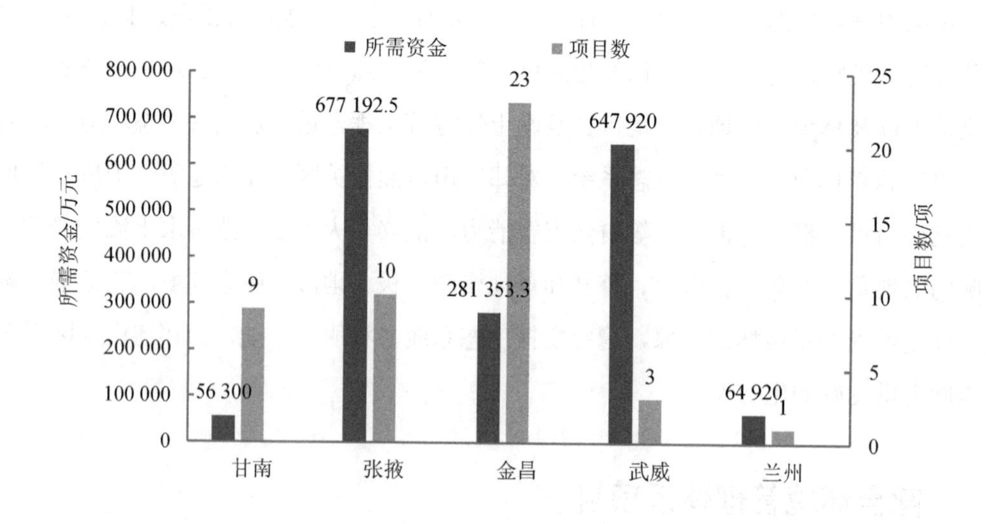


图 5-2 重点项目各地基本情况统计

# 第二篇

# 祁连山生态保护红线管控政策研究

# 第六章
# 祁连山生态保护红线管控政策框架

## 6.1 总体思路

以习近平新时代中国特色社会主义思想为理论指导，全面贯彻党的十九大精神与生态文明建设理念，统筹考虑祁连山资源禀赋、环境容量、生态状态等基本情况，基于祁连山保护区生态保护红线划定方案，根据《中共中央 国务院关于加快推进生态文明建设的意见》中有关严守资源环境生态保护红线的部署要求，按照源头严防、过程严管、后果严惩的全过程管理方式，设计祁连山自然保护区生态保护红线区管控方案，构建红线管控体系，健全红线管控制度，推动构建祁连山人与自然和谐发展的保护发展新格局。

在分析祁连山生态环境资源条件和现状问题的基础上，本书主要从生态保护红线、环境质量底线以及资源利用上线三个方面提出祁连山生态保护红线管控体系与对策，同时重点开展生态保护补偿、绩效考核和生态保护红线监管平台等若干制度研究，制定生态保护红线管控的"一揽子"关键性政策措施，确保祁连山自然保护区生态保护红线"划得定、管得住"，努力将祁连山真正建设成为国家西部生态安全屏障。

## 6.2 指导思想

以习近平新时代中国特色社会主义思想为指导，全面贯彻党的十九大"人与自然是生命共同体"与生态文明建设理念精神，认真落实党中央、国务院及各部委的决策部署，准确把握祁连山作为西部重要生态安全屏障的战略定位，大力推进祁连山保护区生态文明建设。以保障和改善自然生态环境为主线，树立底线思维，以"三线一单"为基础建立管控框架，重点探索生态保护补偿、绩效考核和生态保护红线监管平台等配套管理制度，将祁连山的各类开发活动限制在资源环境承载能力之内。真正实现祁连山自然保护区“一条红线管控重要生态空间”的目标，确保当地生态功能不降低、保护面积不减少、用地性质不改变，逐步形成具有祁连山生态特色的生态保护格局，筑牢国家西部生态安全屏障。

## 6.3 基本原则

生态优先，筑牢屏障。将生态文明建设重要思想贯穿于祁连山生态保护红线前期设计、后期管控、制度落实的全过程，牢固树立生态优先的发展理念。深入开展“山水林田湖草”保护修复，完善祁连山作为西部重要生态安全屏障的保障机制，筑牢国家西部生态安全屏障。

坚守红线，严格管控。树立红线意识和底线思维，以生态保护红线、环境质量底线、资源利用上线为基础建立管控框架，探索环境准入负面清单、生态保护补偿、绩效考核等配套管理制度，实行最严格的管控和保障措施。

分类管理，因地制宜。根据生态保护红线的不同类型和要素特征，以保障生态安全为核心，分别制定大气、水、土壤等环境要素的环境质量达标、主要污染物排放控制和环境风险管理等管控手段。结合不同地区经济社会发展情况、资源环境现状和主体功能定位等因素，提出差别化、针对性强的具体管控要求。

部门协调，上下联动。生态保护红线管控涉及的相关主管部门在红线管控的目标设置、政策制定、制度建设等方面要加强沟通协调，做好与有关法规标准、战略规划、政策措施的衔接，明确部门和地方责任，上下联动，实现“多规合一”的协调效果。

## 6.4 框架设计

祁连山自然保护区生态保护红线管控政策技术路线如图 6-1 所示。

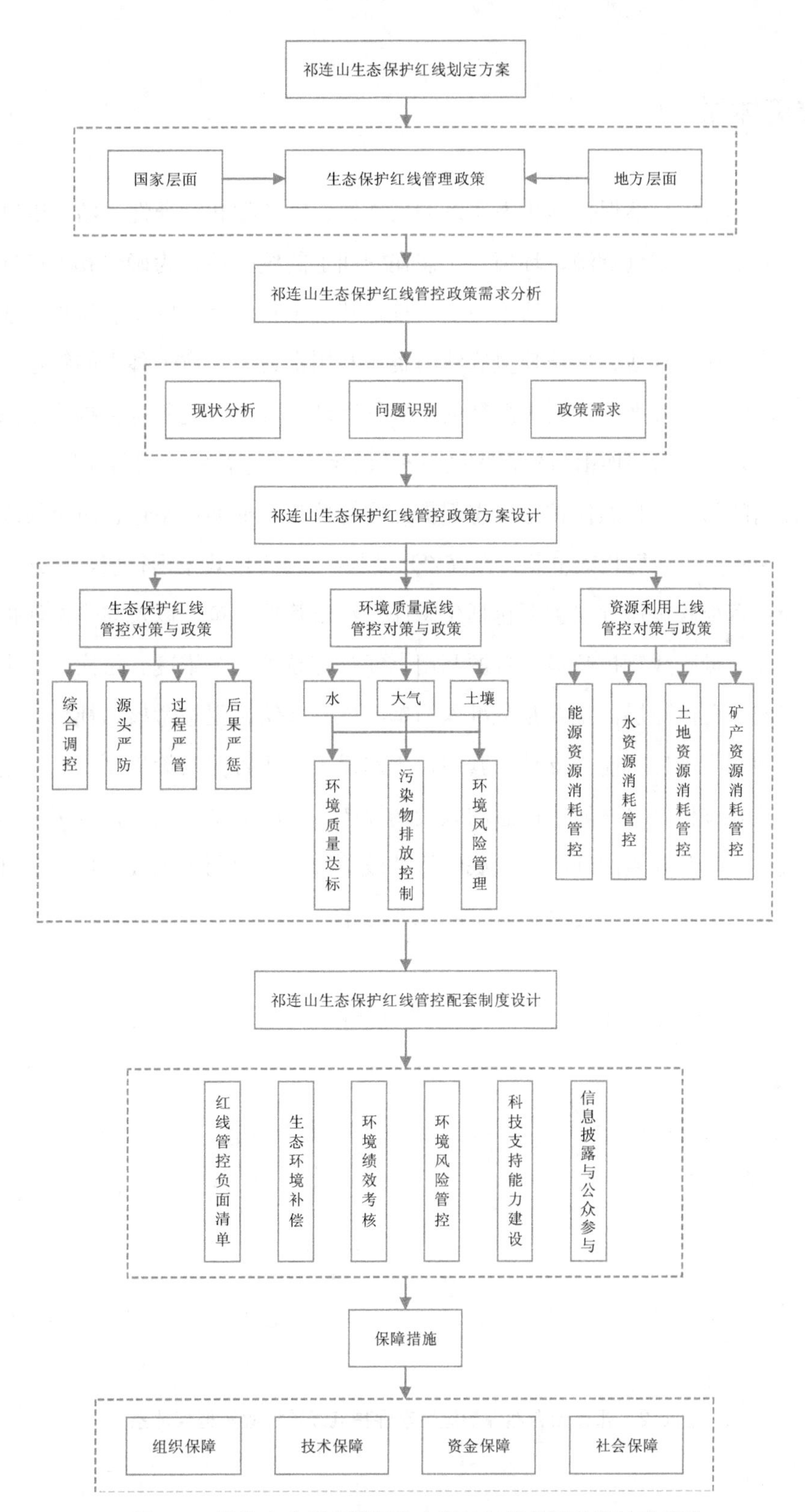


图 6-1　祁连山自然保护区生态保护红线管控政策技术路线

## 6.5 政策体系

综合考虑祁连山自然保护区生态系统的层次性、完整型和特征性，结合国家生态保护红线管控要求，考虑到资源、环境与生态在空间上的统一性，为确保祁连山红线区生态功能不降低、面积不减少、性质不改变，推进祁连山自然保护区生态保护红线顺利实施，需建立生态保护红线、环境质量底线与资源利用上线“三位一体”的管控模式，需要形成源头严防、过程严管、后果严惩的全过程管理思维，在此基础上构建生态保护红线管控政策体系，确保祁连山自然保护区生态保护红线“划得定、管得住”。

本书提出的祁连山自然保护区生态保护红线管控政策框架体系包含两个层次、三个维度、四个保障（“234”政策框架，图 6-2）。层次一为管控政策运行层，层次二为政策实施支撑层。管控政策运行层主要包括生态保护红线管控政策，以及与生态保护工作密不可分的环境质量底线管控政策、资源利用上线管控政策三个维度。层次二为生态保护红线政策实施配套保障层，主要是从准入清单、生态补偿、生态考核、社会治理角度为管控政策的顺利实施提供能力支撑。其中，生态保护红线管控政策机制重点构建综合调控—源头严防—过程严管—后果严惩的政策调控链；环境质量底线管控政策机制重点构建水、大气、土壤三要素的环境质量底线管理政策链；资源利用上线管控政策机制重点构建能源、水、土地、矿产资源的上线管理政策链。

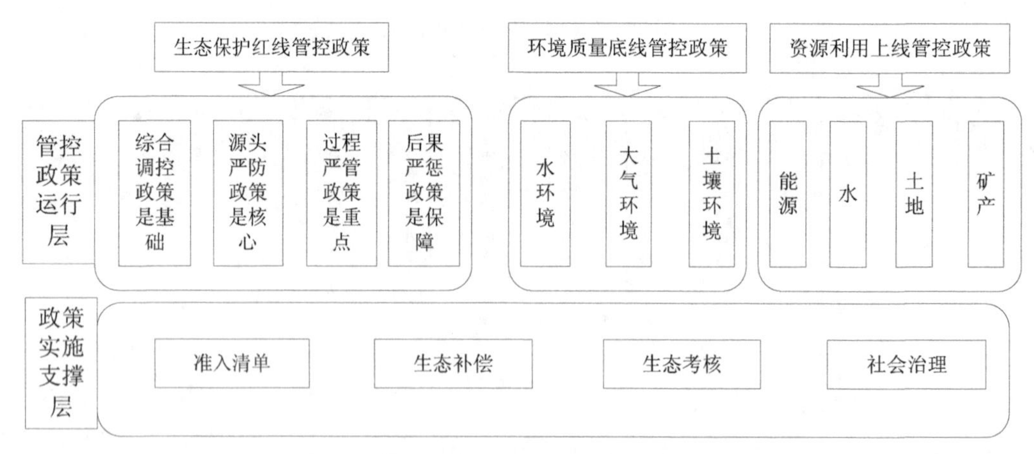


图 6-2 祁连山自然保护区生态保护红线管控政策框架体系

# 第七章
# 祁连山生态保护红线管控政策方案

## 7.1 生态保护红线管控政策

《关于国民经济和社会发展第十三个五年规划纲要的决议》《全国生态保护“十三五”规划纲要》中提出了生态保护红线的管控目标以及推动建立和完善生态保护红线管控措施的要求，即在生态功能不降低、保护面积不减少、用地性质不改变的目标要求下建立健全生态保护红线管控对策，包括约束性、激励性、引导性以及自愿性管控政策。在红线管控综合政策的指导下，从全周期管控的角度，即源头严防、过程严管、后果严惩，设计生态保护红线管控对策与政策。

### 7.1.1 综合调控政策是基础

#### 7.1.1.1 管理机制

（1）以红线划定方案为管理依据

祁连山自然保护区生态保护红线空间呈“一带多点”格局，祁连山国家级自然保护区和祁连山国家公园为“一带”，其他各类禁止开发区及保护地为“多点”。

按照生态保护红线划定原则，需要纳入生态保护红线的禁止开发区域包括国家公园、自然保护区、森林公园的生态保育区和核心景观区，风景名胜区的核心景区，地质公园的地质遗迹保护区，湿地公园的湿地保育区和恢复重建区，饮用水水源地的一级保护区，以及其他类型禁止开发区的核心保护区域（表 7-1）。

表 7-1 祁连山自然保护区主要禁止开发区名录

| 禁止开发区类型 | 名录 | 纳入红线面积/km² | 占红线比例/% |
|---|---|---|---|
| 国家公园（1 处） | 祁连山国家公园 | 34 400.00 | 77.48 |
| 自然保护区（7 处） | 甘肃祁连山国家级自然保护区，张掖黑河湿地国家级自然保护区，连城国家级自然保护区，盐池湾国家级自然保护区，安南坝野骆驼国家级自然保护区，大、小苏干湖省级自然保护区 | 38 077.27 | 85.76 |
| 森林公园（5 处） | 天祝三峡国家级森林公园、马蹄寺省级森林公园、焉支山省级森林公园、天祝冰沟河省级森林公园、永昌豹子头省级森林公园 | 1 769.71 | 3.99 |
| 风景名胜区（2 处） | 马蹄寺省级风景名胜区、焉支山省级风景名胜区 | 358.93 | 0.81 |
| 地质公园（4 处） | 张掖丹霞国家级地质公园、平山湖省级地质公园、天祝马牙雪山峡谷省级地质公园、永昌北海子湿地省级地质公园 | 859.20 | 1.94 |
| 湿地公园（2 处） | 张掖国家级湿地公园、永昌北海子国家级湿地公园 | 18.49 | 0.04 |
| 饮用水水源地（18 处） | 县级及以上水源地 | 24.36 | 0.05 |

除上述禁止开发区域以外，根据祁连山自然保护区生态功能重要性，将有必要实施严格保护的各类保护地纳入生态保护红线范围。主要涵盖：国家一级公益林，沙化土地封禁保护区，雪山冰川、高原冻土等重要生态保护地（表 7-2）。

表 7-2 祁连山自然保护区其他保护地名录

| 其他保护地类型 | 名录 | 纳入红线面积/km² | 占红线比例/% |
|---|---|---|---|
| 国家沙化土地封禁保护区（5 处） | 夹槽滩国家沙化土地封禁保护区、麻黄塘国家沙化土地封禁保护区、清河绿洲北部沙化土地封禁保护区、东滩国家沙化土地封禁保护区、阿克塞库姆塔格国家沙化土地封禁保护区 | 584.60 | 1.32 |
| 国家公益林 | 各县（区）国家一级公益林 | 5 250.74 | 11.86 |
| 雪山冰川 | — | 562.44 | 1.27 |
| 高原冻土 | — | 1 819.81 | 4.11 |

以红线划定方案中确定的生态保护红线保护范围为管理依据，严格管护范围界定，加强国家级自然保护区、世界文化遗产、国家级风景名胜区、国家森林公园和国家地质

公园等各类禁止开发区域的生态保护。红线管控措施的推行原则上“就高不就低”，按照最严格的规定执行。

（2）按照不同生态空间进行分类管理

对生态空间实施分类分级管控。严格按照生态环境保护相关法律法规和政策要求，对不同类型、不同区域的生态空间实施差别化管控。

国家公园。按照《建立国家公园体制总体方案》中的相关要求进行管理。严格规划建设管控，除不损害生态系统的原住民生产生活设施改造和自然观光、科研、教育、旅游外，禁止其他开发建设活动；国家公园区域内不符合保护和规划要求的各类设施、工矿企业等逐步搬离，建立已设矿业权逐步退出机制。

祁连山、黑河等自然保护区。按照核心区、缓冲区和实验区进行分类管理。核心区，严禁任何生产建设活动；缓冲区，除必要的科学实验活动外，严禁其他任何生产建设活动；实验区，除必要的科学实验以及符合自然保护区规划的旅游、种植业和畜牧业等活动外，严禁其他生产建设活动。按照自然保护区核心区、缓冲区、实验区的顺序，逐步转移保护区内人口；交通、通信、电网等基础设施要慎重建设，能避则避，必须穿越的，要符合自然保护区规划，并进行保护区影响专题评价。新建公路、铁路和其他基础设施不得穿越自然保护区核心区，尽量避免穿越缓冲区；严格按照草原承载能力，核定草地牲畜数量，对超载区及过度放牧区进行限牧或禁牧。

森林公园及地质公园。除必要的保护设施和附属设施外，禁止从事与资源保护无关的任何生产建设活动；在森林公园、地质公园及可能对公园造成影响的周边地区，禁止进行采石、取土、开矿、放牧以及非抚育和更新性采伐等活动；建设旅游设施及其他基础设施等必须符合森林公园或地质公园规划，逐步拆除违反规划建设的设施；根据资源状况和环境容量对旅游规模进行有效控制，不得对森林及其他野生动植物资源等造成损害；不得随意占用、征用和转让林地；未经管理机构批准，不得在地质公园范围内采集标本和化石。

风景名胜区。遵循国家《风景名胜区条例》，严格保护核心景区的生态环境，实行分区管理，避免过度开发。禁止开山、采石、开矿、开荒、修坟立碑等破坏景观、植被和地形地貌的活动；禁止修建储存爆炸性、易燃性、放射性、毒害性、腐蚀性物品的设施等。

湿地公园。遵循《国家湿地公园管理办法》，湿地管理应遵循“保护优先、科学修复、合理利用、持续发展”的基本原则，实行分区管理。禁止开（围）垦湿地、开矿、采石、取土、修坟以及生产性放牧等活动；禁止从事房地产、度假村、高尔夫球场等任何不符合主体功能定位的建设项目和开发活动。

饮用水水源地。应在满足《全国城市饮用水水源地环境保护规划》的要求下，按照祁连山自然保护区“南护水源”的战略方针，强化祁连山自然保护区饮用水水源地生态保护，重点对石羊河、黑河、疏勒河采取综合治理措施，确保饮用水水源地的环境质量。

其他保护地。祁连山自然保护区是我国“两屏三带”重点生态功能区中的青藏高原生态屏障和北方防沙带的关键区域。沙化土地封禁区的管理应按照《国家沙化土地封禁保护区管理办法》执行，积极做好永昌沙化土地封禁保护试点工作；国家级公益林按照《国家级公益林管理办法》进行从严管控；同时要对雪山、冰川等其他保护地进行全面封禁保护。

#### 7.1.1.2 协调机制

与各类专项规划的协调。祁连山自然保护区生态保护红线的前期划定、动态调整及后期管控要与甘肃省主体功能区规划、生态功能区规划、国土规划、土地利用总体规划、基础设施建设规划、旅游发展规划、矿产资源开发规划和祁连山自然保护区规划、祁连山国家公园规划等各类专项规划充分协调。

与永久基本农田红线的协调。《国土资源部关于全面实行永久基本农田特殊保护的通知》中明确提出，要巩固永久基本农田划定成果。统筹永久基本农田保护和各类规划衔接，协调推进生态保护红线、永久基本农田、城镇开发边界三条控制线的划定和后续管控工作。

与重要交通要道、基础设施的协调。祁连山生态保护红线的划定和严格管控要充分考虑交通要道和基础设施的现实需求。对已经存在的和规划完成的道路和基础设施预留通道，如 G0611 张掖至汶川国家高速公路、张掖至扁都口段公路，要求穿越红线区的道路、基础设施的建设、运营、管控要满足最严格的标准。

与扶贫任务推进的协调。充分考虑到甘肃省扶贫任务的推进对祁连山自然保护区生态空间的现实需求，祁连山自然保护区的生态保护红线管控要和当地扶贫项目的推进充分协调。例如，旅游业作为张掖市的支柱产业，生态保护红线的划定和管控要给当地旅游业发展预留合理空间。

与各职能部门的协调。红线的管控需要祁连山自然保护区三市八县（区）各职能部门的配合协调。祁连山自然保护区生态保护红线管控各相关职能部门应加强联动，以祁连山生态保护红线划定方案为空间管理依据，统筹各地各类空间规划，推动红线管控“执行同一个标准、同一个政策”。

#### 7.1.1.3　自然资源资产确权

逐步推进祁连山自然保护区各类自然生态空间的统一确权登记，实现自然资源资产统一管理。根据《自然资源统一确权登记暂行办法》，按照资源公有、物权法定和统一确权登记的原则，逐步推进祁连山自然保护区水流、森林、草地以及探明储量的矿产资源等自然资源的统一确权登记，推进形成归属清晰、权责明确、监管有效的自然资源资产产权制度。

按照部署积极落实试点工作要求，并逐步推广。根据七部委试点工作的具体部署要求，结合祁连山自然保护区自然资源现状，在黑河流域重点探索以湿地作为独立的登记单元，开展湿地统一确权登记；在疏勒河流域重点探索以水流作为独立的登记单元，开展水流确权登记，并逐步推进祁连山自然保护区森林、草地以及矿产等自然资源的统一确权登记。

### 7.1.2　源头严防政策是核心

源头严防要求必须在源头把关，坚持生态保护红线“预防为主、保护优先”的原则。一是要在各级领导干部、企事业单位和个人心中形成守护生态保护红线的意识；二是以全面严格的制度安排严控在生态保护红线区域内的各类活动。

#### 7.1.2.1　推动建立统一空间规划体系

祁连山的生态保护红线管控需要以建立统一的空间规划体系为基础，因此要求各级领导干部突出生态保护红线思维，加大生态环境保护力度，推动建立统一的、科学的生态保护红线管控边界。政府机构各职能部门在制定各类规划时，要正确处理生态保护红线规划、土地规划和主体功能区规划等各类专项规划之间的关系，坚持生态保护优先的原则，把生态保护理念和要求融入相关规划中，凡是与生态保护红线规划冲突和矛盾的，都要服从生态保护红线规划，从而建立“多规融合”和“多规合一”的统一空间规划体系。

#### 7.1.2.2　制定生态保护红线管理方法

祁连山生态保护红线是对该区域生态发展进行的全局性、长远性的综合考量，在管理过程中应务必做到有法可依、有章可循，应尽快出台相应的管理规章。建议有关部门制定并出台祁连山生态保护红线管理办法，重点对祁连山生态保护红线调整审批程序，生态保护红线对新增建设项目、用地以及现状建设项目、用地的处理，生态环境保护红线范围内项目的审批程序，控制线范围内违法行为的查处依据、要求和处罚办法等进行规定，明确生态保护红线的范围、管理主体、调整程序以及监督实施措施等，切实巩固生态保护红线划定的工作成果。

#### 7.1.2.3 加强生态保护红线科学管理

祁连山生态保护红线管控需要多部门协作管理，建议成立祁连山生态保护红线管控领导小组及生态保护红线专家委员会等，形成协调管理的组织框架，明确职责权限，健全机制，以加强协调实施能力，保证生态保护红线有效实施。具体来说，祁连山生态保护红线管控领导小组主要负责组织审查生态保护红线区域相关保护规划、组织和协调相关各部门履行保护管理的有关职责、商讨决定生态保护红线制度实施中遇到的问题、监督生态保护红线的生态效益以及接受群众的监督等。同时，为了对生态保护红线进行科学合理的管控，应成立由生态学、地理学、经济学、法律专业等领域的技术专家组成的生态保护红线专家委员会，从事技术领域的相关研究与策划等工作以及为政府决策管理提供科技服务及建议等。采取此管控领导和决策机制能更好地适应当前的政治体制特点与制度实施需求，为各部门的交流协作搭建更好的平台，能够提高生态保护红线制度实施过程中处理问题的效率和科学性。

#### 7.1.2.4 加强战略和项目环评的联动

加强规划环评引领作用，探索推进祁连山自然保护区红线政策战略环评。认真落实规划环评条例，会同祁连山自然保护区红线管控相关部门，坚持早期介入、整体一致的原则，开展祁连山自然保护区生态保护红线政策环境影响评价工作。积极落实《关于规划环境影响评价加强空间管制、总量管控和环境准入的指导意见（试行）》（环办环评〔2016〕14 号）的要求，推动祁连山自然保护区生态保护红线政策环评将空间管制、总量管控和环境准入作为评价成果的重要内容。

规范红线内建设项目环评，严格执行环保“三同时”制度。在祁连山自然保护区生态保护红线划定范围内，严格落实建设项目环境影响评价，加强规划环评和项目环评的联动机制，进一步扩大基层环保部门审批权限，优化分级审批管理。规范涉及自然保护区、国家公园等敏感复杂建设项目的环评管理，从项目规划、设计实施、验收全过程减少对自然地貌的破坏，尽最大努力保护生态环境。规范红线内建设项目环评，督促建设单位严格执行环保“三同时”制度，配套建设的环境保护设施必须与主体工程同时设计、同时施工、同时投产使用。

#### 7.1.2.5 保持红线管控政策体系一致

张掖市、金昌市与武威市要加强与省内各有关职能部门和基层地方县（区）的协调配合，协调好红线管控政策的上层制定和具体基层的管理过程，保持省内红线管控政策体系的一致性。同时，祁连山自然保护区生态保护红线的管控要做好区域对接，重点就祁连山山脉涉及跨区域的甘肃、青海两省的生态保护红线前期划定和后期管控等方面进行充分的衔接和协调，推动跨区域红线管控政策的一体性，从而确保祁连山生态保护红线的空间连续，实现跨区域生态系统的整体保护。

### 7.1.3　过程严管政策是重点

坚持生态保护红线的过程防控。一是采用全天候的天地一体化监测方式对生态保护红线区域实施常态化监测，掌握第一手数据资料；二是采用全天候的自动监控与人工监察执法相结合的方式对生态保护红线区域内的各项活动实施严密监控。

#### 7.1.3.1　完善生态系统监测网络

建设和完善“天地空一体化”的监测网络，综合运用遥感技术、地理信息系统以及各类型生态监测网络的定位监测对祁连山生态保护红线进行全天候监控，全面掌握祁连山生态保护红线的生态系统结构与功能状况的动态变化、存在的主要生态问题以及人类活动干扰及强度等信息，提升生态保护红线监管能力。

#### 7.1.3.2　构建生态保护红线数据管理平台

在祁连山生态保护红线划分方案的基础上，利用地形图、高分辨率遥感影像图、土地权属、相关职能部门的管理保护界限等，结合外业踏勘核查，确定生态保护红线的空间范围，形成全面的祁连山生态保护红线管理图，建立结构完整、功能齐全、技术先进、天地一体的生态保护红线数字化综合管理平台，为生态保护红线管控的决策、考核等提供数据支持。建立健全生态保护红线生态状况监控，制定生态保护红线监测评估的技术标准体系。加强祁连山自然保护区生态保护红线信息系统与政府电子信息平台相联结，促进生态行政管理和社会服务信息化，提高各级生态管理部门和其他相关部门的综合决策能力和办事效率。

#### 7.1.3.3　健全公众参与过程管控机制

社会公众是生态环境保护最广泛的权利和责任主体，应积极推动建立健全公众参与过程管控机制，引导社会公众参与祁连山的生态保护红线管控工作，从而使生态保护红线工作接受广泛的社会监督。一是可以在祁连山生态保护红线的行政许可工作中设置公众参与机制；二是鼓励、引导地方民众参与到祁连山生态保护红线区的日常监督工作中；三是鼓励地方群众或环保 NGO 在祁连山的生态环境受到损害后依法及时有效地提起环境公益诉讼。

### 7.1.4　后果严惩政策是保障

后果严惩要求在生态环境遭到破坏后通过严惩形成震慑作用，坚持生态保护红线的责任担当原则。一是对决策损害生态保护红线区域的各级领导干部依法依规严惩；二是对侵占破坏生态保护红线区域的企事业单位和个人严肃追责。

#### 7.1.4.1　依法严格管控红线

建立生态保护红线常态化执法机制。生态保护红线作为国家依法划定的特殊重要生态保护空间，其特殊性依赖于法律背后的国家强制力，法律能够为生态保护红线提供强制手段的保障。一是确定生态保护红线调整的法定程序，以法律强制力保障红线的稳定性，保证红线的严肃性，避免生态保护红线的随意调整、侵占甚至取缔的现象发生；二是确定对破坏生态保护红线行为的强制制止及责令恢复等其他必要的控制手段，以法律强制力保障对破坏红线行为的强制控制。对于祁连山生态保护红线管控来说，建议有关部门可基于新《环境保护法》中关于生态保护红线的法律要求，制定祁连山自然保护区的具体管理规定并依法贯彻落实执行。将生态保护红线保护责任落实到具体部门，明确责任、规范行为，完善协调联动机制。健全生态保护红线司法保护机制，健全法院、检察院环境资源司法职能配置，建立生态环境专门化司法保护体系。推广实行环保公安执法联动机制，进一步加强法院、检察院、公安、生态环境、自然资源、农业农村、林业、水利等部门的沟通协调和相互配合。对生态保护红线范围内违反环境保护、自然资源利用等方面法律法规的行为依法进行处置。

严格监察执法。实时监控生态保护红线区域内发生的违法违规建设与不合规的人为活动，对于监控系统发现的问题要进行科学判断，及时开展现场核查和整改；对于人工监察中发现的问题应做到规范执法，并及时通报地方政府和行业主管部门，提出处理建议，同时将问题记录在案，作为绩效考核和责任追究的重要依据；有关部门要加强与司法机关的沟通协调，健全行政执法与刑事司法的联动机制。

#### 7.1.4.2　生态保护红线绩效考核

探索推动建立祁连山自然保护区相关各级领导干部生态保护红线绩效考核制度。一是要建立以生态保护红线成效为导向的评估考核制度，制定合理的考核评价指标，开展生态保护红线区生态功能的状况与变化评估工作；二是在政绩考核指标体系中纳入生态保护红线的评估结果，尤其是在重点生态功能区等，应提高生态保护红线评估结果的权重，以生态保护红线绩效考核制度来引导和保障祁连山自然保护区生态保护红线管控政策的落实。

#### 7.1.4.3 自然资源资产离任审计

建立健全祁连山自然保护区生态保护红线相关地区领导干部自然资源资产离任审计制度，促使各级领导干部在任时认真承担起严格生态保护红线管控的责任。推动祁连山生态保护红线相关地区探索自然资源资产离任审计制度，逐步降低或取消地区生产总值考核权重，探索科学合理的自然资源资产量化方式，推动建立一套科学可行的计算方法，探索编制自然资源资产负债表，对领导干部实行自然资源资产离任审计制度，建立生态环境损害责任终身追究制。

## 7.2 环境质量底线管控政策

以改善环境质量为核心，综合考虑祁连山自然保护区的环境质量现状、经济社会发展需要、污染预防和治理技术等因素，结合祁连山管控单元划分，从水、大气、土壤等环境要素出发，分别对环境要素的环境质量达标、主要污染物排放控制和环境风险管理等环境质量底线管控政策进行设计。

### 7.2.1 水环境质量底线管控

祁连山的水环境质量底线管控政策设计以水环境质量持续改善为目标，以《水污染防治行动计划》《甘肃省水污染防治工作方案（2015—2050 年）》及三市八县（区）各自的水污染防治工作方案等为政策依据，力求实现保护区各流域水质优良比例不低于现状，并向更好转变。

#### 7.2.1.1 水环境质量达标

遵循现状底线原则。水环境质量达标是区域水环境质量达标考核的重点。祁连山自然保护区水环境质量目标首先应遵循现状底线的原则，即红线控制单元范围内的控制断面和各水环境功能区应以现状水质为底线，不能突破，并力求向更好转变。

强化水环境质量目标管理。明确祁连山自然保护区各类水体水质保护目标，逐一排查达标状况。对于未达到水质目标要求的地区要制定水体达标方案，将治污任务逐一落实到汇水范围内的排污单位，明确责任主体、治理措施和达标时限。对于治理后水质仍不达标的区域实施挂牌督办，必要时采取区域限批等强制措施进行管控。

加强良好水体保护。加强江河源头、水源涵养区和水质良好湖泊的水体保护。合理确定张掖市黑河湿地的最小生态水位和基本生态水量，加强黑河湿地良好水体持续保护，按照国家《水质湖泊生态环境保护总体规划（2013—2020年）》的相关要求，组织开展黑河湿地水生态环境安全评估，严格落实湿地保护区制度，持续做好良好水体的保护。

规范饮用水水源环境保护。以武威市西营河渠首水源地、杂木河渠首水源地为示范，加快张掖市水源地西大河水库和皇城水库、古浪县柳条河地表水水源地等的生态保护，采取“一源一策”办法有序开展水源地环境保护规范化建设。完善水源地管理档案，实现“一源一档”，纳入各地常态化管理。制定并落实饮用水水源环境保护区管理制度，严格水源保护区周边区域建设项目环境准入，有序开展水源地规范化建设，依法清理饮用水水源保护区违法建筑和排污口，逐步实施隔离防护、警示宣传、界标界桩、污染源清理整治等水源地环境保护工程建设。实施水源地一级、二级保护区及重点区域准保护区封闭管理及生态移民工程，及时查处清理各类危害水源地生态环境的违法行为，严防各类可能危害水源安全的环境风险。

#### 7.2.1.2 水污染物排放控制

深化水污染物排放总量控制。完善祁连山自然保护区水污染物统计体系，逐步将工业、城镇生活、农业和移动源等各类污染源纳入环境统计范围。重点推进黑河流域污染源治理，确立黑河流域水功能区限制纳污红线，加强水功能区限制纳污红线管理。全面防治石羊河流域水污染，加大对化学需氧量、氨氮、总磷以及重金属等其他影响人体健康污染物的控制。

狠抓工业企业污染防治。一是对水污染重点行业进行专项整治，制定造纸、焦化、氮肥、有色金属、石油、化工、印染、农副食品加工、制药、制革、农药、电镀等重点行业专项治理方案，并将其纳入强制性清洁生产审核范围；二是全面开展采掘、石油等重点水污染行业的环境整治工作，全面取缔集中式饮用水水源一级、二级保护区和自然保护区核心区、缓冲区内的相关建设项目；三是集中整治工业集聚区水污染，要求其建设和完善污水集中处置等污染治理设施，提高园区污水处理能力，进一步控制工业行业水污染物排放总量；四是抓好水污染防治重点工程，做好金川公司选冶化厂区废水治理工程、永昌电厂废水深度处理回用工程等。

强化城镇生活污染防治。一是要加快城镇污水处理设施建设与改造，对现有城镇污水处理设施因地制宜进行改造，达到相应排放标准或再利用要求，其中新建城镇污水处理设施要执行一级A排放标准；二是全面加强配套管网建设，强化城中村、老旧城区和城乡接合部污水截流和收集；三是加快城镇污水处理厂建设，提高污水处理率，有效控制市内水污染，重点加快永昌县城镇污水处理厂和污水收集系统的建设，缓解资源紧缺、污染加重的趋势。

加强地下水污染防治。一是对三市八县（区）石化存贮销售企业和工业园区、矿山开采区、垃圾填埋场等区域进行必要的防渗处理；二是组织对已建成加油站进行防渗改造，其地下油罐全部改造为双层罐，不具备改造条件的，必须建设防渗池，有效防范采掘、石油行业污染地下水的环境风险；三是严控地下水超采，制定地下水超采区压采实施方案，建立开发利用地下水水位、取水总量双控制约束指标体系。

加大城市黑臭水体整治力度。推进城市黑臭水体整治，开展黑臭水体排查，公布黑臭水体名称、责任人及达标期限。采取控源截污、垃圾清理、清淤疏浚、生态修复等措施，加大黑臭水体治理力度。借助水生态文明建设，对黑河、山丹河、洪水河等河流两岸人口集中河段进行绿化，提高河道行洪能力，改善区域环境。

#### 7.2.1.3　水环境风险管理

开展水环境监管能力建设。全面开展祁连山水环境执法检查工作，对祁连山存在的严重水环境问题逐一进行挂牌督办，并在辖区开展水环境问题全方位、立体式清理清查工作，确保存在的各类问题逐一得到解决。

稳妥处置突发水环境污染事件。祁连山自然保护区各主管部门应落实主体责任、强化部门联动，定期开展突发水环境污染应急演练。根据水污染事件级别，落实预警预报与响应程序、应急处置及保障措施，依法及时对外公布相关信息，并做好舆论引导和舆情分析工作。

### 7.2.2　大气环境质量底线管控

大气环境质量达标是区域大气环境质量达标考核的重点。祁连山自然保护区大气环境质量目标应遵循底线思维以达到《环境空气质量标准》（GB 3095—2012）为主要目标，要与《大气污染防治行动计划》《甘肃省“十三五”环境保护规划》及三市八县（区）各自的大气污染防治行动计划方案相衔接。

#### 7.2.2.1　大气环境质量达标

明确大气环境目标责任。祁连山自然保护区应将《环境空气质量标准》（GB 3095—2012）作为大气环境质量安全底线，对于大气环境空气质量已达标的地区，应实施更加严格的环境空气质量标准，争取达到一级标准要求；对未达标的地区应依据空气污染程度，要求限期达标，维护祁连山大气环境安全底线。

#### 7.2.2.2 大气污染物排放控制

科学推进大气污染减排。摸清大气污染的来源，推动三市八县（区）通过用煤总量降低、油品升级、排放和尾气净化、VOCs控制、提前布局氨和汞治理等举措，达到保护区大气污染排放持续削减的效果，实现祁连山自然保护区大气污染标本兼治、协同治理的目标。

严格大气污染物排放控制标准。对祁连山大气环境红线区应实施更加严格的总量控制要求与排放标准。远期将环境容量作为排污上线，确保各项污染物排放总量降至环境容量以下；近期将主要大气污染总量减排目标作为排放控制线。同时在大气污染物排放总量控制目标确定过程中应体现出空间差异性，针对大气环境红线区应实施更加严格的总量控制要求与排放标准，严格执行大气污染物特别排放限值。

加强工业企业大气污染源防治。在水泥、化工、煤炭、电力、冶金、造纸等重点工业行业，以削减二氧化硫、氮氧化物、烟（粉）尘和挥发性有机物产生量和控制排放量为目标；对所有重点工业污染源，实行24小时在线监控，实施重点企业、锅炉房烟尘、扬尘、二氧化硫、氮氧化物综合治理，实现总量和指标双达标；加大工业烟（粉）尘治理，强化水泥行业粉尘治理，加强对火电、水泥行业以及20蒸吨/小时及以上燃煤锅炉的烟粉尘治理，采用高效除尘技术，加快对重点行业除尘设施的升级改造，确保达标排放。

强化移动源污染防治。张掖市、金昌市与武威市从行业发展规划、城市规划、城市公共交通、清洁燃油供应等方面采取综合措施，协调推进“车、油、路”同步发展；加快和优化城市公共绿色交通体系建设，大力发展综合公共绿色交通系统；对机动车环保检测、联网传输、环保标志发放、路查、路检、停放地抽检、车用燃油供应、销售环保达标车辆等工作进行统一监督管理。

全面优化能源结构。一是持续推进能源结构调整和煤炭资源清洁利用，加快发展天然气与可再生能源，实现清洁能源供应和消费多元化，构建清洁能源产业体系，逐步提高清洁能源使用比例，建立健全推广使用清洁能源的环境经济政策和管理措施；二是严格控制煤炭消费总量，严格落实三市八县（区）各地区煤炭消费总量的控制目标，推进煤炭清洁利用，提高煤炭洗选比例，提升煤电高效清洁发展水平；三是加快建设城市供气管网和城市加气站，持续推进公共汽车、出租车的“油改气”工程。

#### 7.2.2.3 大气环境风险管理

严格大气环境风险管理。在祁连山红线范围内应严格大气环境风险管理，建立祁连山自然保护区大气污染防治部门联动工作机制，加强部门沟通协调，紧密协同配合，对重点地区、重点区域、重点时段、重点污染源实行集中监管，提高大气环境风险管理水平。一是建立风险源数据库；二是建立涉及有毒有害废气排放企业环境信息强制披露制度；三是禁止新建涉及有毒有害气体、易造成大气环境风险的各种项目；四是对于已具有潜在环境风险的企业，应责令限期迁出敏感区。

加强大气污染风险应急能力建设。推进在重点敏感保护目标、重点环境风险源、环境风险源集中区和易发生跨界纠纷的重大环境风险区域，利用全方面数据监控平台，建立大气环境风险监控点，实现视频监控和自动报警功能，建立气象、环保等部门联动的环境质量预报机制，强化区域大气环境质量预报，实现风险信息研判和预警，加强祁连山大气污染风险预警能力。

建立和完善大气污染预警应急体系。祁连山自然保护区有关部门应根据省级应急预案修订的要求，组织修订《祁连山大气污染应急预案办法》，明确保护区各分级管控措施。积极推进地市多参数站的数据接入及综合分析，提高区域和城市空气质量预报准确性和重污染预警及时性，积极完善重污染天气空气质量会商机制。提高公众健康防范意识及知识，降低大气污染环境风险。

### 7.2.3　土壤环境质量底线管控

祁连山的土壤环境质量底线管控政策设计以达到农用地土壤环境质量底线指标为目标，要与国家有关土壤污染防治计划、规划相衔接，按照“防、控、治”“三位一体”并重推进的思路和原则，切实强化源头监督管理，优先保护未受污染的农田，积极推进土壤污染治理修复，逐步改善土壤环境质量，实现各地区农用地土壤环境质量达标率不低于现状，并且向更好转变。

#### 7.2.3.1　土壤环境质量达标

开展土壤环境质量调查。根据《甘肃省土壤污染状况详查实施方案》的要求，祁连山自然保护区各生态环境、自然资源、农业农村等部门应共同协作，全方位查明祁连山农用地土壤污染的面积、分布及其对农产品质量的影响，掌握重点行业企业用地中污染地块的分布及其环境风险情况，建立污染地块档案。建立土壤环境质量状况定期调查制度，定期对污水、垃圾、危险废物等处理设施周边土壤进行监测，对造成污染的要限期予以治理。

实施农用地分类管理。按照“先急后缓、分步实施、稳步推进”的原则，依据国家和省内制定的有关技术规范，结合土壤污染状况详查结果，根据土壤污染程度、农产品质量状况等，将红线范围内的农用地划分为优先保护类、安全利用类、严格管控类三个类别。将符合条件的优先保护类和安全利用类耕地划为永久基本农田，纳入粮食生产功能区和重要农产品生产保护区建设，实行严格保护，确保其面积不减少、耕地污染程度不上升，土壤环境质量不下降。严禁在优先保护类耕地集中区域新建有色金属冶炼、石油加工、化工、焦化、电镀、制革、农药、铁合金制造、危险废物处置等行业企业。甘州区、民乐县等产粮大县和山丹县（山丹军马场）、民乐县等产油大县要加快制定完成土壤环境保护方案；推进安全利用类耕地的合理利用，制定实施受污染耕地安全利用方案，优先采取农艺调控、替代种植等措施，降低农产品超标风险。对严格管控类耕地，主要采取种植结构调整或者按照国家计划经批准后进行退耕还林还草等风险管控措施，优先采取不影响农业生产、不降低土壤生产功能的修复措施，积极推进民乐县重金属污染耕地修复试点工作进程。

#### 7.2.3.2 土壤污染物排放控制

严格建设用地准入管理。建立祁连山自然保护区建设用地土壤环境质量状况调查评估制度，对涉及场地污染的已收回与拟收回土地开展土壤环境质量状况评估。根据建设用地土壤环境调查评估结果，建立污染地块名录及其开发利用的负面清单，合理确定土地用途，实施建设用地环境风险分类管控。对于开发利用的各类地块，必须达到相应规划用地的土壤风险管控目标；对于暂不开发利用的地块，由政府制定环境风险管控方案，划定管制区域，设立标志，发布公告，定期开展土壤和地下水环境监测。同时防范建设用地新增污染，严格落实环保“三同时”制度，需要建设的土壤污染物防治设施要与主体工程同时设计、同时施工、同时投产使用。

严防矿产资源开发污染土壤。重点加强对金昌县矿产资源开发利用活动的辐射安全监管，特别是加强针对有色金属、稀土、石煤等矿产资源开发利用过程中的辐射环境监督管理；督促有关企业建立机构、完善制度并配备必要监测仪器设备，每年对矿区土壤进行辐射环境监测并将监测结果向当地生态环境主管部门报备；全面整治历史遗留尾矿库，完善覆膜、压土、排洪、堤坝加固等隐患治理和闭库措施。

强化工业废物处理处置。全面整治三市八县（区）的尾矿、煤矸石、工业副产石膏、粉煤灰、冶炼渣、电石渣、铬渣、砷渣及脱硫、脱硝、除尘工艺产生的固体废物堆存场所，完善防扬散、防流失、防渗漏等基础设施，制定整治方案并有序实施。加强工业固体废物综合利用，对电子废物、废轮胎、废塑料等再生利用活动进行清理整顿，集中建设和运营污染治理设施，防止污染土壤。武威工业园区、金昌工业园区、新能源及装备制造产业园等要加强各污水处理厂、临时渣厂、灰场等按规范做防渗处理，减少污染物下渗土壤。

严控农业生产污染土壤。一是合理使用化肥农药，采取精准施肥、改进施肥方式、有机肥替代等措施，推进秸秆、畜禽粪便资源肥料化利用，减少化肥使用量，推广应用生物农药、高效低毒低残留农药和现代植保机械，提升雾化和沉降度、防止“跑冒滴漏”，提高农药利用率，继续推进在甘州区、山丹县开展农药、化肥等农业投入品包装物集中回收处理试点工作，并逐步推广；二是推进废弃农膜回收利用，深入贯彻《甘肃省废旧农膜回收利用条例》，严格执行地膜产品强制性标准，健全废弃农膜回收贮运和综合利用网络，调动各方面回收和综合利用废弃农膜的主动性、积极性；三是严控畜禽养殖污染，严格规范兽药、饲料添加剂的生产和使用，防止过量使用，促进源头减量；四是加强灌溉水水质管理，加强对农业灌溉用水水质监测，重点对黑河中游灌溉面积大于30万亩的灌区水进行抽查监测。

强化土壤污染治理与修复工程监管。结合祁连山土壤污染现状，研究制定土壤治理与修复项目相关管制制度，细化项目实施各环节技术要求，推动建立公平、公正的第三方机构管理措施。强化土壤修复监管，对于污染严重的土壤，必要时可以采取土壤治理与修复等措施，治理与修复工程原则上在原址进行，并采取必要措施防止污染土壤挖掘、堆存等造成二次污染。工程施工期间，责任单位要设立公告牌，公开工程基本情况、环境影响及其防范措施。完工后，责任单位要委托第三方机构对治理与修复效果进行评估，结果向社会公开，实行土壤污染治理与修复终身责任制。

#### 7.2.3.3　土壤环境风险管理

实施土壤环境风险动态监测。适时增加区控监测点位，在祁连山自然保护区固体废物集中处置区周边、饮用水水源保护区以及周边土壤环境风险较大的地区设置土壤环境风险监测点位，实施动态监测，力求实现三市八县（区）重点区位土壤环境质量监测点位全覆盖。

建立土壤环境信息化管理平台。在祁连山自然保护区土壤污染状况详查和风险评估的基础上，建立土壤环境数据信息共享机制，逐步整合集成生态环境、自然资源、农业农村、水利等部门掌握的土壤环境质量、土地利用类型及分布、土壤地质环境、农药化肥施用量等相关数据，构建土壤环境信息化管理平台，在数据收集整合与共享的基础上，构建土壤环境管理信息化平台，拓宽数据获取渠道，实现数据共享与动态更新。

建立污染地块环境管理档案。结合土壤污染状况详查情况，逐步建立污染地块名录，对列入名录的污染土壤，按照国家和甘肃省有关环境标准和技术规范，确定相应风险等级，并进一步开展土壤环境详细调查和风险评估，污染地块名录实行动态更新。逐步建立健全污染地块环境档案，档案中应记录污染地块的详细信息，主要包括土壤污染物的分布状况及其范围，污染地块对土壤、地表水、地下水、空气污染的影响情况，主要暴露途径，风险水平，采取的风险管理或治理修复措施等内容。

加强对重点土壤污染源的环境监管。针对有色金属、煤炭、化工、石油等重点行业企业，加强排查并对其主要工业用地开展土壤监测；强化矿产资源开发利用土壤环境监管，对于有重点监管尾矿库的企业要按要求进行环境风险评估，消除隐患；加强影响农用土壤环境的重点污染源监管，严格控制重点区域的污水灌溉；强化肥料农药农膜等使用的环境监管，严控农药和化肥的过量使用，加强农药和化肥包装废弃物收集、处置体系建设。

分类防范土壤污染风险。根据已建立的污染地块名录及其开发利用的负面清单，实行分类防控措施。对于高风险地块，严格防治新增土壤污染，强化污染综合防治，对现有涉重金属排放、有机污染物企业，要全部通过清洁生产审核，强化安全监管和达标治理，对安全防护距离不能达到要求的企业实施搬迁、淘汰或退出制度；对于中低风险地块，提高重点行业环保准入条件，加强现有重污染企业的清理和整顿，淘汰造成土壤污染的落后生产工艺及落后产能。

提升土壤环境监察执法能力。将土壤污染防治作为环境执法的重要内容，充分利用环境监管网络，加强祁连山自然保护区土壤环境日常监管执法；开展重点行业企业专项环境执法，严厉打击非法排放有毒有害污染物、违法违规存放危险化学品、非法处置危险废物、不正常使用污染治理设施、监测数据弄虚作假等环境违法行为；对超标排放且造成土壤污染的企业要挂牌督办，限期治理，对治理后仍不能达标的企业要坚决关停。

## 7.3 资源利用上线管控政策

合理设定祁连山自然保护区资源消耗“天花板”，对能源、水、土地、矿产等战略性资源消耗总量实施管控，强化资源消耗总量管控与消耗强度管理的协同。

### 7.3.1 能源消耗管控

依据祁连山的经济社会发展水平、产业结构和布局、资源禀赋、环境容量、总量减排和环境质量改善要求等因素，合理确定能源消费总量控制目标。

#### 7.3.1.1　实施清洁能源战略

在祁连山自然保护区加快发展风能、太阳能等可再生能源，金昌市可在“百万千瓦级”光电产业园、“百万千瓦级”风电产业园等重大项目的推动下，发展以太阳能、风能、生物质能为主的新能源和可再生能源；同时稳妥有序推进武威市、金昌市、张掖市光电基地建设，加强光热发电在城市供暖等方面的系统化应用；在具备条件的张掖、武威等地区，积极推广应用风电清洁供暖技术，着力解决周边地区存量风电项目的消纳需求，逐步提高优质清洁可再生能源在能源结构中的比例，降低一次能源消耗需求。

#### 7.3.1.2　全面推进武威市、金昌市等国家新能源示范城市建设

创建新能源使用比例高、电源建设与电网调度协调发展、各具特色的示范模式，促进区域内煤电使用比例大幅下降，实现新能源智能调度、友好接入。全面挖掘新能源消纳潜力，深入开展有特色的新能源利用项目示范，支持智能电网、新型储能、新能源交通、分布式能源等技术在城市的利用，通过清洁能源和传统能源的互补利用实现地区各城市能源消费向绿色能源转变。

#### 7.3.1.3　推动各领域节能降耗

深入推动电力行业、石化和化工行业、钢铁行业、有色金属行业、煤化工行业、建材行业节能降耗；推进建筑领域通过实施建筑能效提升工程、强化建筑运行节能监管、推行绿色建筑行动等措施实现节能；通过优化交通运输结构，加快城乡道路运输低碳化进程，推动公路、铁路、航空运输节能降碳等措施，加快推进交通运输领域节能降耗。

#### 7.3.1.4　提高能源利用效率和效益

建立和健全节能管理制度及相应的政策，调整产业结构，发展低能耗、高产出产业；依靠科技进步，开发和推广先进的工艺、技术与装备，提高终端用能设施的能源利用效率；在工业开发区和用能相对集中的地区推广热电联产；适当建设一定规模的“燃气—蒸汽”联合循环发电机组；大力加强建筑节能和交通节能。控制煤炭消费总量，加强煤炭洁净利用。

#### 7.3.1.5　实施煤炭减量替代

执行煤炭减量替代，将控制煤炭消费总量作为大气污染防治的关键举措和能源结构调整的首要任务，积极推进能源生产结构调整。推动祁连山自然保护区的新上耗煤项目一律实施煤炭减量或等量替代方案，电力行业在实行等量替代的基础上，分地区、分类型地逐步实行减量替代，非电行业新增耗煤实施减量替代，在重点控制区实施倍量替代。探索实施重点保护区域煤炭消费总量控制措施，选取试点压减煤炭消费量。

## 7.3.2 水资源消耗管控

依据祁连山自然保护区水资源禀赋、生态用水需求、经济社会发展合理需要等因素，合理确定用水总量控制目标，在严重缺水以及地下水超采地区，要严格设定地下水开采总量指标。

### 7.3.2.1 降低农业用水量

对祁连山自然保护区的农业布局进行统一规划，合理调整农业生产布局、农作物种植结构以及农、林、牧、渔业用水结构。健全农业节水管理措施，探索灌溉用水总量控制与定额管理，加强灌区检测与管理信息系统建设，为农业节水管理搭建数据平台。在稳定农业种植面积的基础上，完善农业水利基础设施，降低农业灌溉用水量。推进以河西走廊高效节水灌溉示范项目为重点的节水工程建设，率先在葡萄、制种玉米、马铃薯、温室蔬菜等高效作物中推广。推广“设施农牧业+特色林果业”主体生产模式，积极推广高效节水灌溉工程技术。

### 7.3.2.2 提升工业用水效率

结合国家工业取水定额标准以及《甘肃省工业行业用水定额》的出台和实施，加快推进祁连山自然保护区工业节水工作，对重点用水企业实施定额管理，推动高耗水、高废水排放企业节约用水，推广工业用水重复利用、中水回用等节水技术与产品，提高用水效率，建设节水型企业；同时加大对水循环利用、重复利用、再生利用项目的扶持力度；实施低排水染整工艺改造及废水综合利用，强化清污分流、分质处理、分质回用，不断提高水资源循环利用率。

### 7.3.2.3 实行最严格水资源管理制度

实施水资源消耗总量和强度双控行动，执行取水许可动态管理和水资源有偿使用制度。开展祁连山自然保护区水资源论证，编制《祁连山水生态文明建设方案》并实施，落实最严格水资源管理制度考核办法和实施方案。严格控制祁连山自然保护区取用水总量，建立用水单位重点监控名录，严格实施取水许可，实行水资源有偿使用，逐项落实水资源管理考核制度，完善水资源管理。严格控制地下水开采，落实《甘肃省石羊河流域地下水资源管理办法》等管理规定，严格控制地下水开采，加强取水许可管理。

## 7.3.3 土地资源消耗管控

依据祁连山粮食和生态安全、主体功能定位、开发强度、城乡人口规模、人均建设用地标准等因素，划定永久基本农田，严格实施永久保护，对新增建设用地占用耕地规模实行总量控制，落实耕地占补平衡，确保耕地数量不下降、质量不降低。

#### 7.3.3.1　实行土地资源利用红线的管控制度

按照祁连山自然保护区的行政单元层级，将当地耕地保护红线，草地、林地、湿地（水域）等生态用地的保护红线，以及建设用地利用的上线等进行逐级分解，实行总量控制和首长负责制管理。即一旦土地资源利用上线的总量分解到某一行政单元，规划期内如果突破了土地资源利用上线，则首先追究该行政单元内党委和政府“一把手”的主要责任，实行一票否决制度。

#### 7.3.3.2　建立土地资源的市场流转机制和补偿机制

为了实现祁连山自然保护区各类用地的供需平衡和综合协调发展，在土地资源利用上线的总量控制下，在各自管辖的行政单元内，以政府引导、市场主导的模式，建立各类土地资源的流转机制和补偿机制，实现各类土地资源在空间上的合理布局与优化配置。

#### 7.3.3.3　实行特殊地区土地资源利用的效益控制和准入机制

在实行占补平衡的耕地开发与整理地区，采用亩均粮食产量等指标进行控制，确保新开发的耕地生产力不低于被占用的耕地生产力；在草原保护区，采用单位面积产草量或载畜能力指标进行控制，确保草原生产力不因草原面积变化而降低；重点加强耕地保护尤其是基本农田的保护，严格控制占用耕地，重点保护集中连片的基本农田。

### 7.3.4　矿产资源消耗管控

#### 7.3.4.1　开发利用必须严格规划管理

严禁在生态功能区、自然保护区、饮用水水源保护区、风景名胜区、湿地公园、地质公园等环境敏感和脆弱区进行采矿等开发活动。矿产资源开发利用必须严格规划管理，开发应选取有利于生态环境保护的工期、区域、作业方式，使开发活动对生态的破坏减少到最低。凡矿业开发中造成的生态破坏，要限期进行生态重建或复垦，并按照国家规定加以补偿。产生的废气、废水按照国家污染控制要求加强治理，限期达标。排弃的表土、尾矿、废渣必须按水土保持和污染防治的要求进行处置。已停止和关闭的矿山、坑口，必须及时做好土地复垦，保持水土（表 7-3）。

表 7-3 祁连山自然保护区矿产资源开发利用情况

| 行政区 | 矿山企业/家 | | | 从业人员 | | 工业总产值 | |
|---|---|---|---|---|---|---|---|
| | 矿山 | 大型 | 中型 | 数量/人 | 占总量比重/% | 数值/万元 | 占总量比重/% |
| 张掖市 | 223 | 5 | 6 | 6 857 | 5.4 | 136 666.06 | 6.4 |
| 金昌市 | 109 | 5 | 3 | 5 480 | 4.3 | 437 271.34 | 20.5 |
| 武威市 | 276 | 3 | 6 | 6 966 | 5.5 | 37 209.09 | 1.7 |

#### 7.3.4.2 推进矿业转型升级与绿色矿业发展

加强赤铁矿、褐铁矿、菱铁矿等低品位、难利用铁矿及尾矿资源的综合利用，推进锰、铬矿资源的高效利用。开展低品位、难选冶、共伴生铜、铅、锌、金、钨、钼、镍、锡、锑、稀土、稀有金属及尾矿的开发利用研究。加强钾盐、中低品位磷矿、萤石、石墨及其他特色非金属资源的综合利用。矿山企业应当采取科学的开采方法和选矿工艺，提高矿山废弃物的资源化水平，减少矿山废弃物的排放。严格执行矿产资源节约与综合利用鼓励、限制、淘汰技术目录，新建或改建矿山不得采用国家限制和淘汰的采选技术、工艺和设备。

#### 7.3.4.3 做优以新材料为主体的矿产品加工业

以张掖市为例，依托市内丰富的矿产资源，明确矿产资源的储量情况，打造钨钼深加工产业基地、凹凸棒新材料产业基地、煤炭产业基地、新型建材产业基地，利用新技术、新工艺延长钨钼、凹凸棒、煤炭、无机盐、蛇纹岩、新型建材循环经济产业链（表 7-4）。

表 7-4 祁连山自然保护区探矿权分布及设置情况 单位：个

| 行政区 | 小计 | 煤炭 | 金 | 铜 | 铅锌 | 铁 | 锰 | 其他 |
|---|---|---|---|---|---|---|---|---|
| 张掖市 | 101 | 6 | 12 | 35 | 2 | 15 | 3 | 28 |
| 金昌市 | 16 | 0 | 3 | 7 | 0 | 3 | 0 | 3 |
| 武威市 | 46 | 4 | 6 | 13 | 1 | 7 | 1 | 14 |

# 第八章
# 祁连山生态保护红线管控配套制度

根据中共中央办公厅、国务院办公厅印发的《关于划定并严守生态保护红线的若干意见》的要求，生态保护红线原则上按禁止开发区域的要求进行管理，严禁不符合主体功能定位的各类开发活动，严禁任意改变用途。为此，需要制定一系列生态保护红线管控制度和政策，确保生态保护红线“划得实、管得住”。

## 8.1 落实生态环境准入清单

借鉴海南省、广西壮族自治区、贵州省经验，按照《甘肃省生态保护红线划定方案》，明确红线区项目环境准入要求。按照保护和管理的严格程度，生态保护红线区划分为Ⅰ类生态保护红线区和Ⅱ类生态保护红线区。除国家和省重大基础设施、重大民生项目、生态保护与修复类项目建设以外，Ⅰ类生态保护红线区内禁止各类开发建设活动；Ⅱ类生态保护红线区内禁止工业、矿产资源开发、商品房建设、规模化养殖及其他破坏生态和污染环境的建设项目。生态保护红线区内的自然保护区、饮用水水源保护区等各类保护区域，相关保护规定不一致时，根据“就高不就低”原则，按照最严格的保护规定执行。

落实生态环境准入清单。根据“三线一单”制定的生态环境准入清单（图 8-1），做好三市八县（区）基础数据收集、工作底图确定、资源环境生态系统与经济社会系统综合分析等基础工作，落实祁连山生态保护红线生态空间、环境质量底线、资源利用上线的分区管控要求，衔接三市八县（区）行政边界，按照划定的环境管控单元实施分类管控。以综合管控单元为基础，落实三大红线以及生态、环境、资源多个方面的差异化管控要求，落实不同管控单元的生态环境管理准入清单，实现差异化、精细化管理。

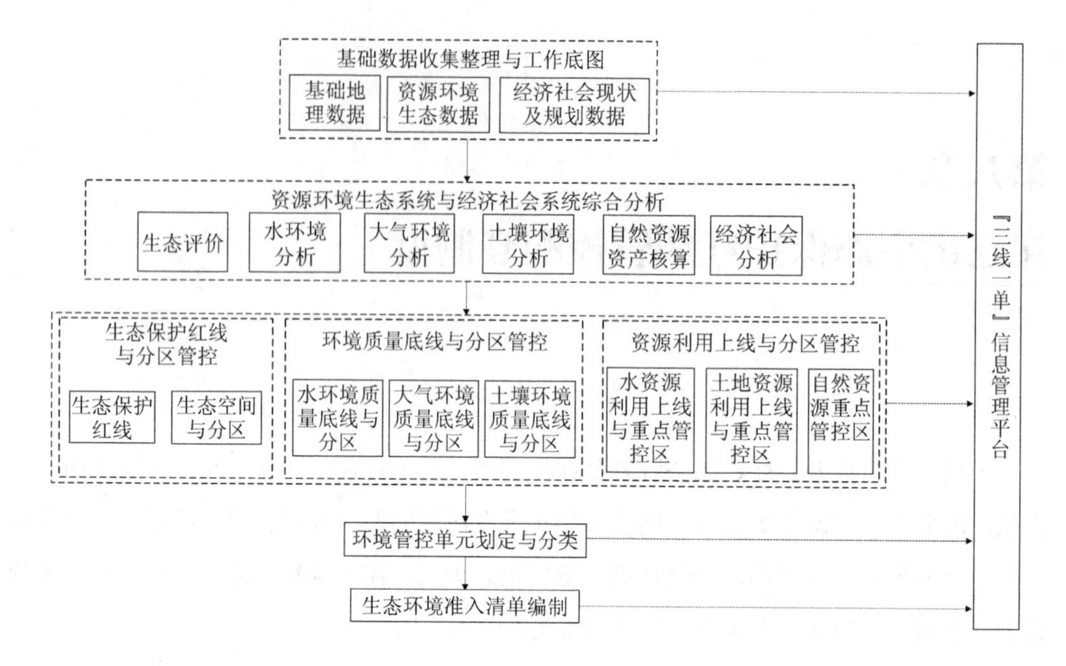


图 8-1 “三线一单”编制技术路线

结合《甘肃省国家重点生态功能区产业准入负面清单（试行）》相关规定，落实实施负面清单管理。根据制定的祁连山生态保护红线环境准入负面清单，结合《甘肃省国家重点生态功能区产业准入负面清单（试行）》中永昌县、天祝县、古浪县、肃南县、民乐县、山丹县的产业准入负面清单相关规定，落实实施负面清单管理（表 8-1）。对祁连山自然保护区、张掖黑河湿地自然保护区以及山丹县龙首山自然保护区等禁止开发区域的产业进行清退；严格落实非金属矿采选、金属矿采选、煤炭采选、化工、电力、有色金属冶炼、纺织 7 个主要行业新建、改建和扩建的建设项目及其相关环境管理活动的环境准入要求。跟踪负面清单涉及企业的具体执行整改情况，发现问题应及时上报解决，严格执行负面清单管理规定，切实推动祁连山重点生态功能区的保护与修复进程。

表 8-1 祁连山冰川与水源涵养生态功能区禁止类产业清单

| 地区 | 涉及产业 | 产业存在状况 | 管控对策 |
|---|---|---|---|
| 永昌县 | 棉印染精加工、毛染精加工、木竹浆制造、非木竹浆制造 | 规划发展产业 | 禁止新建 |
| | 炼铁 | 现有一般产业 | 禁止新建、改建和扩建 |
| 天祝县 | 铜矿采选、棉印染精加工、机制纸及纸板制造、水泥制造、木竹浆制造 | 规划发展产业 | 禁止新建 |
| | 铁矿采选 | 现有一般产业 | 禁止新建、改建和扩建 |

| 地区 | 涉及产业 | 产业存在状况 | 管控对策 |
| --- | --- | --- | --- |
| 古浪县 | 烟煤和无烟煤开采洗选、棉印染精加工、炸药及火工产品制造、水力发电 | 规划发展产业 | 禁止新建 |
|  | 手工纸制造 | 现有一般产业 | 禁止新建、改建和扩建 |
| 肃南县 | 木竹浆制造、非木竹浆制造 | 规划发展产业 | 禁止新建 |
| 民乐县 | 棉印染精加工、毛染整精加工、毛皮鞣制加工、木竹浆制造、非木竹浆制造 | 规划发展产业 | 禁止新建 |
| 山丹县 | 棉印染精加工、毛染整精加工、木竹浆制造、机制纸及纸板制造 | 规划发展产业 | 禁止新建 |

## 8.2　加快建立祁连山保护红线生态补偿机制

以生态保护红线为依据进行补偿机制设计，争取国家批准建立祁连山生态补偿试验区。建议甘肃省政府设立祁连山生态价值测算专项研究课题，科学测算祁连山的生态价值，合理确定补偿范围和补偿标准；探索制定《祁连山红线生态补偿条例》，为祁连山生态补偿长效机制的建立奠定法律基础；支持肃南县根据已经编制的《肃南县祁连山生态补偿试点示范县总体规划》建设生态补偿示范县，在借鉴三江源国家公园已有模式和经验的基础上，开展试点工作。在此基础上，研究并上报国务院，推动国家尽快启动建立祁连山生态补偿试验区，通过财政补贴、政策倾斜、项目实施、技术补偿、税费改革、人才技术投入等方式，加大财政转移支付力度，促进红线区的生态补偿工作走上规范化、制度化的轨道。

因地制宜选择生态保护补偿模式，不断完善不同领域、不同区域生态保护补偿机制政策措施。对于永昌县、民乐县区域在内的祁连山冰川与水源涵养生态功能区，应以一般性转移支付为主，配合以建设项目为导向的专项转移支付，确保生态环境、公共服务、人民生活协调发展；对于武威市的凉州区和张掖市的甘州区等重点开发区域，要重视以建设项目为导向的专项转移支付，确保资源开发行为合理且能得到及时、必要的生态修复；对古浪县、山丹县、民乐县等农业条件较好的食物安全保障区，应大力支持发展特色农业和绿洲节水高效农业，积极探索农产品生态标志、绿色有机食品等市场行为补偿方式，以及产业扶持、技术援助、人才培训等多种补偿形式。

创新多渠道吸纳补偿资金，积极探索市场化生态补偿融资机制。综合运用财政转移支付、产业发展引导、社会资金投入等多种补偿手段实施生态补偿。积极引入市场化、社会化等手段，多渠道筹措补偿资金，吸纳社会资本投入生态保护红线区的保护与恢复。

积极探索采矿权、排污权抵押等融资模式，探索推广流域水环境、湿地、碳排放权交易和水权交易等生态补偿试点经验，探索经营生态项目的企业将特许经营权、污水垃圾处理收费权以及林地、林木、矿山使用权等作为抵押物进行抵押贷款，鼓励金融机构实行绿色信贷推动生态保护红线保护，建立和完善多元化融资渠道，推动逐步形成政府引导、市场推进、社会参与的生态补偿和生态建设投融资机制。

完善森林、草地、湿地、荒漠、冰川等重点生态要素补偿机制。在祁连山自然保护区科学合理确定生态保护红线空间范围的基础上，稳步推进祁连山生态补偿示范区建设和生态补偿试点工作。按照国家关于在森林、流域、草原、湿地、荒漠、冰川和矿产资源开发等领域建立生态补偿机制的要求，积极实施国家确定的补偿措施，探索建立综合性补偿办法和机制，统筹整合各类补偿资金。将生态补偿作为建立祁连山国家公园体制试点的重要内容。

积极做好黑河湿地自然保护区生态效益补偿试点工作。根据七部委试点工作的具体部署，积极推进黑河湿地产权确权试点工作。全面落实《甘肃省湿地保护条例》，有效遏制违法征占用湿地现象。加大湿地保护投入力度，重点支持黑河流域中游开展保护与恢复工程。建立健全湿地公园管理体系，推进黑河湿地公园建设及验收工作。积极争取国际组织及相关机构对湿地保护研究的技术和资金支持。

## 8.3 建立健全生态保护红线区生态移民机制

生态移民工程是祁连山生态保护红线管控工作的一项重要内容，为规范祁连山红线区生态移民工作，建议甘肃省政府联合祁连山国家级自然保护区管理局尽快出台《祁连山红线区生态移民工作的实施意见》，对生态移民的资格条件、安置地点和方式、生态移民程序等内容进行具体规定，为三市八县（区）政府实施移民工作提供指导意见，提高祁连山生态移民工作的规范化程度。

明确生态移民补偿标准，建立健全祁连山生态移民保障机制。确定统一的生态移民补偿标准，根据安置方式，明确补偿资金的发放方式；依靠中央下发的“山水林田湖草”修复资金及地方财政，多渠道筹措移民资金，建立“三专、一封闭”（专户、专账、专人管理、封闭运行）的资金管理模式，建立财政稽核制度，强化移民专项资金的管理使用；做好生态移民工作资料整理和档案管理工作，实行“一户一档”资料管理制度，完善移民档案、户籍管理机制，保障生态移民权益。

将保护区内的原住民最大限度地转化为“生态民”。将保护区内的原住民如裕固族居民，作为祁连山生态保护红线保护的群众基础。通过移民生态补偿资金弥补牧民的生计收入，将祁连山部分保护经费发放作为农牧民的保护工作补贴，创建红线区生态建设与保护岗位，培训农牧民参与保护区的管理保护，有序引导当地农牧民参与祁连山生态建设与保护工作，将祁连山红线区域内的原住民最大限度地转化为红线保护的“生态民”。

## 8.4 持续开展生态保护红线环境绩效考核

紧扣绿色发展和生态文明建设的内涵，根据国家《绿色发展指标体系》《生态文明建设考核目标体系》《甘肃省生态文明建设目标评价考核办法》等生态文明建设评估考核体系，结合祁连山生态保护红线管控的相关要求，推动制定《祁连山生态文明建设综合监测与评估考核办法》，明确考核原则、考核内容、考核周期、考核程序和结果运用等，在全国率先在保护区层面建立一套生态文明建设综合监测与评估考核体系。考核办法中要明确对在保护区、重点生态功能区等生态环境敏感区域发生严重生态环境破坏事件被国家通报批评的，实行“一票否决”。

探索建立常规化、定期化的祁连山生态保护红线实施动态评估制度。根据《生态保护红线划定技术指南》和甘肃省有关规定要求，积极开展祁连山自然保护区生态保护红线生态功能状况及动态变化评价。从生态系统格局、质量和功能等方面，建立生态保护红线生态功能评价指标体系和方法，对祁连山红线区范围内的森林、草地、湿地、冰川等重要生态要素开展效益监测和资产评估，建立生态要素价值数据库，实行生态资源的价值化管理，及时掌握祁连山自然保护区生态保护红线功能状况及动态变化，评价结果为生态补偿及其市场化运作提供依据，并将评估结果作为绩效考核、责任追究的依据。

开展祁连山自然保护区生态保护红线绩效考核，并将考核结果纳入生态文明建设目标评价考核体系。引入第三方评估，建立可监测、可统计的红线绩效评估指标体系，定期对祁连山生态保护红线管理成效进行考核，并将考核结果纳入生态文明建设目标评价考核体系，尤其是在生态保护红线区域比例较高的张掖市，要提高红线考核结果所对应的权重，生态文明综合考核结果将作为对党政领导班子和领导干部考核评价、责任追究及离任审计的重要参考（表 8-2）。

表 8-2 生态保护红线监管绩效考核指标体系

| 准则层 | 目标层 | 指标层（基准年—考核年） | 权重/% |
|---|---|---|---|
| 生态保护红线规模数量变化 | 生态保护红线类型及其面积变动情况 | 考核区生态保护红线总面积变化 | 20 |
| | | 特定类型生态保护红线面积变化 | 20 |
| 生态保护红线质量变化 | 植被覆盖度变化 | 草地、森林等生态保护红线植被覆盖度变化 | 10 |
| | 水土流失变化 | 生态保护红线划定区内水土流失变化 | 10 |
| | 生物多样性变化 | 特定类型生态保护红线生物多样性变化 | 10 |
| | 受环境污染程度变化 | 特定类型生态保护红线遭受环境污染损害程度变化 | 10 |
| 生态保护红线空间格局变化 | 景观破碎化程度 | 特定类型生态保护红线景观破碎化程度变化 | 4 |
| | 结构组成变化 | 特定类型生态保护红线在考核区内面积所占比重变化 | 3 |
| | 生态保护红线空间格局变化 | 特定类型生态保护红线空间位置变化 | 3 |
| 生态保护红线用地性质变化 | 用地性质变化 | 特定类型生态保护红线用地性质变化 | 10 |

逐步推动祁连山红线区自然资源离任审计制度落实，构建领导干部任期全过程最严格的责任追究机制。根据甘肃省委办公厅、甘肃省政府办公厅印发的《关于开展领导干部自然资源资产离任审计工作的实施意见》的文件精神，建立健全祁连山自然保护区领导干部离任审计制度，以领导干部任职期间祁连山自然保护区生态保护红线和生态资产为基础，主要围绕被审计领导干部任职前后实物量变化较大的重点自然资源资产、重点生态功能区及其他存在资源保护突出问题的领域进行审计，发现问题、分析原因并进行审计评价，客观界定领导干部应承担的责任。对违反生态保护红线管控要求、造成生态破坏的部门、地方、单位和有关责任人员，应严格按照有关法律法规和《党政领导干部生态环境损害责任追究办法（试行）》等规定实行责任追究；对推动生态保护红线工作不力的，区分情节轻重，予以诫勉、责令公开道歉、组织处理或党纪政纪处分，构成犯罪的依法追究刑事责任；对造成生态环境和资源严重破坏的，要实行终身追责，责任人不论是否已调离、提拔或者退休，都必须严格追责，逐步推动构建领导干部任期全过程最严格的责任追究机制。

## 8.5 强化环境风险管控，筑牢环境安全底线

建立健全祁连山自然保护区突发环境事件应急预案体系，加大环境风险管控力度。督促祁连山自然保护区三市八县（区）按照《国家突发环境事件应急预案》和《行政区域突发环境事件风险评估推荐方法》，在开展区域环境风险评估和应急资源调查的基础上，做好政府突发环境事件应急预案的修订工作，加强企业环境应急预案备案管理。按照区域环境风险评估结论，制订环境风险管理方案及实施计划，着力提升祁连山自然保护区三市八县（区）的环境风险管控水平。进一步强化突发环境事件应急管理，提升环境应急反应能力。

完善祁连山国家重点生态功能区环境风险预警机制。强化祁连山国家重点生态功能区在内的饮用水水源地地区、河西农产品主产区的风险预警机制，以环境监测系统平台为基础，建立健全环境风险预测预警体系。重点加强对钢铁、有色金属、造纸、印染、原料药制造、石油、化工等污染较重行业企业的管理，严格安全生产监管，避免因安全生产事故引发环境污染现象的发生。进一步加强对祁连山自然保护区黑河、石羊河、疏勒河等流域高强度开发水电项目的监管力度。推动建立环境风险源动态数据库以及环境风险分级动态管理制度，实现对祁连山自然保护区环境风险的科学管控。

建立祁连山自然保护区跨县区、跨部门合作和协调机制，推进环境应急联动响应。加强祁连山自然保护区三市八县（区）各职能部门的协同，开展不同规模层次的环境应急演练，强化与安监、公安、交通、气象等部门的应急联动响应，实现环境应急的“三统一”，即统一指挥协调、统一资源调配、统一数据管理，提高环境突发事件应急处理水平。推动环境风险防控由事后应急管理向全过程管控转变，实现事前严防严控、事中响应、事后追责赔偿的全过程管理模式。

## 8.6 运用综合科技手段支持生态保护红线管控

推广张掖市“一库八网三平台”信息监测平台建设模式，尽快建立祁连山自然保护区生态保护红线信息实时监测预警系统。以卫星遥感为手段建立的动态监测及人工监察体系为基础，依托国家、甘肃省、张掖市、金昌市、武威市地面生态系统、环境、气象、地质、水文水资源、水土保持等监测站点和卫星的生态监测能力，以及国家和甘肃省布

设的生态保护红线监控点位，及时获取祁连山自然保护区生态保护红线监测数据，充分发挥常态化地理国情监测作用，完善生态保护综合监测网络体系，依托随机抽查、公众举报、社会监督等方式，建立全方位、实时性的祁连山生态保护红线实时监测预警系统。借助实时监测预警系统，加强对保护区的生态环境监测及预警能力，及时跟踪和掌握祁连山红线区域的环境变化趋势，重点对重要生态环境功能区（包括禁止准入区和限制准入区）进行实时监控和人工监察，为祁连山自然保护区生态环境功能区管控制度的落实提供技术支持。

推动建设生态保护红线区划信息平台系统，构建祁连山生态保护红线数字化综合管理平台。以祁连山生态保护红线划定方案为依据，确定祁连山生态保护红线的空间范围，综合运用遥感、云计算等手段，推动建设生态保护红线区划信息平台系统，形成全面的祁连山生态保护红线线管理图则。同时组织开展现状调查，以县级行政区为基本单元建立祁连山生态保护红线台账系统，识别红线区受损生态系统类型和分布，整合祁连山自然保护区环境质量、生态状况等监测数据，建设祁连山生态环境大数据库。定期开展生态保护红线管控评价，及时掌握重点区域生态保护红线生态功能状况及动态变化，并对相关数据和内容进行及时更新和补充，最终建设成为结构完整、功能齐全、技术先进、天地一体的生态保护红线数字化综合管理平台，为生态保护红线管控的决策、考核等提供数据支持。

发挥“产—学—研”协同创新作用，推广先进环境科技成果转化应用。充分加强与中国科学院、兰州大学、甘肃省环科院、金川公司等高等院校、科研机构以及企业的合作，加强产学研用协同创新，提高祁连山生态保护红线管控方案决策与实施的科学性、合理性、可行性。大力推广清洁生产、资源综合利用与废弃物资源化生态产业，引导企业、科研院所等积极开发和推广各类新技术、新工艺、新产品，依靠科技进步推进祁连山生态环境功能区生态治理进程。依托技术实力强、基础条件好的科研机构和企业组建工程技术研究中心和重点工程实验室，发挥先进的技术和装备对环境质量底线管控与资源利用上线相关政策的支撑作用，系统推进相关技术成果的高效转化应用。

## 8.7 完善生态保护红线信息披露与公众参与机制

全面、及时、准确地公开红线相关信息。严格落实《甘肃省政府信息公开试行办法》和甘肃省生态环境厅信息公开相关要求，通过各种渠道全面、及时、准确地公开祁连山生态保护红线制度及相关管控政策方案的相关内容，包括红线划定的具体范围、管控措施、红线目前的状况、出现的重要问题、拟采取的补救方法以及相关政策调整更新等全部信息，确保相关企业和社会公众对保护区红线的近期状况及制度进展有全面的了解。同时广泛宣传党和国家的生态保护红线保护方针政策、法律法规等，普及生态保护红线保护制度基本知识，借助祁连山生态保护红线区的生态环境教育馆宣传生态保护知识，让社会公众切实感受生态保护红线的存在，提升公众对生态保护红线的保护与监督意识，在全社会形成知晓生态保护红线、了解生态保护红线参与保护途径、积极监督生态保护红线管控制度实施的良好氛围。

对祁连山自然保护区重要环境信息进行集中公开。借鉴“三江源国家公园官方网站”的板块设置、结构布局、内容安排等方面的信息，整合祁连山生态保护红线划定材料、数据信息、红线监测信息、重点生态功能区生态状况信息、典型生态区域信息等，完善“甘肃祁连山国家级自然保护区管理局”门户网站中关于祁连山生态保护红线板块内容的信息公开。同时重点公开红线监测信息，在依托动态监测平台及人工监察系统的基础上，选取固定的时间点对监测信息进行整理汇总，定期发布祁连山生态保护红线生态环境监测信息以及红线内的相关违法行为，促进社会公众参与监督，实现生态保护红线的常态化监管。

引导社会公众参与祁连山生态保护红线管控落实。在生态保护红线管控制度落实的各个环节设置公众参与的机制和体制：一是建立健全利益相关方、公众、媒体等列席政府部门有关红线管控会议制度；二是健全举报制度，开通祁连山生态保护红线投诉电话、微信、网站及信箱等受理平台，畅通投诉和信访渠道；三是构建共管机制，完善生态保护红线监管“网格线”，设置区、镇街、园区、村社、企业监管网格，明确网格机构设置和人员配备，真正形成祁连山生态保护红线全方位、上下联动、齐抓共管的管控保护格局。

# 第三篇

## 祁连山生态环境监测体系建设研究

# 第九章
# 祁连山自然保护区监测进展评估

## 9.1 生态环境监测工作进展

为贯彻落实《国务院办公厅关于印发〈生态环境监测网络建设方案〉的通知》（国办发〔2015〕56 号）精神，加快推进甘肃省生态环境监测网络建设，提高生态环境管理系统化、科学化、法制化、精细化、信息化水平，2017 年 2 月，甘肃省制定了《甘肃省生态环境监测网络建设实施方案》，提出将建成以自然保护区为重点的典型生态功能区生态状况监测网络，建成省级生态状况遥感监测实验室，在全省自然保护区、生物多样性优先保护区、重要湿地以及“四屏一廊”（河西祁连山内陆河生态安全屏障为其中“一屏”）典型生态区建成地面生态定位监测站或定位观测样地，开展全天候生态监测，综合评估生态环境质量现状及变化趋势。也特别提出，2017 年起在祁连山国家级自然保护区开展典型生态功能区生态预警监测试点工作，建成以卫星遥感、地面生态定位监测为主，无人机和现场监测为辅的生态预警监测网络。利用国内主流卫星遥感数据，综合运用地学分析、地理空间信息技术以及基于人工智能的遥感综合解译技术，开展不同尺度的生态状况监测与分析评估，对人类干扰、生态破坏等活动进行监测、评估与预警。

祁连山国家级自然保护区开展了典型生态功能区生态预警监测，包括三个部分：一是依托高校、科研院所等单位技术优势，对祁连山区域生态环境状况监测现状进行了调查摸底，编制了《甘肃祁连山区域生态环境状况监测项目》，在祁连山国家级自然保护区开展生态预警监测试点工作，建设祁连山区域全方位、立体的生态监测全覆盖网络并开展全天候监测，综合评估祁连山生态环境质量现状及变化趋势；二是利用卫星遥感及解译，分析祁连山区域生态环境质量变化趋势，编制了《祁连山北坡矿采迹地及周边受损生态系统遥感监测项目报告》；三是运用卫星影像和无人机技术，编制了《祁连山北坡（甘肃境）矿采区遥感监测图集》《祁连山国家级自然保护区矿采区遥感监测报告》和《祁连山国家级自然保护区生态环境状况监测与评价报告》，摸清了祁连山生态环境状况。

甘肃省张掖市率先围绕祁连山生态破坏问题进行整改，坚持补短板、打基础，强化科技支撑，于2017年8月启动建设了以卫星遥感技术为核心的生态环境监测网络，集成现有环保专业信息化系统平台，构建祁连山和黑河湿地国家级自然保护区生态环境天地一体化监测平台，在提升生态监测监管能力方面做出了积极探索。主要依托“山水林田湖草”中央补助资金，采取与高分甘肃数据与应用中心合作的模式，以实现“基本满足

**专栏9-1　张掖市生态环境监测网络管理平台**

张掖市将采取与高分甘肃数据与应用中心合作的模式，通过一年左右时间，完成生态监测平台构建，使张掖市生态监测能力得到大幅提升，能基本满足区域生态环境现状评估，并为全市生态环境监管提供动态监测支撑。

项目以“一库八网三平台”为主要建设内容。“一库”即生态大数据库。对市域各生态功能区进行不同尺度的生态状况监测与分析评估，构建包括祁连山和黑河湿地自然保护区实时监测数据、遥感数据、基础地理数据、生态环境专题数据、地面调查数据等多源数据综合汇交的生态环境保护大数据库，建成全市生态环境基础数据体系，打造集基础性、综合性、功能性于一体的生态环境数据平台。“八网”即将环保部门的水、大气、土壤、噪声、辐射、重点污染源监测网和公安部门的机动车尾气、城市重点区域监控影像八类监测数据联网共享。通过高分甘肃数据与应用中心，整合祁连山和黑河流域范围内生态环境相关地面观测台（站），面向生态环境代表性地表类型接入生态环境地面监测数据，实现对大气环境质量、水环境质量、土壤污染的精细化监测。“三平台”即构建祁连山与黑河湿地生态环境本底评估和动态监测平台、“山水林田湖草”生态修复项目监控平台、智慧环保平台。祁连山与黑河湿地生态环境本底评估和动态监测平台主要利用卫星遥感数据，综合运用地学分析、地理空间信息技术以及基于人工智能的遥感综合解译技术，针对区域森林退化、雪线上升、草原退化、湖泊变化、沙漠化、生物多样性等问题，开展生态环境动态监测与评估，并对生态功能区生态环境本底进行评估，对人类干扰、生态破坏等活动进行监测、评估与预警。“山水林田湖草”生态修复项目监控平台主要通过高分卫星遥感和地面观测，对张掖市“山水林田湖草”生态修复项目进行宏观、动态监控。智慧环保平台主要通过手机App集成环保动态、对外宣传、内部办公、移动执法、现场监测等功能，实现移动办公和对企业信息及违法行为的掌上查询，移动定位和现场拍照录像，保障执法监管。

区域生态环境现状评估，并对张掖市生态环境监管提供动态监测支撑”的目标。建立的“一库八网三平台”记录和集成了祁连山生态环境的大数据，为祁连山生态环境保护进入智慧数据时代打下基础。

目前，张掖市生态环境网络监测平台主要依托于卫星遥感技术及地面监测数据。地面监测数据基于前一个年度为基准年，平台分为5个专题、31个评估指标进行展示，并结合图表形式，使数据在多维度直观呈现。

张掖市率先建立了完善的监测网络平台进行监测评估，包括常规监测、整改监测、重点污染源监测、生态评估等功能。武威市和金昌市的环境监测能力薄弱，甘肃省生态环境厅推动武威市、金昌市参照张掖市模式，将辖区内有关县域纳入项目监测范围，按照统一的监测指标体系、技术体系开展生态监测。三市将统一联网、数据共享，并为祁连山国家公园体制试点探索跨区域、跨部门合作的技术支撑途径。

## 9.2 生态环境监测体系建设面临的问题、诉求与挑战

### 9.2.1 生态环境监测体系建设面临的问题

自然保护区生态监测是一项长期、持续的工作，既包括对环境本底、环境污染、环境破坏的监测和管控，对生态系统的动态监测，也包括人为干扰、自然干扰造成的生物与生态环境之间相互关系变化的预警。祁连山国家级自然保护区生态环境监测体系建设面临着一系列问题，具体包括以下三个方面。

（1）协调难——管理体制及数据共享机制不顺

由于历史上对保护区内主要保护对象及类型的认识偏差及长期形成的管理体制，保护区监测分别由地方林业、农牧、水务等多部门及保护区管理局分别开展，监管执法由多个部门分管，存在跨市、县（区）情况。以保护区内设立的森林派出所为例，实际上分属于不同县（区）的森林公安机关，与祁连山森林公安分局为协作关系。对于保护区内自然资源和生态环境，一直难以形成统一高效、权责一致的管理机制。这给生态环境监测工作的推进以及明确生态环境监管责权造成难度，也使各市县的努力难以形成合力。

祁连山国家级自然保护区的监测工作由三市八县（区）分别管辖，分别监测管理也会出现监测工作的重复和浪费。而且由于数据口径和标准差异，数据本身的准确性也容

易产生偏差。各市县部门内部管理体制不同，同一市县的部门间很多时候都难以做到协调和数据共享，市县生态环境监测行业、部门间数据协调调用及共享存在沟通壁垒，尤其牵扯到数据涉密等问题，数据高效共享存在困难，监测数据在现有机制下跨市县获取难度大，数据资料的实时性不到位，准确性难复核。监测数据评估有赖于地面监测及遥感数据时间尺度的一致性，而数据的获取、整理等都直接影响祁连山国家级自然保护区生态监测工作的质量和时效性。生态环境监测质量的好坏是推进环境监测工作的关键所在，要实现高水平监测体系建设，必须对环境监测质量进行高标准要求，构建一个科学、完善、全面、系统的管理体制和数据共享机制，实现生态环境监测联动。

（2）技术难——监测能力与人才不足

三市八县（区）的生态环境监测能力建设亟待提升。目前张掖市县级环境监测站均通过计量认证，能够正常开展环境监测业务工作，武威、金昌两市生态监测能力略为薄弱，需进一步加强对监测能力基础建设的投入。

当前保护区生态环境监测工作中，各市县普遍存在人员与岗位不匹配的问题，尤其是缺乏既懂理论知识又能熟练操作仪器设备的人员，系统的技术培训不够、编制不够，造成人才断层、加速外流等情况。

甘肃省各行各业普遍存在严重的人才外流现象，生态环境监测领域更是如此，对口的环境监测、监管、执法、修复等过程人手极度缺乏，亟须引进一批高层次、高水准、专业的技术人才充实到保护区监测队伍中来。机构改革后原水利部、国土资源部等部门的部分职能纳入生态环境部中，相应各省、市、县下一步也将进行部门职能的调整，各级环境监测机构的工作任务增加，届时高级技术人员将更加紧张，人员不仅在数量上存在较大的缺口，技术素质更需要精益求精。由于目前监测人员年龄结构呈哑铃式分布，即年龄大、新手多，有经验的中青年骨干少，多数人员对监测业务流程不是很熟悉，综合能力差，能应对突发生态环境问题的骨干人才更少。

（3）资金难——生态环境监测建设资金缺口大

近年来，由于祁连山国家级自然保护区频现环境污染和生态环境破坏事件，保护区生态环境监测范围和内容、监管力度、强度均不断扩大。随着生态环境监测工作量的加大，监测技术与平台建设要进行迭代优化、监测仪器设备要进行升级更新、监测队伍要进行能力提升等。但调研中了解到，目前由于经费缺口直接制约了生态环境监测与生态保护工作的持续开展。尽管国家财政有部分专项经费，但资金缺口仍比较大。

保护区生态环境修复、生态保护红线划定、“山水林田湖草”等项目都需要大量资金，构建天地空一体化生态环境监测预警平台同样需要大量资金投入。目前，各市、县财政资金存在一定困难，也影响祁连山国家级自然保护区监测工作的区域联动和持续推进，若单纯指望地方政府财政能力补齐资金缺口，恐难以实现监测能力大幅提升。

### 9.2.2　生态环境监测体系建设面临的诉求

长期以来，由于祁连山国家级自然保护区内的监管监测工作分散在多个部门，生态环境监测数据“碎片化”、监测要素不全、现代科技手段未能得到充分运用的问题十分突出。建设统一规划、数据共享、高效运行的祁连山生态监测监管平台十分迫切。同时，由于违法违规开矿、水电设施违建、偷排乱放等原因，保护区内局部存在地表植被破坏、水土流失加剧、地表塌陷等较为突出的生态环境问题。保护区内亟须强化监管监控工作。系统完善的生态环境监测体系是保护区生态恢复、维持生态系统平衡稳定和可持续发展的重要保障。

#### 9.2.2.1　生态安全格局构建方面的诉求

（1）对监测体系系统性与全面性的诉求

生态系统安全是保证祁连山国家级自然保护区可持续发展的基本前提，目前保护区已有初步监测基础，但由于监测对象不够全面、系统，难以反映祁连山整体生态环境和生态系统的变化，且由于长期以来对保护区生态系统监测的认识不足，还存在历史数据年份不全、部分数据缺失等情况。

针对祁连山生态安全格局构建，生态环境监测第一步要做的就是“补旧账、建新账”。首先要认识到祁连山国家级自然保护区的主要保护对象不仅是森林生态系统和野生动植物，还包括组成祁连山水源涵养生态系统的草地、森林、湿地、冰川等生态资源，对以往监测对象不全以致部分数据缺失的情况，需要尽力进行整改，便于日后对祁连山自然保护区生态环境的长期变化进行完整评估和问题诊断。同时，在全省统一调度、部署下，结合祁连山生态保护红线划定及管控工作，针对祁连山监测工作暴露的问题，对生态破坏与人为干扰行为防微杜渐，尽快建立更为全面系统的监测体系新台账，分别从保护区生态环境、重点保护对象、人类活动干扰三个最核心的监测内容层面，构建系统、全面、数据获取准确的生态监测预警网络平台。

祁连山国家级自然保护区内各类生态系统复杂且脆弱，对外界干扰十分敏感，要求对祁连山内森林、草地、农田等生态系统均要进行相应监测。由于生态系统之间的关联性，完整的监控指标体系才能确保有效的反映监测对象的动态变化。通过对祁连山生态系统的变化情况进行全面而系统的观测与评价，对自然及人为干扰引起的生态系统结构和功能变化进行度量，并监测生物群落和种群的具体变化，针对保护区内生态资源建立综合监测体系。

（2）对冰川和水系统等跨行政区进行重点监测的诉求

随着气候变暖，祁连山冰川总体呈持续加速退缩状态，据中科院、甘肃省祁连山国家自然保护区管理局、甘肃省气象局等多部门监测，祁连山最低雪线正逐年升高。雪线上升除导致大量冰雪融化，加剧洪水以及滑坡、泥石流等灾害外，还对广大区域的水资源和生态环境产生影响，健全生态环境监测系统需要进一步提高对冰川动态的监测水平。

祁连山国家级自然保护区面积大、跨度广，河流和湿地系统对于保护区动植物生长、农田耕地灌溉、保护区内居民和周边城区用水都有着重要的影响。如何实现跨行政区的流域和湿地共同管理一直是水系统监测的难题，不仅关乎区域协作，更影响到整个保护区的生态系统安全，也是祁连山生态环境监测体系建设中必须解决的问题。

冰川系统和水系统监测不仅需要跨市县协调合作，同时还需要进行长期监测，对监测结果及时反应、分析及预警。

（3）对“监测—监控—分析—监管”良性运行机制的诉求

生态环境监测不仅体现在对生态系统动态数据变化的获取上，还表现为基于生态系统变化所进行的评价与反馈机制上。根据保护区内生态环境形势，预测生态环境变化趋势，通过对动态数据的分析评价，归因保护区内各类生态系统存在的问题，并对可能出现的生态变化做出预判，进而制定科学的生态环境保护与治理策略，采取有效的解决措施，避免生态环境恶化事件的发生。

当前，张掖市在生态环境监测平台的建设上已进行了积极探索，利用卫星监测技术，天地一体化生态环境监测网络平台已具雏形。但由于遥感数据获取的滞后性和地方生态监测分析能力所限，该平台只能完成对部分生态监控信息（如生态修复项目）的实时监控和基于宏观遥感信息下的数据及多年累积变化趋势的展示，对于生态系统表象变化的成因及后期预判缺乏分析及结论反馈，监测监控数据的运用方面尚存遗憾。

因此，构建祁连山国家级自然保护区生态环境监测体系需要在对最新科技成果（如高分五号卫星数据等）运用的同时，积极探索与科研机构、高校等的合作方式，将科技、科研力量充分调用，以形成“长效监测、动态监控、数据分析、统一监管”的良性运行机制，通过准确的监测数据、实时的监控信息、科学的数据研判，对保护区内生态环境状况进行如实反映，并推进反馈，以及时采取相应生态环境保护措施。

#### 9.2.2.2 生态环境保护工作推进方面的诉求

祁连山国家级自然保护区生态修复和整改工作在国家监督下和各级政府积极配合下已取得一定成效，生态环境保护工作在有条不紊推进，生态环境监测工作具有长期性和持续性，以下问题需要进行加强和完善，包括：

（1）对尽快实现跨市县、跨部门之间监测数据共享的诉求

由于祁连山自然保护区地跨不同市县，不同市县部门间信息获取与交流方式存在较大差异，导致监测信息获取的范围、数量与质量多有迥异。目前，在生态监测方面，各级政府均以专业化分工、部门层级制来实施分割管理，导致祁连山自然保护区监测数据被人为地分割。牵涉部门繁多、部门间职责重复交叉、沟通与协调成本大。

祁连山自然保护区生态环境监测体系的建立与完善与各市县政府共同协作密不可分，有效的监测数据整合和共享极为重要。目前甘肃省生态环境厅正在积极推动武威市、金昌市参照张掖市模式，将辖区内有关县域纳入项目监测范围，按照统一的监测指标体系、技术体系开展生态监测平台建设。三市项目建成后统一联网，可实现跨市县、跨部门的数据共享，为祁连山国家级自然保护区生态环境监测与评价的完整性和准确性提供基本保障，也可作为祁连山国家公园体制试点探索跨区域、跨部门合作的技术支撑途径。三市协作监测保护区内的生态环境变化动态，第一时间同步获取保护区内生态情况动向，能够确保有效推进整个祁连山自然保护区生态环境保护工作。

（2）对完善数据整合、共享机制的诉求

第二次全国土地调查（以下简称“二调”）数据与祁连山区域当前林业、农牧等部门专项数据库存在较大差异。以武威市为例，林业部门统计的林地面积为 1 331 万亩，“二调”数据库则显示林地面积为 560 万亩，林业部门林地面积超“二调”林地面积 771 万亩；农牧部门统计的草原面积为 2 618 万亩，“二调”数据库显示草原面积为 888 万亩，农牧部门草原面积超“二调”草原面积 1 730 万亩；以上两项共计超出“二调”数据库中林地和草原面积 2 501 万亩，部分土地地类，既是“耕地”又是“林地”也是“草地”，交叉统计、地类叠加，导致行业数据差异较大。同时，由于自然、地理、历史、经济等多种复杂原因所致，祁连山国家级自然保护区内林地与草地权属重叠、“一地两证”等现象仍然存在。

需要加快对祁连山自然保护区基础数据进行整合，按照土地、森林、草原、湿地、水域和生态环境的统一调查标准，将图斑落实到具体地块，合理划定各类自然生态空间

的用途和权属，为自然生态空间的规划布局、确权登记和用途管制奠定基础，推动自然生态空间用途管制工作，同时也为推进祁连山自然保护区生态监测工作提供统一、准确的基础数据库。

（3）对队伍建设、设备更新、经费投入的诉求

随着祁连山国家级自然保护区环境保护和生态监测工作的不断规范，对监测、执法工作人员的要求会越发严格。由于目前监测监管工作人员年龄结构失衡，年长的无法快速适应高要求的新工作，年轻的对诸多业务不熟悉，人才断层现象已经普遍出现。亟须引进一批高层次、高水平专业技术人才，充实到保护区管理队伍中来，同时需要加强对现有队伍的建设和人员培训，组建一支能够应对新时期、新情况的专业化、高水平、高素质监测和执法监管队伍。

祁连山国家级自然保护区范围大，战线长，巡护监管手段落后。由于保护区东西长1 000多公里，南北宽30～80公里，点多、线长、面广，进入保护区的沟口、道路众多，管护人员少，巡护监管难度较大，基层保护站的管护站点、巡护人员、交通和通信工具相对不足，主要靠一线管护人员徒步及摩托车巡护检查，监控范围小，局限性大，巡护监管难以全面到位。新技术的运用能在一定程度上解决上述难题，但目前基层执法装备、人员编制和能力水平与繁重的环保监管执法任务难以匹配，监控设备普遍老化，执法设备、执法培训等投入不足，卫星遥感、无人机巡查、移动执法等环境监管新技术手段还未得到全面运用。由于甘肃位于西部经济欠发达地区，各市县财政收入低，对保护区内的保护工作经费投入能力有限，一定程度上影响了生态环境监测与保护工作的推进。保护区的各项具体工作都需要政府进一步加大环保经费的投入，妥善解决当前人、钱、物各方面的不足。

### 9.2.3 生态环境监测体系建设面临的挑战

生态环境监测体系建设面临的挑战主要来自于监测对象本身的特殊性、监测项目跨部门管理协作、跨市县平台构建及应用三个方面。

祁连山国家级自然保护区生态资源类型众多，生态系统高度复杂，监测点高度分散，传统的监测方式已力不从心，成为祁连山生态环境保护中的一大短板，保护区内生态监测和管理任务艰巨。加之当前生态环境监测还面临着协调难、技术难、资金难的三大难题，如何在如此大面积范围内实现对生态系统情况的全面监测、如何健全多方协调的管理体制、如何吸引人才留驻、如何扩宽环保资金渠道、如何提升监测队伍素养水平、如

何加快升级更新设备仪器基础设施等，都是祁连山国家级自然保护区生态监测体系建设所面临的巨大挑战。

祁连山国家级自然保护区自成立以来，已开展了多年生态监测项目，各监测项目都制订了监测计划和实施方案，但尚未制定保护区生态监测体系建设规划。尽管目前已形成了综合经济、资源管理和生态环境保护“三大板块”，但相关部门之间及部门内部的分割局面并没有根本改变，保护区生态环境统一监测、监管的体系和协调合作机制尚未形成，容易导致过度管制和行政失效。完善保护区生态环境监测管理体制，是及时、准确掌握保护区生态环境变化动态的制度保障，也是当前监测体系建设面临的挑战之一。

目前祁连山国家级自然保护区已经具备了生态环境监测基础，但监测对象过于局限，难以评价生态环境的长期变化。同时，涉及祁连山国家级自然保护区的三市八县（区）的生态环境监测还存在短板，水平参差不齐，各市、县（区）对保护区生态环境监测整体联动和实时监测的协调调度难度较大。针对祁连山国家级自然保护区的监测数据如何整合、整合后如何应用以及如何开展联合监管执法等也是生态环境监测工作的挑战。

# 第十章
# 构建祁连山自然保护区生态环境监测体系

## 10.1 生态环境监测体系总体框架

### 10.1.1 构建思路

进一步加强综合生态环境监测体系建设，实现对祁连山国家级自然保护区生态资源状况的综合监测，需着力于生态环境监测体系的健全完善，并不断通过技术创新提高监测的科技含量和效能。本书对生态环境监测体系提出优化方案，突出重点、讲求实效，针对保护区内生态环境存在的主要问题和长期以来由于各种历史原因未能解决的监测技术与管理问题，因地制宜，有所为、有所不为，以实现监测工作的规范化、标准化和信息开放共享。监测内容不仅包括生态系统的功能与组分的常规监测，还包括对生态环境状况以及人类活动干扰等的动态监测。

### 10.1.2 构建原则

（1）科学性原则

构建监测体系要坚持科学性。监测内容必须明确、清晰反映出保护区本质特征和核心目标，监测的技术方法要求科学标准，统计计算方法规范，数据来源可靠，这样才能使最终保护区生态环境监测结果真实、客观地反映保护区内不同类型、不同地域条件下生态系统的状态与变化特征，为保护决策提供科学依据（图 10-1）。

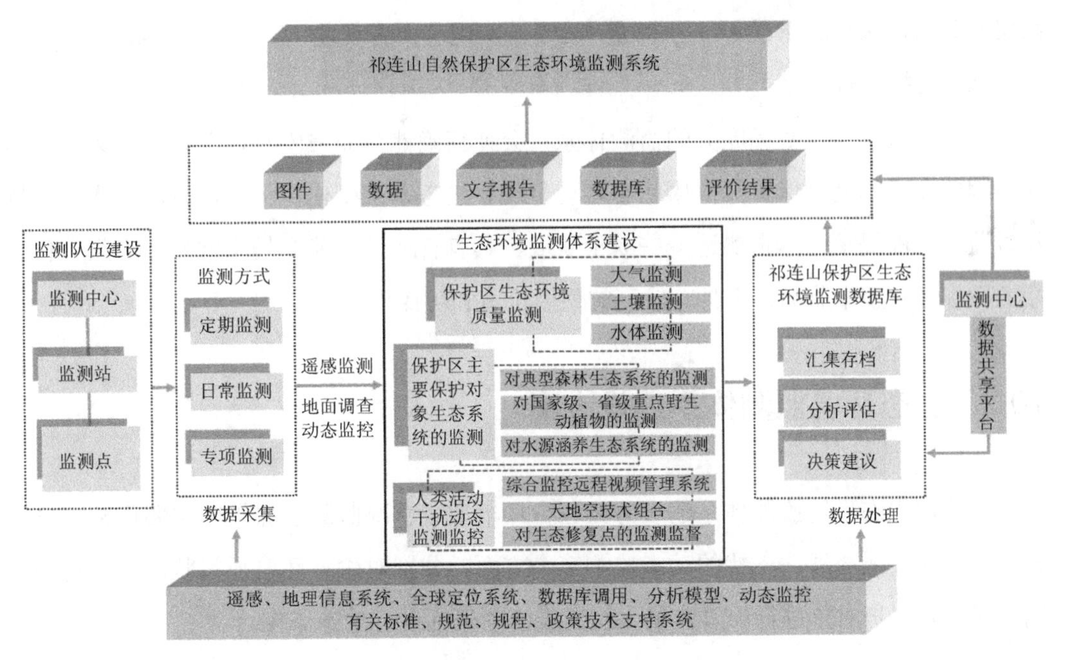


图 10-1 祁连山自然保护区生态环境监测体系框架

（2）动态性原则

保护区生态环境监测是对保护区功能实现做出评价的基础，也是日常管理与保护、科学研究与保护策略优化的基础，是一项长期工程，因此数据需要具有持续性，及时进行动态更新。生态环境监测要反映保护区动态变化过程，监测内容不仅要涉及生态环境当下的真实健康状况，还要反映保护区一段时间以来的变化趋势，甚至包括预测、评估等信息，才能够满足管理、监督、执法、研究等多方面需要。因此，保护区生态环境监测体系应具备可更新的特点，随着技术革新及方法优化不断进行完善，以达到实效合理、与时俱进的目的。

（3）代表性原则

具体监测指标方面可能存在信息上的重叠。保护区的生态功能和效益复杂，需要监测的内容也比较多，比如野生动植物资源、水源涵养地、典型森林系统等，体系构建指标类别要相对独立而又具有代表性。

（4）系统性原则

祁连山国家级自然保护区生态环境监测涉及多学科、多因素、多方面，是一个包含多重功能的整体概念，在监测体系的建立过程中不能只考虑单项因素，必须采用系统设计，厘清各指标之间及所在系统之间的相互关系，考虑监测的整体性和目标性，做到体系层次分明，系统联系紧密，内部逻辑清晰，实现全面客观监测。

（5）可操作性原则

建立层次复杂、数量庞大的监测体系，会使精确计算非常困难，并影响结果的可靠性。因此在基本满足保护区健康状态客观呈现、生态系统变化趋势明确判断、人为干扰及时监控等前提下，尽量挑选一些易于获取、具有普适性并能在技术水平上有很好代表性的指标，使整个监测体系具有较高的使用价值和可操作性。

## 10.2 生态环境监测体系建设方案

祁连山生态环境监测体系建设方案包含环境质量状况监测、保护区主要保护对象生态系统监测、人类活动干扰的动态监测三个方面，分别对生态环境质量状况进行动态监测、对主要保护对象进行长效监测、对人类活动干扰进行动态监控。

### 10.2.1 生态环境质量监测

生态环境质量监测是生态环境保护的基础，是生态文明建设的重要支撑。祁连山国家级自然保护区生态环境监测首先要针对保护区生态保护红线范围内生态本底进行全面系统的环境质量实时监测，获得保护区内与大气、土壤、水体相关的物化指标数据，并通过该信息直观反映保护区生态系统的健康状态。

（1）大气监测

大气监测是祁连山国家级自然保护区环境保护事业重要的任务之一，监测点分布位置、方法、方式都直接影响着保护区内大气监测的结果，一旦某项监测发生问题或难以代表整个区域，将影响整个监测数据的有效性。保护区合理的大气监测布点位置及分布设计有利于提高监测数据的有效性与准确性，更能真实地反映大气质量现状，指导环境部门对保护区内的大气质量情况做出最准确的性质判断。

考虑到大气具有流动性，监测数据除包括气温、蒸散发等常规气象数据外，还应包括二氧化硫、二氧化氮、$PM_{10}$、$PM_{2.5}$、一氧化碳、臭氧污染物等特征污染物指标。实际监测中，工作人员应结合主导风向、人类活动、区域布局、监测目标、污染物特征等综合选择布点方式。

祁连山国家级自然保护区在《环境空气质量标准》（GB 3095—2012）中属于环境空气功能区中的一类区，质量要求适用于该标准中对一类区相关指标对应的一级浓度限值设定，对于出现超标的情况，需实现实时预警上报（表 10-1、表 10-2）。

环境空气污染物监测点位的设置，应按照《环境空气质量监测规划（试行）》中的要求执行。监测中采样环境、采样高度及采样频率等要求，按照《环境空气质量自动监测技术规范》（HJ/T 193）或《环境空气质量手工监测技术规范》（HJ/T 194）的要求执行，对各项污染物浓度的分析参照表 10-3 进行。

**表 10-1　环境空气污染物基本项目浓度限值**

| 序号 | 污染物项目 | 平均时间 | 浓度限值 | | 单位 |
|---|---|---|---|---|---|
| | | | 一级 | 二级 | |
| 1 | 二氧化硫（$SO_2$） | 年平均 | 20 | 60 | μg/m$^3$ |
| | | 24 小时平均 | 50 | 150 | |
| | | 1 小时平均 | 150 | 500 | |
| 2 | 二氧化氮（$NO_2$） | 年平均 | 40 | 40 | |
| | | 24 小时平均 | 80 | 80 | |
| | | 1 小时平均 | 200 | 200 | |
| 3 | 一氧化碳（CO） | 24 小时平均 | 4 | 4 | mg/m$^3$ |
| | | 1 小时平均 | 10 | 10 | |
| 4 | 臭氧（$O_3$） | 日最大 8 小时平均 | 100 | 160 | μg/m$^3$ |
| | | 1 小时平均 | 160 | 200 | |
| 5 | $PM_{10}$ | 年平均 | 40 | 70 | |
| | | 24 小时平均 | 50 | 150 | |
| 6 | $PM_{2.5}$ | 年平均 | 15 | 35 | |
| | | 24 小时平均 | 35 | 75 | |

**表 10-2　环境空气污染物其他项目浓度限值**　　单位：μg/m$^3$

| 序号 | 污染物项目 | 平均时间 | 浓度限值 | |
|---|---|---|---|---|
| | | | 一级 | 二级 |
| 1 | 总悬浮颗粒物（TSP） | 年平均 | 80 | 200 |
| | | 24 小时平均 | 120 | 300 |
| 2 | 氮氧化物（$NO_x$）（以 $NO_2$ 计） | 年平均 | 50 | 50 |
| | | 24 小时平均 | 100 | 100 |
| | | 1 小时平均 | 250 | 250 |
| 3 | 铅（Pb） | 年平均 | 0.5 | 0.5 |
| | | 季平均 | 1.0 | 1.0 |
| 4 | 苯并[*a*]芘（$C_{20}H_{20}$） | 年平均 | 0.001 | 0.001 |
| | | 24 小时平均 | 0.002 5 | 0.002 5 |

表 10-3 各项污染物分析方法

| 序号 | 污染物项目 | 手工分析方法 | | 自动分析方法 |
|---|---|---|---|---|
| | | 分析方法 | 标准编号 | |
| 1 | 二氧化硫（$SO_2$） | 环境空气 二氧化硫的测定 甲醛吸收—副玫瑰苯胺分光光度法 | HJ 482 | 紫外荧光法、差分吸收光谱分析法 |
| | | 环境空气 二氧化硫的测定 四氯汞盐吸收—副玫瑰苯胺分光光度法 | HJ 483 | |
| 2 | 二氧化氮（$NO_2$） | 环境空气 氮氧化物（一氧化氮和二氧化氮）的测定 盐酸萘乙二胺分光光度法 | HJ 479 | 化学发光法、差分吸收光谱分析法 |
| 3 | 一氧化碳（CO） | 空气质量 一氧化碳的测定 非分散红外法 | GB 9801 | 气体滤波相关红外吸收法、非分散红外吸收法 |
| 4 | 臭氧（$O_3$） | 环境空气 臭氧的测定 靛蓝二磺酸钠分光光度法 | HJ 504 | 紫外荧光法、差分吸收光谱分析法 |
| | | 环境空气 臭氧的测定 紫外分光光度法 | HJ 590 | |
| 5 | $PM_{10}$ | 环境空气 $PM_{10}$ 和 $PM_{2.5}$ 的测定 重量法 | HJ 618 | 微量振荡天平法、β射线法 |
| 6 | $PM_{2.5}$ | 环境空气 $PM_{10}$ 和 $PM_{2.5}$ 的测定 重量法 | HJ 618 | 微量振荡天平法、β射线法 |
| 7 | 总悬浮颗粒物（TSP） | 环境空气 总悬浮颗粒物的测定 重量法 | GB/T 15432 | — |
| 8 | 氮氧化物（$NO_x$） | 环境空气 氮氧化物（一氧化氮和二氧化氮）的测定 盐酸萘乙二胺分光光度法 | HJ 479 | 化学发光法、差分吸收光谱分析法 |
| 9 | 铅（Pb） | 环境空气 铅的测定 石墨炉原子吸收分光光度法 | HJ 539 | — |
| | | 环境空气 铅的测定 火焰原子吸收分光光度法 | GB/T 15264 | — |
| 10 | 苯并[*a*]芘（$C_{20}H_{20}$） | 空气质量 飘尘中苯并[*a*]芘的测定 乙酰化滤纸层析荧光分光光度法 | GB 8971 | — |
| | | 环境空气 苯并[*a*]芘的测定 高效液相色谱法 | GB/T 15439 | — |

应确保保护区大气监测数据的准确性、连续性和完整性，确保全面、客观地反映保护区大气质量状况，并对污染事件及时进行预警，所有有效数据均应参加统计和评价，不得选择性地舍弃不利数据以及人为干预监测和评价结果。采用自动监测设备监测时，监测仪器应全年 365 天（闰年 366 天）连续运行，并对因仪器校准、停电、故障或其他不可抗力因素导致不能连续获得监测数据时，采取有效措施及时恢复。

（2）土壤监测

土壤是祁连山国家级自然保护区的生态本底，承载着保护区内动植物的生存和发展。

对土壤状态定期采样监测有助于及时掌握生态系统的稳定性。土壤样品采集环节是土壤监测质量控制的重要环节，也是后期土壤监测样品实验分析的前提和基础。所获取的样品是否满足其科学性、准确性、代表性和典型性，将会直接影响土壤监测样品分析和数据处理质量。

祁连山国家级自然保护区土壤类型众多，土壤监测要做好充分的考察和调研工作，避免采样误差造成对监测结果的影响。保护区土壤监测建议从保护区内部土壤类型、冻土分布、土地利用面积、土地利用变化动态度、景观格局指数、土壤侵蚀模数等评估指标体系进行监测，采样须覆盖保护区内所有土壤类型。

（3）水体监测

水资源质量与健康状态关乎祁连山国家级自然保护区内动植物的生存，影响着生态系统的动态平衡和可持续发展。水体监测数据是水资源保护科学研究的基础，长期而持续的水体监测能够对水体污染事件预警，对保护区内水体污染物质的来源、分布、迁移和变化规律进行梳理摸清，从源头上展开清水行动。

保护区水质监测主要目的是通过监测水体成分考察其是否达到正常水质的指标。按照《地表水环境质量标准》（GB 3838—2002）的要求，祁连山国家级自然保护区按照地表水水域环境功能和保护目标区分，属于Ⅰ类区，适用于源头水、国家级自然保护区水域功能标准，见表 10-4。

保护区水体与城市水体用途和性质不同，水体监测时同样需要对地表水自然属性，如河流径流量、流域面积、湿地面积等指标进行监测，以全面反映保护区水体变化特征。

对于位于市县区划边界处的水体监测点位应清晰明确，所属流域一旦出现污染事件时便于追责及治理。

**表 10-4　地表水环境质量标准基本项目标准限值**　　单位：mg/L

| 序号 | 项目 \ 标准值 \ 分类 | | Ⅰ类 | Ⅱ类 | Ⅲ类 | Ⅳ类 | Ⅴ类 |
|---|---|---|---|---|---|---|---|
| 1 | 水温（℃） | | 人为造成的环境水温变化应限制在：<br>周平均最大温升≤1<br>周平均最大温降≤2 | | | | |
| 2 | pH（量纲一） | | 6～9 | | | | |
| 3 | 溶解氧 | ≥ | 饱和率 90%（或 7.5） | 6 | 5 | 3 | 2 |
| 4 | 高锰酸盐指数 | ≤ | 2 | 4 | 6 | 10 | 15 |

| 序号 | 项目 ＼ 标准值 ＼ 分类 | | Ⅰ类 | Ⅱ类 | Ⅲ类 | Ⅳ类 | Ⅴ类 |
|---|---|---|---|---|---|---|---|
| 5 | 化学需氧量（COD） | ≤ | 15 | 15 | 20 | 30 | 40 |
| 6 | 五日生化需氧量（$BOD_5$） | ≤ | 3 | 3 | 4 | 6 | 10 |
| 7 | 氨氮（$NH_3$-N） | ≤ | 0.15 | 0.5 | 1.0 | 1.5 | 2.0 |
| 8 | 总磷（以P计） | ≤ | 0.02（湖、库 0.01） | 0.1（湖、库0.025） | 0.2（湖、库0.05） | 0.3（湖、库0.1） | 0.4（湖、库0.2） |
| 9 | 总氮（湖、库以N计） | ≤ | 0.2 | 0.5 | 1.0 | 1.5 | 2.0 |
| 10 | 铜 | ≤ | 0.01 | 1.0 | 1.0 | 1.0 | 1.0 |
| 11 | 锌 | ≤ | 0.05 | 1.0 | 1.0 | 2.0 | 2.0 |
| 12 | 氟化物（以$F^-$计） | ≤ | 1.0 | 1.0 | 1.0 | 1.5 | 1.5 |
| 13 | 硒 | ≤ | 0.01 | 0.01 | 0.01 | 0.02 | 0.02 |
| 14 | 砷 | ≤ | 0.05 | 0.05 | 0.05 | 0.1 | 0.1 |
| 15 | 汞 | ≤ | 0.000 05 | 0.000 05 | 0.000 1 | 0.001 | 0.001 |
| 16 | 镉 | ≤ | 0.001 | 0.005 | 0.005 | 0.005 | 0.01 |
| 17 | 六价铬 | ≤ | 0.01 | 0.05 | 0.05 | 0.05 | 0.1 |
| 18 | 铅 | ≤ | 0.01 | 0.01 | 0.05 | 0.05 | 0.1 |
| 19 | 氰化物 | ≤ | 0.005 | 0.05 | 0.2 | 0.2 | 0.2 |
| 20 | 挥发酚 | ≤ | 0.002 | 0.002 | 0.005 | 0.01 | 0.1 |
| 21 | 石油类 | ≤ | 0.05 | 0.05 | 0.05 | 0.5 | 1.0 |
| 22 | 阴离子表面活性剂 | ≤ | 0.2 | 0.2 | 0.2 | 0.3 | 0.3 |
| 23 | 硫化物 | ≤ | 0.05 | 0.1 | 0.2 | 0.5 | 1.0 |
| 24 | 粪大肠菌群/（个/L） | ≤ | 200 | 2 000 | 10 000 | 20 000 | 40 000 |

### 10.2.2　生态系统监测

保护区生态系统监测工作需围绕保护区保护对象进行开展，并使监测结果有助于后续保护工作决策的制定。鉴于此，生态系统监测除对保护区生态状况进行日常监测及专项监测外，需要就三个层面的主要保护对象进行监测：①典型森林生态系统；②国家级、省级重点野生动植物；③水源涵养生态系统。

（1）对典型森林生态系统的监测

祁连山国家级自然保护区典型森林系统主要由我国特有树种青海云杉和祁连圆柏组成（图10-2）。祁连圆柏和青海云杉是青藏高原东北部亚高山生态系统中的优势树种，共同组成了中国西北山区重要的水源涵养林，在调蓄、涵养水源，保持水土，改善环境，保持生态平衡等方面起着关键作用，对于典型森林生态系统进行动态监测，对维持祁连山国家级自然保护区生态安全至关重要。

图 10-2　青海云杉（左）与祁连圆柏（右）

对于典型森林生态系统的监测，主要运用不同海拔固定样地野外调查和室内分析法相结合的方法，针对保护区内青海云杉和祁连圆柏两类树种进行监测。

固定样地野外调查。野外调查主要指根据保护区不同海拔的青海云杉和祁连圆柏的群落结构特征、土壤剖面测定以及气象因子进行动态监测。具体做法需根据保护区实际情况，在不同海拔的祁连山山体高度设置固定样地，确定该海拔高度所需设置样地的数量以及点位的间距。参照以往祁连山典型生态系统的相关研究，确定每个树种样方为 20 米×20 米。以样方的左下角为原点，两条边线为纵横轴建立平面坐标系，确定样方内每个青海云杉和祁连圆柏个体的相对坐标位置，便于更好地监测。在每个样方内尤其对幼苗进行重点调查，定期记录幼苗的数量、高度、径基以及生长状况，以反映典型森林生态系统的变化情况。

室内分析法。主要包括相关文献资料检索、整理和收集的长期调查数据相关处理和分析等工作，结合野外调查开展相应的内业工作。

（2）对国家级、省级重点野生动植物的监测

针对祁连山国家级自然保护区重点野生动植物的动态监测能及时发现其种群和生境的变化，追溯成因，以便更科学地制定野生动植物管理措施，为保护方案的实施提供依据。

针对重点野生动植物的具体监测工作主要关注于种群大小、特征、波动规律、栖息地变化四个方面的系统监测与数据趋势分析。监测方法因动植物不同而有所差异，以下分述。

①野生植物监测。

祁连山国家级自然保护区地域范围广，野生植物资源相当丰富，截至目前，已查明分布有国家重点保护植物 8 种。其中，国家二级保护植物有裸果木、半日花、星叶草、绵刺 4 种，三级保护植物有桃儿七、瓣鳞花、黄芪、蒙古扁桃 4 种。资源植物 83 科 299 属 820 种。列入《濒危野生动植物种国际贸易公约》的兰科植物 12 属 16 种。

相对动物而言，对静止不动的植物监测较为容易，主要采用“固定植被样方法”进行监测。植物样方布设的要点：样方择地应选择在地势较为平坦的区域，以便针对样方进行地面调查和遥感解译；重点样方应在植物资源人为干扰较为严重地段设置对照样方，以便及时反映破坏程度并加以制止。对易于识别的重点野生植物，主要采用野外记录及数码拍照的方法，部分采集标本并拍摄照片，带回室内研究鉴定，对重点保护野生植物的生长状况及生长区域的生境类型进行详细记录。

保护区固定样地内的野生植物群落监测，要求详细记录固定样地内的物种名称、多度、盖度、高度等。对乔木进行监测，记录种名、胸径、树高等基本数据。对灌木进行监测，记录种名、高度、盖度。对草本植物进行监测，记录种名、高度、盖度、密度和地上鲜生物量等。同时，监测还需记录各样地的海拔、坡向、坡度及土壤类型、枯枝落叶层、腐殖质层和人类活动及其影响等环境因子。

要求对每块样地中分布的重点保护野生植物的数量、生长状况、生境特征、伴生植物等进行长期监测，查找影响其生长和分布的关键因子，实现对保护区重点野生植物物种的就地保护，以扩大其种群数量。

对于重点野生植物的监测既要讲究监测方法的科学性，又要简单易行、便于操作，不同的监测对象应采用相适宜的监测方法，能够准确反映资源的现状和动态变化趋势。尽量采取非损伤性的取样方法，避免不科学地频繁监测，若要采集珍稀濒危物种进行取样或标记，必须获得相关主管部门的行政许可。

②野生动物监测。

根据祁连山国家级自然保护区内重点保护野生动物所属纲、目不同，监测技术方法的运用也存在部分差异。无脊椎动物的监测由于受其活动性、数量和气候的影响而在不同年份间可能会存在巨大差异。短期监测难以确定属于正常波动，还是取样误差，需留意长期数据和其他同期辅助信息。实践工作中，监测无脊椎动物的方法较多且各有利弊，如直接搜寻法、敲击法、水捕器法、光诱法、陷阱法、扫网法等，在运用时应根据研究对象采取最佳的监测方法。脊椎动物主要采用样线法（又称多目标快速调查法、可变宽样带法），主要应用于两栖类、爬行类、鸟类和哺乳类的监测。两栖类监测可用漂移栅栏及陷阱捕捉法、直接计数法（繁殖期）、样方与样带法（非繁殖期）来完成；爬行类监测可采用样带直接计数法；鸟类监测可在样带或样方内直接计数或间接计其鸟巢数，然后根据窝内卵数来计算鸟类的个体数目；哺乳动物监测，虽然哺乳动物容易被计数，但绝大多数哺乳动物生活隐秘且不易发现，因此监测和计数难度更大，可对其采用高科技技术进行监测，如远红外线监测等。

保护区内野生动物的长期观察与监测，对于保护生物多样性、维护生态平衡以及预防和控制疫病传播具有十分重要的意义。祁连山国家级、省级重点野生动物保护对象多数为鸟类及兽类，此类野生动物活动范围大，需利用不同的监测手段对其栖息地、繁殖地和迁徙路线三个层次进行系统监测，以反映种群在不同时期特征的变化，进而掌握野生动物资源动态，及时调整保护计划，使动物监测促进保护区科学保护与动态管理，为保护濒危及重要野生动物提供科学依据。

红外相机技术作为一种“非损伤性”的物种调查和记录技术，20 世纪 90 年代开始应用于野生动物研究。与传统手段相比，该技术具有对动物干扰小、能捕获难以发现的物种、影像资料便于存档检索等优点，已成为调查野生物种多样性、估算动物种群密度、研究栖息地选择以及记录动物行为模式的常用手段。除红外相机技术外，样线调查（基于动物痕迹）、访问调查等传统监测方法仍对掌握保护区内鸟、兽类动物的行为和生境起到重要作用。

祁连山国家级自然保护区野生动物的日常监测应基于数字化远程视频监控系统部署实施，并在保护区内加强保护野生动物的基础设施建设，如新建保护点、检查哨卡、瞭望台、重点野生动物监测点（配置触发器相机）、野生动物救护站等。

（3）对水源涵养生态系统的监测

祁连山国家级自然保护区水源涵养生态系统是由山地森林、草原、湿地、冰川自然生态系统组成的复合生态系统。对保护区水源涵养生态系统进行长期持续监测，可直接反映祁连山自然保护区在自然及人类活动影响下的生态系统变化趋势，有助于保护区生态环境可持续发展。

按照《森林生态系统定位观测指标体系》（LY/T 1606—2003）和《干旱半干旱区森林生态系统定位观测指标体系》（LY/T 1688—2007），整理祁连山森林生态站排露沟流域气象站、出山径流量水堰、固定样地等长期监测数据，并结合相关研究成果，选择祁连山水源涵养功能生态监测指标，分为 2 大类别、13 个一级监测指标和 48 个二级监测指标

（表 10-5）。

表 10-5 祁连山水源涵养生态系统生态监测指标

| 监测类别 | 一级监测指标 | 二级监测指标 |
| --- | --- | --- |
| 水文 | 1 降水 | （1）气象站，（哨）降水量，（2）沿海拔梯度降水量，（3）样地内降水量 |
| | 2 林冠截留 | （4）青海云杉林降水穿透量，（5）祁连圆柏降水穿透量 |
| | 3 树干径流 | （6）乔木树干径流量 |
| | 4 苔藓、枯落物截留 | （7）苔藓、枯落物截留量，（8）苔藓、枯落物含水量，（9）苔藓干湿比 |
| | 5 土壤水分 | （10）土壤水分季节分配，（11）山地森林灰褐土贮水量，（12）亚高山灌丛草甸土贮水量，（13）山地栗钙土贮水量 |
| | 6 河川径流 | （14）河川量水堰径流量 |
| | 7 植被蒸发散 | （15）林地蒸发，（16）草地蒸发 |
| | 8 冻土 | （17）冻土管结冰深度，（18）冻土管消融深度 |
| 生态 | 9 地理属性 | （19）海拔，（20）坡度，（21）坡向 |
| | 10 气象因子 | （22）空气温度，（23）空气湿度，（24）蒸发，（25）风速，（26）风向，（27）日照，（28）地面温度，（29）土壤温度，（30）土壤冻融 |
| | 11 植被生长因子 | （31）林木分级，（32）树高，（33）胸径，（34）冠长，（35）冠幅，（36）林龄，（37）郁闭度，（38）乔木层生物量，（39）灌木植物多样性及生物量，（40）草本植物多样性及生物量 |
| | 12 苔藓、枯落物组成 | （41）苔藓厚度，（42）枯落物组成，（43）枯落物分解比例 |
| | 13 土壤物理性质 | （44）土壤类型，（45）土壤厚度，（46）土壤质地，（47）土壤孔隙度，（48）土壤容重 |

通过对上述监测数据与评估指标进行对照，实现对祁连山水源涵养生态系统整体监测，进而对变化趋势实现预警功能（表 10-6）。

表 10-6 祁连山水源涵养生态系统监控状况评估指标

| 一级评估因子 | 二级评估因子 | 评估指标 |
| --- | --- | --- |
| 1 降水 | （1）年均降水量 | 354.3 mm |
| | （2）垂直分布 | 在海拔 1 700～3 300 m，海拔每升高 100 m，年均降水量增加约 17.41 mm，在海拔 3 300～3 800 m，海拔每升高 100 m，年均降水量减少约 30.21 mm |
| | （3）坡向分布 | 阴坡比阳坡年均降水量多 7% |
| | （4）季节变化 | 5—10 月降水占全年降水的 87.2%左右；11 月—次年 4 月降水占全年降水的 12.8%左右 |
| | （5）降水形态 | 一年内降雨占 72.2%，降雪占 27.8% |
| 2 林冠截留 | （6）青海云杉截留率 | 4 月为 55.6%，5—9 月为 26.6%～39.8% |
| | （7）祁连圆柏截留率 | 4 月为 46.8%，5—9 月为 23.0%～37.1% |
| | （8）降水形态与截留率 | 降雪截留率为 56.87%，降雨截留率为 27.95% |
| | （9）郁闭度与年均截留率 | 林分郁闭度 0.6 的样地平均截留率为 22.6%，郁闭度 0.7 的样地平均截留率为 31.1%，郁闭度 0.8 的样地平均截留率为 34.5% |

| 一级评估因子 | 二级评估因子 | 评估指标 |
|---|---|---|
| 3 树干径流 | （10）青海云杉树干径流率 | 0.30%～0.58% |
| 4 苔藓、枯落物截留 | （11）青海云杉、苔藓、枯落物最大持水率 | 271.1%～418.2%，平均为 319.8% |
| | （12）青海云杉、苔藓、枯落物最大持水量 | 7.6～59.1 mm，平均为 36.4 mm |
| 5 河川径流 | （13）河川径流量 | 110.8 mm |
| | （14）河川径流潜力 | 159.9 mm |
| | （15）径流组成 | 4—5 月占总径流的 10.1%，6—10 月占总径流的 82.3%，11 月—次年 3 月占总径流的 7.6% |
| 6 土壤水分 | （16）山地森林灰褐土贮水量 | 305.31～437.6 mm |
| | （17）亚高山灌丛草甸土贮水量 | 237.61～297.13 mm |
| | （18）山地栗钙土贮水量 | 295.89～349.16 mm |
| 7 植被蒸发散 | （19）林地蒸散 | 生长期蒸散占 80.46%，休眠期蒸散占 19.54% |
| | （20）草地蒸散 | 生长期蒸散占 77.13%，休眠期蒸散占 22.87% |
| 8 冻土 | （21）高海拔 | 10 月 20 日前后开始冻结，第二年 5 月 20 日前后达到冻结最大深度 |
| | （22）低海拔 | 10 月 20 日前后开始冻结，到第二年的 8 月 20 日前后消融结束；但在林地条件下，于次年 10 月 22 日前后才能全部消融 |

以下分别从组成水源涵养复合型生态系统的四个主要系统，即山地森林、草原、湿地以及冰川系统分别展开监测工作要点论述。

①山地森林系统。

山地森林生态系统是整个祁连山国家级自然保护区生态系统的核心，也是祁连山地区受人类干扰影响最大的生态系统类型，构成了保护区重要的水源涵养林。

地理测绘数据是开展山地森林资源“一体化”监测的重要基础资料，采用时效性强、数据质量高的测绘产品和遥感影像资料开展山地森林资源调查与监测，能够极大地提高调查效率和调查质量，并能有效减少外业工作量与调查经费。通过卫星遥感技术对保护区内森林面积进行实时监测，确保森林系统的面积维持稳定或增长。

②草原系统。

祁连山国家级自然保护区草原资源与生态监测工作不仅是生态环境监测中水源涵养生态系统监测的重要组成部分，同时也是祁连山地区草原保护和建设的基础性工作，与制定地方性草原保护和建设政策、编制草业发展规划、指导草原畜牧业生产、合理制定载畜量、加强草原监督管理、促进草业可持续发展等一系列工作直接相关。

为推进保护区内草原生产力监测工作正常化、规范化、科学化运行，切实为草原保护、建设和畜牧业生产提供服务，根据《全国草原监测技术操作手册》的规定和《甘肃省草原监测实施方案》的具体要求，祁连山国家级自然保护区已持续开展年度草地资源生态监测调查工作，包括定点监测、路线监测和专题监测。

定点监测。祁连山国家级自然保护区内草原面积大、类型多，样地监测需要涵盖所有草地类型，才能较好地反映草原实际状况。祁连山按照草地植物群落特征划分主要分为草甸草地、典型草地、荒漠草地、高寒草地 4 大类及 13 种草地类型。保护区应增加监测定点样地，新样地需全面涵盖祁连山所有的草地类型，具体方法建议使用围栏固定监测样地，或非围栏固定监测样地。根据保护区实际调查情况进行划定，并根据不同类型的定点样地定期对样地基本特征、物候期观测、草原生长季植物量、盖度和频度等监测指标进行监测和拍照。

路线监测。草原生态系统路线监测作为定点监测的补充，需按照祁连山国家级自然保护区草原资源的空间分布规律及利用现状设置监测路线，要充分考虑保护区内穿越调查地段主要的地形地貌，涵盖生产中有重要价值的主要草原植被类型。路线监测时间应选择在保护区内草地群落中主要牧草产量高峰期，每年一次，主要监测指标为地上生物量、盖度和可食牧草产量。

专题监测。对于保护区内草原退化、沙化、盐渍化、生物灾害、旱灾等状况需要特定调查和监测的内容采用专题监测的方式组织开展。监测的内容、方法和时间根据届时生态建设和预警防控的需要，由省级草原监测部门确定并实施。

③湿地系统。

湿地生态系统是祁连山国家级自然保护区水源涵养生态系统的重要组成之一，而湿地本身内部各个要素互相联系、互相制约，又形成了一个相对特殊并动态平衡的生态系统。由于湿地和陆地表面之间的相互作用，使湿地生态性质具有水陆过渡性，往往更加脆弱，生物群落结构也更加复杂，因此，掌握祁连山国家级自然保护区内各类湿地的动态变化、预测其后续变化趋势、定期提供动态监测数据与监测报告，并分析湿地变化的原因，提出祁连山内湿地保护与合理利用的对策与建议，可以为湿地的科学管理提供研究实证与客观依据。开展湿地系统的监测不仅有利于对祁连山水源涵养地生态功能的保护，从更大范围而言，将有助于保护区内生态系统的整体平衡和可持续发展。对祁连山国家级自然保护区内湿地系统的监测工作可分为宏观监测、常规定位监测、定期调查三类。

宏观监测。湿地常具有接近难度大、矮小灌草丛等植被多、明水水体具备特有的反光性等特点，有别于其他地表类型。在宏观监测中，非常适合采用具有高分辨率、高辨识度的遥感技术、全球定位系统、地理信息系统（即通常意义上的“3S”技术）。这些技术能够实现对湿地系统及时、准确的长期监测，尤其适合不同种类湿地面积等基础指标的获取、局部退化及破坏斑块的辨识等内容。

常规定位监测。通过人工地面观察、测量和定位监测以及实验室分析测定等方法对保护区内湿地生态系统进行的监测行为。由于保护区内湿地生态系统相对复杂，其地面监测需要从气象要素、水文要素、大气要素、湖泊水质要素、地下水质要素、土壤和底质要素、水生生物要素、能量流动及特定调查项目等多方面展开，实际工作中，通常单独以湿地生态系统或湿地自然保护区的专题监测对其进行状况评估。

在祁连山国家级自然保护区生态环境监测体系中，湿地系统作为保护区主要保护对象之一——水源涵养生态系统的组成部分，该层次的常规定位监测不再重复构建监测体系，而主要实现以下目的，即辅助配合遥感监测，对遥感监测数据的准确性进行“核实”和“纠错”。需要注意的是，常规定位监测数据应具有连续性、可比性，即与宏观遥感兼有信息数据具有相同的空间和时间序列。

定期调查。尽管通过定期开展一定规模的野外调查获取批量数据非常昂贵，但这一工作必不可少，且应按照严格的统计设计进行多次调查。定期调查通常与上文提及的针对湿地生态系统或湿地自然保护区的专题监测合并开展。保护区湿地生态环境定期调查主要为获取一定时期内湿地面积变化、土地及水体利用状况、生物资源调查等信息，需要结合使用“3S”技术与野外定期调查的技术方法进行监测。

④冰川系统。

祁连山国家级自然保护区积雪资源丰富，由于低温高寒，降水的一部分以冰雪等固体形式被储藏起来，形成天然的固体水库。及时监测了解保护区内积雪资源的时空变化状况，对于处在我国西北干旱地区的甘肃省尤为重要。

祁连山国家级自然保护区内冰川地形复杂，人员难以到达，但可通过3S技术对冰川雪线高程进行动态监控和研究。遥感技术是冰川变化监测的主要手段，同样可对冰川的其他诸多属性进行监测，对制定策略减缓冰川退缩速率具有重要意义。例如，利用可见光来监测保护区内冰川的面积变化，利用立体成像来监测冰川的物质平衡，利用雷达、干涉雷达来探测冰川的储量、冰川表面地形的变化和冰湖灾害预测等。国内已具备利用多元卫星资料进行大冰川动态监测研究的能力，随着遥感技术的进步，监测的精度和准确度还将不断提高。

### 10.2.3 人类活动干扰的动态监测与监控

过度的人类活动干扰是当前祁连山国家级自然保护区管理面临的主要威胁之一。祁连山国家级自然保护区已经出现过多起因不当人类活动对生态环境造成严重干扰及破坏的事件，并导致恶劣后果和不良影响。通过对当前人为干扰的潜在类型和祁连山生态环境监测工作实际开展的客观条件进行分析，将从以下几个方面切入并加强动态监测和有效监控，逐步实现能力建设，最终发挥有效作用。

（1）部署数字化远程视频监控系统

祁连山国家级自然保护区地广人稀、出入口众多，对于保护区进入车辆、人员的监管相对困难。为了加强保护区生态安全工作防范，应通过运用现代科技，在保护区内设计并部署数字化远程视频监控系统，整合数字化远程监控、触发式照相等技术的应用，实现全天候、实时化、常态化的保护区监管，建成隐形保护圈。

祁连山国家级自然保护区点多、线长、面广，监控装置的布设点位选择需要侧重关键区域和人类活动密集区。通过对保护区地形和居民居住点的分析，可将监控装置布设在保护区主要入口、重要沟口、主要道路分段沿线、牧民放牧草场以及保护区内可视域面积较大的山脊线的交点、山谷线的交点、山脊线与山谷线的交点等位置，采用同心圆布点法或扇形布点法。重要入口、沟口、重要道路处安装监控装置能有效地拍摄、监控并记录进入保护区的人数和画面，及时发现可疑人群，有效制止可能发生的破坏行为，也可作为追踪违法者的重要依据；牧民放牧区监控点可监控牧民超载放牧或违法扩张草场情况，对违规行为及时发现并采取行动；可视域面积较大的点位布设监控装置能够最大限度地提供监测监控视野。在监控装置布设时需结合考虑隐蔽性和安全性。

布设综合视频监控系统能够实现对保护区进行 24 小时不间断无障碍监控，分散监控装置与监测中心主屏幕数据同步，为自然保护区提供全天时、全天候、不间断的科学化、系统化、实时化、可视化的自然保护区远程视频综合监控管理。

数字化远程视频监控系统的落地及能力建设包括以下方面：

①完备的基础配套。视频监控系统建设不仅包括高架摄像头等常规意义的监控设备，还包括机房、供电、传输、防护等配套建设，完备的基础配套才能得以保证视频监控系统全天候运行。

②多种前端视频采集手段的运用与培训。自然保护区管辖范围广，不同管控区域因监控对象不同适用于不同的前端技术方案。在需要长期布控的重点区域部署由重型转台

摄像机、激光夜视云台摄像机等组成的固定视频采集前端；在需要短期布控的区域部署便携式无人值守的移动视频采集前端；在临时或突发异常情况下部署由背负式、车载式和空中无人机等组成的无线视频采集前端。

③自动化、智能化的管控总台。监控总台应具有视频图像智能分析功能，支持入侵检测、运动检测、周界防护、逗留（滞留）检测、可疑物品遗留检测、视频图像质量异常识别检测等功能及相应预警能力。管控总台设置于监测中心，在全天候对远程数据进行分析的基础上，能够自动将视频图像智能分析所触发的各种报警信息及时准确地通知工作人员，实现监控的自动化与智能化，可以使工作人员专心于应对决策。

④多业务系统融合。数字化远程视频监控系统应与自然保护区的视频会议系统、GIS系统、指挥调度系统等进行融合。通过多个业务系统的融合，可实现视频监控系统与其他各个系统资源的共享、相互调用以及系统联动，提高自然保护区信息化管控水平。

（2）天地空技术组合：卫星遥感+地面监测执法+便携无人机监控

祁连山国家级自然保护区地域面积大，各类生态系统复杂多样，保护区内监测与监管执法工作仅靠地面队伍难以胜任。目前，国家卫星遥感技术日趋成熟，加之有便携式无人机助力，天地空技术组合运用使保护区内生态环境监测工作的效率与准确性得以大幅提升。

人类活动干扰提取的方法多种多样，面向对象的方法相较于其他方法省时省力，同时具有较高精度。由于人类活动干扰在自然保护区中分布范围小，需要采用高分辨率影像进行监测。近年来国产影像的分辨率不断提高，已可以满足对自然保护区人类活动监测的需求。对祁连山国家级自然保护区内人类活动干扰采用面向对象的方法进行分类，建立一套完整的人类活动干扰指标体系，明确监测对象。针对这些监测对象进行多尺度分割，建立分类规则集，最后进行影像分类，提取人类活动信息。基本流程如图 10-3 所示。考虑到祁连山国家级自然保护区的实际情况，人类活动干扰指标选择应包括农业用地、居民点、旅游设施（实验区内）、交通设施、道路、其他人工设施等。通过高分卫星遥感可监测到生态斑块的对比变化，进而辨别人类活动干扰发生的坐标与强度。一旦发现保护区内出现某类生态斑块异常变化，应立即派遣执法监测队伍进行现场核查，若判定为人为蓄意破坏，应联动执法，及时做出相应处理。

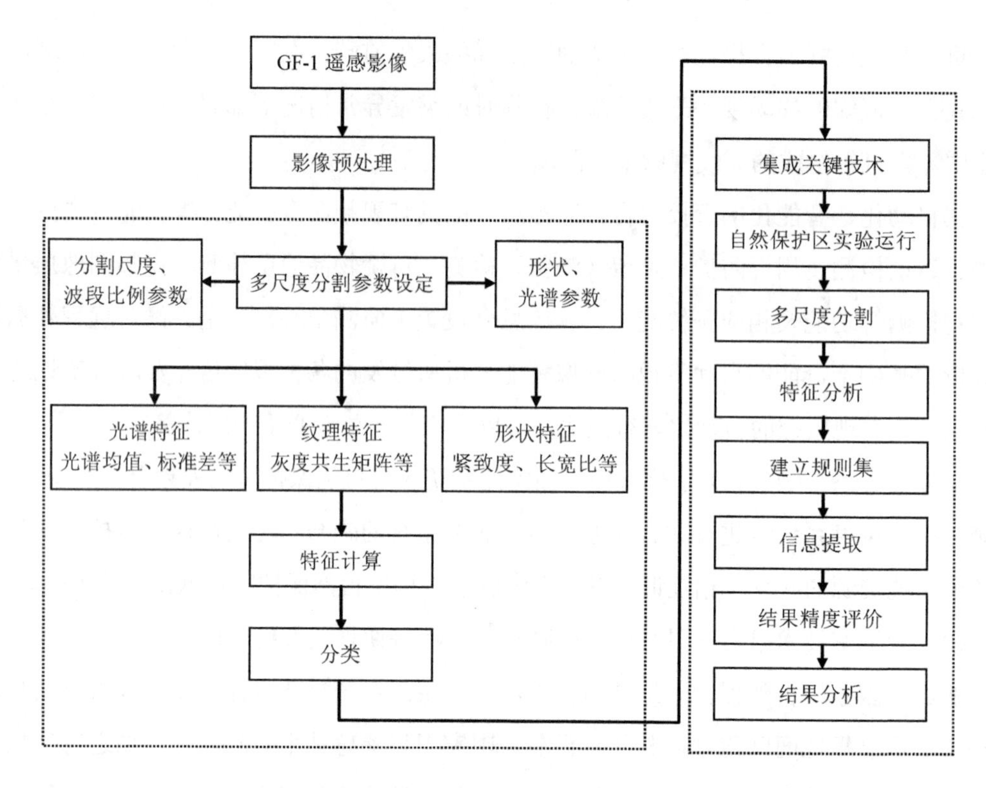


**图 10-3 高分卫星遥感对自然保护区人类活动干扰研究方法**

地面执法保护区是生态环境监测体系中极为重要的一环。祁连山国家级自然保护区地面监管面积巨大，就目前保护区现有人员编制架构的情况，以及在座谈中获知的关于基层监管工具、设备、技术等存在的诸多难点、痛点等情况来看，应积极扩充保护区地面监测执法队伍，持续加大能力建设。

祁连山国家级自然保护区地面监测执法队伍以基层保护站为中心，基层保护站与监测中心形成信息、通信同步，并根据保护站所在地域面积大小及管护难度合理分配管护站资源和监测执法人员的数量，优化资源配置。分片区落实到人员或小组，做好定期常规巡查及所辖区域突发状况的最快响应，形成保护区地面监测监管工作的全覆盖。祁连山国家级自然保护区内地形复杂，地面人类活动监测排查在路段良好的情况下使用越野车进行巡查监测；大车无法通行时使用摩托车巡查；交通工具均无法使用的情况下监测队伍徒步进行监测；对于山沟、河流、陡坡等监测队伍无法到达的情况下采用便携式无人机监控记录，便于及时发现异常。为提升地面执法监测队伍的工作效率，需要划拨专项款额对交通工具、手持移动PDA以及便携式无人机等高新技术设备加大投入资金力度。

（3）对关停矿点、水电站场地等生态修复点持续进行监测、监督

当前祁连山国家级自然保护区内涉及的违法矿点和水电站已悉数关停、清退，有关部门已责令相关企业单位对破坏点进行生态修复，要求恢复到之前的生态环境状态。但由于保护区生态环境保护是一项持续的工作，生态修复的显效也具有一定滞后性，为防止这些生态修复点之前的破坏行为“死灰复燃”，需要对已关停的矿点和水电站生态修复点位持续进行监测跟踪，并定期监督其生态环境恢复的质量，尤其防止此类修复点对保护区生态环境造成二次破坏。

对于该类点位数目可数，其监测、监督主要依托关联入网的视频监控系统，全天候对信息进行收录采集，同时也留备存档记录，要求此类点位监测中心平台可调用并实现部门共享，便于联合监管及执法监督。定期（每季度或每半年）组织现场核实，配合其他技术手段对保护区进行全面监控监管，防微杜渐，避免新的破坏发生。

## 10.3 生态环境监测体系运行机制

### 10.3.1 监测能力建设机制

祁连山国家级自然保护区生态环境监测工作实行生态监测中心、生态监测站、生态监测点三个层次的梯队建设机制。保护区管理局下设生态监测中心，负责统一管理、统一调度地面监测队伍，以及监测信息汇总管理、收集存档与信息分享等工作；基层保护站属管理局下设的二级生态监测管理单位，兼有生态监测站功能；生态监测站下设若干监测点，选拔技术强、业务精、热爱生态监测工作的同志为生态监测员开展野外监测工作。生态监测员根据不同生态监测对象的具体要求，对生态监测点或监测样线按照有关技术规定进行监测。监测数据经监测站审核合格后提交监测中心统一处理。地面监测队伍结合 GPS 巡查系统，落实巡护责任，对固定路线和随机路线做到定期巡查，确保管护到岗到位；公路、供电、通信基本设施建设基本到位，配置灭火、防火、交通等设备设施，实现保护区管理局至各保护站道路、供电、通信全线畅通，全面提升监测能力建设。

### 10.3.2 监测数据共享机制

监测中心数据平台对保护区监测数据实现有效集成、互联共享，并接入全省跨部门的大生态环境监测数据集成共享平台，参与构建生态环境监测大数据平台。数据经监测

中心统计整合后，对各级生态环境部门以及自然资源、住房和城乡建设、交通运输、水利、农业农村、卫生、林业和草原、气象等部门和单位进行数据共享。各部门和单位对获取的环境质量、污染源、生态状况等监测数据做好核准、监督工作，对数据中出现的疑点及时与中心反馈沟通。

### 10.3.3 监测信息公开机制

生态环境监测信息公开依据行政层级开展，省政府通过监测中心统一将祁连山国家级自然保护区监测数据对外公开，地方各级政府负责本辖区内的环境监测信息公开。信息公开要依据《中华人民共和国政府信息公开条例》以及生态环境主管部门的相关行政规章进行，并经同级生态环境主管部门批准（监测中心需经省生态环境厅批准）。信息公开内容主要包括生态环境质量监测报告、保护区年度监测报告等，公开频次分为年度、季度、月度以及实时。

### 10.3.4 监测联动预警机制

通过监测数据的持续获取与对照比较判断监测范围的环境危害风险，对危险信号及时预警。以“发现问题，对照判断，预测警报，制定方案，采取措施，联合执法，存档证据”实现联动预警的全流程。建立先进、完整、符合保护区实际的环境监测法律法规、业务管理、技术装备、技术标准和人才保障的综合体系作为监测联动预警机制的实现基础。抓紧实施优化升级自然保护区生态环境监测网络平台建设，尽快完成增强装备能力、改进技术与方法、提高人员业务素质、提升监测数据质量等专项任务。调整完善自然保护区生态环境监测平台与省市各级环境监测网络的互联对接，理顺运行机制，逐步形成功能完备、运转高效的生态环境质量监测网、污染源监测网和突发环境事件应急预警监测网。

# 第四篇

## 祁连山生态文明建设评估考核体系研究

# 第十一章
# 祁连山生态文明建设评估考核总体方案

以问题为导向，针对祁连山生态文明建设存在的诸多问题建立有针对性的生态文明建设综合考评机制，充分发挥生态文明建设评估考评工作的“指挥棒”作用，并推而广之，以“祁连山模式”构建国内自然保护区生态文明建设评估考核样板，对于我国自然保护区及其周边市县的可持续建设发展具有深远意义，也是当前解决祁连山生态文明建设困境最行之有效的抓手。在甘肃祁连山国家级自然保护区的三市八县（区）稳步推进实施基于生态产品和生态资产账户的管理模式，将社会经济发展过程中的资源消耗、环境损失、环境效益和生态资产变化情况纳入国民经济的统计核算体系，建立生态文明建设的目标体系、统计体系与核算制度。

## 11.1　构建体现生态优先与地方差异性的“祁连山模式”

祁连山国家级自然保护区自然地理复杂，生态系统敏感脆弱，应认识到祁连山生态文明建设艰巨而复杂，同时祁连山国家级自然保护区的生态文明建设又极具代表性，建立生态文明评估考核体系之“祁连山模式”对我国自然保护生态文明建设具有积极的示范效应。祁连山国家级自然保护区跨甘肃省张掖、武威、金昌三市的肃南县、民乐县、甘州区、山丹县、永昌县、凉州区、古浪县、天祝县八县（区）及中农发山丹马场，涉及不同的行政区，因此在保护区的管理上存在不同市县分别管理的情形。不同市县的管理体制不同、数据信息共享意识不强，合作难以形成合力，导致目前保护区无法形成统一有效的管理，生态文明评估考核工作推进存在一定的困难，需针对三市八县（区）各自情况与生态文明建设重点，建立着重体现地方差异性的考核办法。另外，保护区的设立主要以自然生态资源保护及可持续发展为目的，因此其生态文明建设与城镇乡村差距侧重点不同，故在相应建设目标的设定及后续评估考核中也存在诸多不一致的倾向。

国家当前评估考核工作基于《生态文明建设目标评价考核办法》展开，以《绿色发展指标体系》和《生态文明建设考核目标体系》作为评价考核依据，实行党政同责，采取年度评价和五年考核相结合的方式，考核重在约束、评价重在引导。由于保护区特有的生态文明建设重点，若以“一刀切”的考核办法来约束与引导保护区工作开展，显然与实际工作推进及考核需求不能契合。

因此，本次对祁连山生态文明建设的评估考核方案进行优化，以当前祁连山生态文明建设的实际问题和可持续发展需求为导向，建设一套符合自然保护区建设重点倾向的“祁连山模式”，使评估考核工作这一生态文明建设的“指挥棒”方向更精准，也使得地方生态文明建设事业更具有针对性（图 11-1）。

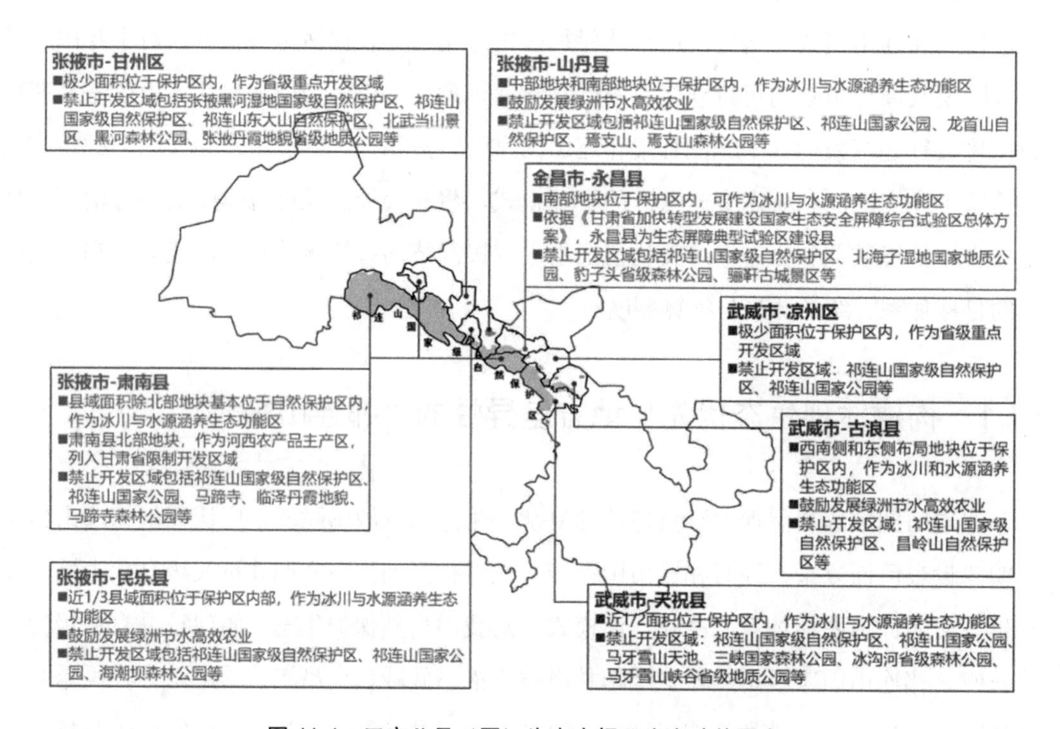


图 11-1　三市八县（区）生态空间及生态功能要点

## 11.2　生态文明建设评估考核框架

### 11.2.1　基本原则

祁连山生态文明建设评估考核体系的评价框架模型的确立，是基于祁连山国家级自然保护区自身的特点，借鉴我国生态文明建设评价考核办法的基本框架模型，根据地方差异性将生态文明建设考核和绿色发展指标的具体要求进行调校，从自然保护区的根本任务出发，将生态原则进行优先前置，同时符合并坚持以下基本原则：

（1）生态优先原则

严守祁连山生态保护红线，以生态环境优化经济增长，在发展中保护、在保护中发展，大力淘汰矿业开采、水电开发等落后低端低效产能，重点发展绿色产业，推动形成绿色生产和绿色生活方式，优化生态空间布局，筑牢生态屏障。

（2）公开透明原则

考核、评估、问责的前提是公开与知情，作为对政府领导班子和领导干部综合考核评价的重要依据，要广泛接收社会公众的参与和监督，并真实、及时地对绩效评估进行公开。祁连山国家级自然保护区生态系统安全与环境保护与人民的身心健康和社会长久发展息息相关，因此公众有权知道生态环境变化与环境治理的真实情况，同样公众也有权参与、有权评价、有权了解、有权监督政府中执行生态文明建设的各级管理者。

（3）定性与定量相结合原则

我国过去政绩考核中大多采用定性方法，注重从宏观上和总体上对政府工作绩效水平进行把握和审视，容易忽视微观和具体的数据分析，其结果导致考核结果过于主观，难以体现政府的实际绩效水平。祁连山国家级自然保护区生态文明建设评价考核采用定性与定量相结合的原则，对于波动较大及难以实际测量的指标，给予定性的指标描述；对于可以实地考察，且具有明确规划目标的指标，在得到确切的年度计量后，要给予定量的描述。

### 11.2.2　评估考核体系建设框架

为了使祁连山国家级自然保护区生态文明的建设具有发展性、前瞻性、科学性和可操作性，同时又能与国家生态文明建设的步伐保持一致，祁连山国家级自然保护区参照国家考核办法框架，并在此基础上结合祁连山生态文明建设实践中出现的具体问题，以考核工作实践需求与具体问题为导向，制定评估考核体系的基本框架，具体包括适用范围、考核对象、考核内容、考核方式、组织实施、结果运用等。

（1）适用范围、考核对象及考核内容

适用于以祁连山国家级自然保护区三市八县（区）的县级党委和政府为主体的生态文明建设工作具体评价考核，以祁连山国家级自然保护区生态文明建设与绿色发展指标体系对应的规划年度目标达成度为考核内容。生态文明建设目标评价考核实行党政同责，涉及各市县党委和政府领导成员生态文明建设工作一岗双责，考评要求客观公正、科学规范、突出重点、注重实效、奖惩并举。

（2）考核方式

评估考核在祁连山生态空间管控及生态保护相关领域专项考核的基础上综合开展，并结合所在市县（区）生态环境质量指标专项考核，采取评价和考核相结合的方式。对生态文明建设总体进展及规划目标达成度实行年度评价、对重大生态建设项目完成情况实行两年考核制度，并根据经济社会发展新的五年规划及生态文明建设进展情况适时调整，根据当年生态文明建设工作目标进行年度考核。

（3）年度考核的组织实施

年度考核工作由省统计局、省发改委、省环保厅牵头，会同省、市级其他有关部门组织推进，三市八县（区）年度评价工作由各县分别组织实施自查，最终结果向社会公布，接受公众监督。

自查工作由市县生态文明建设领导小组负责，会同县委、发展改革委、生态环境、财政、自然资源、水利、农业农村、统计、林业、住房和城乡建设等县级相关部门组织实施。自查内容包括对国民经济和社会发展规划纲要中确定的资源环境约束性指标的达成度，以及当年部署的生态文明建设重大目标任务完成情况，并突出公众的获得感与生态影响力评价。其中生态环境事件为扣分项，生态文明制度改革创新情况为加分项。自查报告存在虚报、妄报情况的，督察一经发现，严格查办。

具体流程如下：考核年由各市县生态文明建设领导小组负责会同相关部门分别开展自查工作并组织撰写自查报告→于当年 5 月底前报送省委、省政府，并抄送牵头部门（即省统计局、省发展改革委、省生态环境厅）→考核最终结果以自查报告为基础数据，由牵头单位按照考核目标体系召开联席会议实施评估→当年 8 月底前完成评估工作，并向社会公布评估考核结果、接受公众监督。对祁连山省列重大建设项目完成情况实行两年考核制度的，其考核自查结果进行上报提交。

祁连山国家级自然保护区三市八县（区）的生态文明建设评估考核工作应充分体现祁连山生态保护与生态空间管控的特殊性，即指标体系及权重计算中坚持生态优先原则，且其体系对应统计数据不能与甘肃省、市、县各级编制执行的《生态文明建设目标评价考核管理办法》相冲突，即必须确保基础数据的一致性。

（4）考核结果的运用

考核牵头部门汇总考核实际得分以及有关情况，提出考核结果处理等建议，并结合县级领导干部自然资源资产离任审计、环境保护督察等结果形成考核报告，经省委、省政府审定后向社会公布，考核结果作为地方党政领导班子和领导干部综合考核评价、干部奖惩任免的重要依据，并实行问责制和“一票否决”制，对考核等级为不合格的县人民政府，其领导干部不得参加年度评奖、授予荣誉称号等，同时暂停对该地区新建高耗能项目的核准和审批，对祁连山国家级自然保护区核心区及缓冲区内发生严重生态环境破坏事件被国家和省通报批评的市县，实行“一票否决”。

对考核等级为优秀、生态文明建设工作成效突出的地方，给予通报表扬；对考核等级为不合格的地方，进行通报批评，并约谈其党政主要负责人，提出限期整改要求；对生态环境损害明显、责任事件多发地区的党政主要负责人和相关负责人（含已经调离、提拔、退休的），按照《党政领导干部生态环境损害责任追究办法（试行）》等规定，进行责任追究。

## 11.3 生态文明建设评估考核指标体系

祁连山生态文明建设评估考核指标体系遵照国家生态文明建设层面目标和国家及甘肃省生态文明建设层面制定的要求，并在其基础上完善优化，针对自然保护区的实际问题与工作需求而提出，是符合生态保护优先原则的、具有保护区适用性的考评指标体系。

具体指标的选取参考《绿色发展指标体系》和《生态文明建设考核目标体系》中的指标设置，但部分具体指标的选择、权数的构成以及目标值的确定，根据祁连山国家级自然保护区实际，出于地方性差异与保护区特征进行了适当调整，进一步体现了保护区主体功能定位和差异化评价要求（表 11-1）。

表 11-1 祁连山生态文明建设评估考核指标体系

| 序号 | 一级指标 | 一级指标分值 | 二级指标 | 二级指标分值 | 目标值 |
| --- | --- | --- | --- | --- | --- |
| 1 | 一、生态空间与保护 | 50 | 划定并严守生态保护红线★ | 5 | 遵守 |
| 2 | | | 生态补偿政策执行情况 | 3 | 推进 |
| 3 | | | 自然保护区核心区面积 | 3 | 较上年度不降低 |
| 4 | | | 自然保护区实验区面积 | 3 | |
| 5 | | | 自然保护区缓冲区面积 | 3 | |
| 6 | | | 森林覆盖率★ | 5 | |
| 7 | | | 草原综合植被覆盖度★ | 5 | 较上年度增加 |
| 8 | | | 湿地保护率★ | 5 | |
| 9 | | | 水土流失治理率 | 5 | |
| 10 | | | 可治理沙化土地治理率 | 3 | |
| 11 | | | 矿山恢复治理率 | 2 | |
| 12 | | | 重点野生植物蓄积量★ | 3 | 正常波动区间内 |
| 13 | | | 重点野生动物种群数★ | 3 | |
| 14 | | | 重大生态文明建设项目完成情况 | 2 | 按年度计划完成 |
| 15 | 二、环境状况及质量改善 | 30 | 化学需氧量排放总量减少 | 2 | 达成年度目标 |
| 16 | | | 氨氮排放总量减少 | 2 | |
| 17 | | | 二氧化硫排放总量减少 | 2 | |
| 18 | | | 氮氧化物排放总量减少 | 2 | |
| 19 | | | 危险废物处置利用率 | 2 | |
| 20 | | | 生活垃圾无害化处理率 | 2 | |
| 21 | | | 污水集中处理率 | 2 | |
| 22 | | | 空气质量优良天数比率★ | 3 | |
| 23 | | | 地表水达到或好于III类水体比例 | 2 | 100% |
| 24 | | | 地表水劣V类水体比例 | 2 | 0 |
| 25 | | | 重要江河湖泊水功能区水质达标率 | 2 | 82% |
| 26 | | | 集中式饮用水水源水质达到或优于III类水体比例 | 3 | 100% |
| 27 | | | 受污染耕地安全利用率 | 2 | 98%左右 |
| 28 | | | 大气污染物浓度（特殊恶劣天气除外）★ | 2 | 较上年度降低 |
| 29 | 三、绿色经济与人居生活 | 20 | 单位 GDP 能源消耗降低★ | 2 | 达成年度目标 |
| 30 | | | 单位 GDP 二氧化碳排放降低★ | 1 | |
| 31 | | | 非化石能源占一次能源消费比重 | 1 | ＞20% |
| 32 | | | 万元 GDP 用水量下降★ | 1 | 达成年度目标 |
| 33 | | | 万元工业增加值用水量降低率 | 1 | |
| 34 | | | 农田灌溉水有效利用系数 | 1 | 0.57 |
| 35 | | | 一般工业固体废物综合利用率 | 1 | ＞80% |
| 36 | | | 农作物秸秆综合利用率 | 1 | ＞85% |
| 37 | | | 农村自来水普及率 | 1 | 达成年度目标 |
| 38 | | | 公众对生态环境质量满意程度 | 10 | 逐年上升 |

| 序号 | 一级指标 | 一级指标分值 | 二级指标 | 二级指标分值 | 目标值 |
| --- | --- | --- | --- | --- | --- |
| 39 | 四、生态环境事件 | 扣分项 | 地区重、特大突发环境事件，造成恶劣社会影响的其他环境污染责任事件，严重生态破坏责任事件的发生情况 | 单次扣5分，总扣分不超过20分 | — |
| 40 |  | “一票否决”项 | 保护区核心区和缓冲区内发生严重生态环境破坏事件或有被国家通报批评的县，实行“一票否决” | 一票否决 |  |

注：1.“大气污染物浓度（特殊恶劣天气除外）”指标主要指祁连山国家级自然保护区内大气污染物浓度状况，反映保护区空气质量优良状况。但由于祁连山位于我国西北地区，气候干旱，特定的地理环境造成沙尘暴天气时有发生，考虑到非人为因素，且通过防风固沙等措施难以在短时期内快速显效，因此建议发生特殊恶劣天气时大气污染物浓度不参与考核评判。

2.“公众对生态环境质量满意程度”指标采用涉及祁连山国家级自然保护区各县统计局组织的居民对生态文明建设、生态环境改善满意程度抽样调查，包括每年调查保护区内居民对本地区生态环境质量表示满意和比较满意的人数占调查人数的比例，将保护区内年度调查结果算术平均值乘以该目标分值，得到保护区“公众满意程度分值”。

3.“生态环境事件”为扣分项，保护区内每发生一起重、特大突发环境事件，造成恶劣社会影响的其他环境污染责任事件，严重生态破坏责任事件的县扣5分，该项总扣分不超过20分；保护区核心区、缓冲区内发生严重生态环境破坏事件，或被国家通报批评的县，实行“一票否决”制。

4. ★为约束性指标。各县祁连山生态文明建设评估考核最终得分，根据约束性目标完成情况进行扣分或降档处理：仅1项约束性目标未完成的县该考核指标不得分，考核总分不再扣分；2项约束性指标未完成的县在该考核指标不得分的基础上，在考核总分中再扣除2项未完成约束性指标的分值；3项（含）以上约束性指标未完成的县考核等级直接确定为不合格。其他非约束性指标未完成的县有关指标不得分，考核总分中不再扣分。

自然保护区指标体系采用一级指标和二级指标的分类方式，绿色发展指标体系采用综合指数法进行计算，一级指标由生态空间与保护、环境状况及质量改善、绿色经济与人居生活、生态环境事件四个方面构成。其中前三类为累计分制，权数比为5∶3∶2，重点体现生态优先与自然保护区对生态空间的重点保护，第四类为扣分项，满分为100分。考核采用百分制评分和约束性指标完成情况等相结合的方法，结果划分为优秀、良好、合格、不合格四个等级（90分至100分为优秀，89分至80分为良好，79分至60分为合格，60分以下为不合格）。年度考核中有未完成约束性目标达3项及以上，以及篡改、伪造或指使篡改、伪造相关统计或监测数据并被查实的三种情形之一的直接确定为不合格。

由于祁连山国家级自然保护区生态保护与绿色发展的重要性，其生态文明建设评估考核采取年度评价的方式，既考虑到对每年的生态文明建设进展成效的及时考评，也综合协调近期重点项目集中，突出考核生态文明建设阶段效果，并在此基础上坚持奖惩并举，从地方工作推进的实际出发，避免急功近利，从根本上杜绝拉闸限电等“运动式”做法，引导各级政府长远谋划、系统推进。

通过祁连山生态文明建设评估考评体系的构建与年度综合考评，逐步在祁连山国家级自然保护区三市八县（区）中推进实施基于生态产品和生态资产账户的管理模式，将三市八县（区）在社会经济发展过程中的资源消耗、环境损失、环境效益和生态资产变化情况纳入国民经济的统计核算体系，逐步建立起祁连山生态文明建设工作中的规划目标体系、评估考核体系、生态资产统计体系及相应核算制度，进一步形成充分体现地方环保绩效、行业和部门特色、广大公众意愿的评价考核机制，与干部选拔任用制度相挂钩。对那些在推进生态文明建设中保护与发展相协调工作成效突出的领导干部进行优先任用，对不顾生态环境盲目决策、造成严重后果的官员，实施终身责任追究。对于生态文明建设评估考核的规划目标进行科学谋划，注重内容的全面性，综合当地实际情况，并有侧重的着力考核生态环境保护、绿色发展前景、社会全面进步和生态制度建设，确保通过考核，使祁连山国家级自然保护区三市八县（区）经济发展的路径更加科学化、绿色化，生态资源环境的保护更加有力度。

# 第十二章
# 祁连山生态文明建设评估考核机制的推进实施

祁连山生态文明建设评估考核具有明确的实践应用导向，同时侧重于有效引导当地相关市县党委和政府自觉践行生态文明价值观，创造符合创新、协调、绿色、开放、共享发展理念要求的、经得起历史和实践检验的生态文明建设绩效，这对不断推进保护区生态文明建设评估考核工作中的机制创新提出了更高要求。生态文明建设评估考核工作相关机制的推进实施从参与协调、结果运用和监督问责三个方面着手，进一步建立健全考评机制。

## 12.1 考评过程的参与协调

### 12.1.1 创新协同参与机制

（1）上下级协同参与

长期以来，我国对于工作目标的制定通常是以自上而下的方式完成。例如由中央制定总体目标，再由地方政府逐层分解制定具体目标和计划。这种方式较为单一，信息传递的方向是一种从上至下的、权威型的传递形式，缺乏及时有效的向上反馈和沟通机制，上级对下级的回应存在滞后性，由此可能造成执行者对于绩效目标的认识和理解与上级意图存在偏差，不利于绩效目标的实现。评价考核的制定应该建立健全“自上而下”与“自下而上”相结合的双向互动机制，在生态系统效应具有滞后性的祁连山生态文明建设方面更需如此。

祁连山生态文明建设评估考核体系必须坚持上下协同参与机制，共同制定生态文明建设目标，清晰参与主体的责权。广泛征求各方面和各层次的意见，特别是地方上作为具体政策执行者的基层部门和人员的意见，然后将所得意见反馈到决策层，如果上下意见分歧较大，还需反复协商、充分论证最终达成共识。

在广泛听取地方关于年度生态文明建设的反馈后，经总牵头单位报省委、省政府讨论通过，可根据国家安排、国民经济和社会发展规划纲要以及生态文明建设年度工作重点对当年考核指标体系和权数做出适当微调，以体现地方工作的实际差异性，保持一定弹性空间。

（2）跨部门协同参与

祁连山生态文明建设评估考核不仅要各相关部门建立上下级纵向协同参与机制，还应建立部门间的横向协同参与机制，形成良好的伙伴关系，而不是视对方为资源与“排名”的竞争者。

横向协同机制能够实现跨部门协同而设计的结构性安排，如召开部门联席会议、协调会议等。由于生态文明建设的内涵丰富，领域宽广，往往涉及多个部门，其绩效评估也不是依靠任何一个部门就能独立完成的，必须通过不同部门的配合、商讨，特别是发展改革委、生态环境、林业、水利、自然资源、农业农村、统计、住房和城乡建设等部门之间的沟通和协调方可实现。通过部门联席会议，充分协商讨论，对相关的指标和结果进行督察，剖析原因，最大限度地就生态文明建设使命、目标和战略达成合理共识，让评估考核工作真正成为生态文明建设的指挥棒，引导地方实质性工作的开展。

（3）全过程公众参与

生态文明建设涉及人与自然、人与社会以及人与人之间的关系，直接影响公众利益，因此应建立健全广泛的公众参与机制。

将公众参与范围扩大到祁连山生态文明建设评估考核的全过程。通过设计合理的参与机制和程序，将专家学者、公民、企业和非政府组织纳入自然保护区生态文明建设评估考核决策中，以保证各层次人员对评估的理解和支持。

要进行民意调查，充分征求、研究利益相关企业的意见与需求，同时还要充分发挥非政府组织和社会公众的主动性和积极性，对各项指标进行充分协商讨论，并对必要的地方进行修改。选取不同背景的公众人士组成代表小组，代表小组可就保护区生态文明建设评估考核目标内容召开预备会议进行充分讨论，并在正式会议上就形成的意见、建议或发现的问题发表见解。要把公众参与政府生态文明建设绩效评估看成一种学习机会，通过培训等方式增强公众参与能力，培育公民精神，夯实公众参与基础。

### 12.1.2 完善利益协调机制

祁连山生态文明建设评估考核体系可能存在的冲突表现在考核目标制定者、执行者、公众之间利益的矛盾和冲突。有必要建立利益协调机制，以妥善协调各方利益关系、化解利益矛盾。

建立利益协调机制，一是要协调利益关系，即正确处理上级与下级之间、同级政府之间、部门与部门之间、政府与公众之间的利益关系，形成相对均衡的利益格局。在利益提取、利益分配和再分配的基础上进行利益调节。例如，祁连山所在地区是欠发达地区，公众首先关心的是保护自然资源的利益回报，应加大对该地区的生态政策支持力度，如加大生态补偿、生态移民、生态扶贫等政策的投入力度，激发公众建设绿水青山的原动力。二是建立利益冲突化解机制，一旦发生利益冲突，能够通过对话协商机制、信访工作机制等利益协调机制，有效化解生态文明建设绩效评估过程中的各种利益矛盾和利益冲突。三是合理界定被评估对象的职能职责，职能部门在生态文明建设中存在工作交叉重叠、多头管理的混乱现象，各利益相关部门为了有限的公共资源容易展开激励的竞争，为防治因恶性竞争造成利益冲突需要合理界定部门职能职责的边界，明晰各职能部门对自身职能外延的边界和内部体系构建的认识，实现政府部门整体价值供给能力的提升。

## 12.2 考评结果的有效运用

### 12.2.1 突出对评估考核问题的诊断与改进

（1）评估考核诊断机制

祁连山生态文明建设评估考核绩效的结果能够直接反映保护区内生态环境保护和生态文明建设方面的问题及成因，是“重新自审”和“全面体检”。无论当前绩效水平是好是坏，都可以进行绩效诊断，通过考评进行督促和推进工作的优化，使地方生态文明建设方面不断进步。科学的绩效诊断可以提高低水平的绩效，帮助中等水平的绩效取得进步，还可以让高水平的绩效锦上添花。为改善祁连山生态文明建设存在的问题，需要管理者和执行者（即被考核主体）更有格局和前瞻性。

（2）绩效评估改进机制

在诊断出祁连山生态文明建设的关键绩效问题之后，要进一步根据诊断结果梳理问题，分析其原因，拟定出有针对性和可操作性的改进方案。在改进方案实施中对保护区暴露出的种种不足进行优化，对相应工作的管理者和执行者进行培训和指导，并就改进方案实施一段时间之后进行绩效追踪追评，如果绩效有所提升，证明该改进方案可行，其方案经验值得执行和推广；若评估绩效不变或者下降，应找出原因并分析，重新拟定方案，直至改进方案实施效果达到最佳。与评估考核诊断机制一样，完善绩效评估改进机制对祁连山国家级自然保护区生态文明建设至关重要，对可持续发展影响深远。

### 12.2.2 加强统计监测的跟踪追评与沟通反馈

（1）跟踪追评机制

跟踪追评指对生态文明建设评估考核应建立于对保护区进行持续性、长期性的监测、记录数据基础之上，作为改善生态文明建设绩效的基本依据，追踪追评能否准确、客观，有赖于统计监测工作的完善。

首先，地方上要重视统计监测的基础作用。统计监测是生态文明建设评估考核追踪追评的重要内容，需要大量真实、系统、准确、及时的数据信息，对真实情况、真实现象、真实问题进行准确判断，不能以点带面，更不能主观臆断、闭门造车，避免使用误导性和不正确的数据评判祁连山生态文明建设。其次，必须提高生态文明建设相关信息的统计频率，以满足及时、快捷掌握和判断生态文明建设的变化要求，帮助保护区管理者做出决策或调整决策。再次，要高度重视生态文明建设统计监测工作的独立性和专业性，避免人为干扰，加强专业培训，改进统计手段，以提高统计监测工作的质量和水平。最后，根据现有统计监测技术和设备优化监测指标，以服务于整体生态文明建设的科学决策和持续发展。

（2）沟通反馈机制

评估考核后，如何依据绩效结果提出生态文明建设的改进方案，要求评估者与被评估对象必须保持持续且坦诚的沟通。持续坦诚的沟通能够使组织和个人共同努力避免出现过往问题，并及时处理出现的新问题，以实现保护区生态文明建设的根本目的。在生态文明建设考核办法推进的过渡时期，祁连山国家级自然保护区无论是在理念、人才、技术方法还是硬件设备等方面都存在较大不足，更需要持续的评估沟通和反馈以帮助当地管理者维持在生态文明建设的正确轨道上。

### 12.2.3 优化考核结果与激励选拔间的联系

祁连山生态文明建设评估考核激励应注重公平、公正，以避免绩效评估带来的两极分化和不公平。而公平的绩效激励机制应该是根据绩效贡献大小，分等级、分层次进行奖励，激发地方领导干部更加重视生态文明建设，才能有助于形成生态文明建设意识与干事创业氛围。同时激励制度也要适度、合理，要形成良性的生态文明建设评估考核激励机制。避免激励力度过小难以激发积极性和创造性，也要杜绝因激励力度过大，可能引发考评作弊行为。

## 12.3 考评后的监督问责

绩效责任在祁连山评估考核绩效管理中居于十分重要的地位，赏罚分明的绩效责任是绩效管理实施的基础、运行的保障和成功的关键。

### 12.3.1 规范信息公开与监督机制

（1）坚持评估考核过程与结果的公开透明

地方政府必须认真贯彻落实《中华人民共和国政府信息公开条例》和《关于深化政务公开加强政务服务的意见》，将祁连山生态文明建设绩效评估的过程、结论、问题、改进建议等内容以及整改情况和评估结果运用情况，及时通过政府门户网站、报纸、刊物、电视广播、新闻发布会等多种途径和形式连续地、系统地、无障碍地向公众和社会公开，并通过互联网平台、电话、邮件等方式建立切实可行的公众参与渠道。尊重和保证公民的知情权，接受群众的评议、质询和监督，鼓励群众参与和新闻媒体监督，以结果公开促进管理者和执行者提升生态文明建设的能力。

（2）坚持监督主体与监督模式的不断创新

构建多元化的监督主体体系有利于生态文明建设评估考核工作的全面性与准确性。首先，必须充分发挥党委、政府的监督主导作用。地方党委、政府是主要的监督主体，作为生态文明建设的决策者，统筹祁连山国家级自然保护区内生态文明建设工作，监督生态文明建设政策的贯彻执行，对生态文明建设成效负有主要责任，对责任的落实也必须起到有效的监督作用。其次，要重视非政府组织的积极作用。随着公众环保意识的提高，对祁连山生态文明建设的关注度日益增强，生态环境领域的非政府组织的数量呈增长之势，其理念较为正向、目标较为积极、活动较为专业、行为较为规范，对推动自然保护区生态文明建设，促进生态文明建设评估考核责任落实具有重要作用。最后，要尊重生态文明建设专家的咨询意见。生态文明建设需要以科学的手段解决诸多技术层面的问题，包括对生态环境、自然资源及时空因素的识别，对生态环境的承载能力、底线阈值的设定，对指标可行性的论证，对生态文明建设规划和实施方案的编制、论证，对生态文明建设水平的评价，对生态文明建设体制机制的创新设计等。

通过监督模式的不断创新加大保护区生态文明建设评估考核工作过程及结果的监督力度。实行全面监督，评估指标、评估过程及结果要公开透明，评估方法要科学，以广泛征求社会各界意见，评估的其他事项应接受社会的全面监督。实施全程监督，评估监督是一项连续性的活动，应贯穿于评估活动的全过程，既要对前期准备阶段中的评估指标选择是否适当、评估方案是否科学和合理进行监督，又要对评估实施阶段中的评估指标体系是否准确、评估标准是否合理、评估方法是否得当、信息处理是否规范、评估结果是否客观、公正进行监督。

### 12.3.2 规范考评责任追究机制

（1）规范责任追究的基本程序

建立和规范祁连山生态文明建设评估考核的责任追究程序是保障责任追究机制得以有效实施的重要举措，是责任追究走向法治轨道、健康持续发展的保证，有助于强化权利保障，提高工作效率。首先，必须明确责任追究程序启动标准，在此基础上严格调查核实责任追究证据。其次，由于保护区生态文明建设评估考核还处在一个新的领域和初步研究阶段，要保证评估考核工作的顺利进行和公平开展，必须要授予评估者一定的权力去完成评估。最后，为避免在方法上和工具上因不当导致的偏见和不公平情况发生，需要建立一个消除这种张力扩大的机制，让评估对象对评估结果有申诉的机会。因此，有必要建立健全祁连山生态文明建设绩效评估申诉受理机制，通过加强受理评估申诉的制度化建设，赋予申诉管理机构相应的职责权限，在明确申诉各方责权的基础上，保证评估结果的客观、公正。

（2）健全责任追究的制度保障

建立评估责任清单。责任清单要在明确授权的基础上，根据授予评估主体的权力，明确相应的评估责任，做到责权统一、责权明确，责任追究有账可查。

明确追究评估责任的标准和程序。清晰界定评估权力的运用边界、责任追究的范围，使责任追究有据可查。责任追究必须落实到具体的个人、团队或组织，对于团队或组织责任，必须要落实到具体的主要负责人。责任要追究到各个环节，既要检查公众参与和专家论证环节，也要检查主要评估主体责任。

强化惩戒功能。责任追究必须具备对评估各方的警示作用与约束作用，减少评估主体的随意性，保证评估结果的客观公正。要对评估客体有震慑作用，使评估客体能公平参与评估，不弄虚作假，不瞒上欺下。责任追究要适度，不能流于形式，也不能过于严苛，一定要防止问责虚化和过度问责两种极端情况的发生。

通过构建保护区生态文明建设评估考核体系及相应机制，识别祁连山自然保护区生态文明建设中取得的成绩和存在的问题，并针对发现的问题，深入总结、分析和研讨，找到改进途径，提出有效解决措施并加以落实，最终不断推进祁连山国家级自然保护区生态文明建设的进程。

# 参考文献


[1] 马天，王玉杰，郝电，等. 生态环境监测及其在我国的发展[J]. 四川环境，2003，22（2）：20.

[2] 姜必亮. 生态监测[J]. 福建环境，2003，20（1）：4-6.

[3] 罗梦娇，程胜高. 我国生态监测的研究进展[J]. 环境保护，2003，31（3）：41-44.

[4] 刘晓强，申田，连兵. 生态环境监测相关问题研究[J]. 贵州环保科技，2001（1）：38-41.

[5] 张凯. 生态环境监察导论[M]. 北京：中国环境科学出版社，2003.

[6] 郑海. 包头市生态监测指标体系研究初探[J]. 内蒙古环境保护，2003（3）：37-39.

[7] 傅伯杰，刘宇. 国际生态系统观测研究计划及启示[J]. 地理科学进展，2014，33（7）：893-902.

[8] 林联盛，夏雨，刘木生，等. 鄱阳湖水生态监测现状与监测体系的思考[J]. 江西科学，2009，27（4）：510-516.

[9] 赵士洞. 国际长期生态研究网络（ILTER）——背景、现状和前景[J]. 植物生态学报，2001（4）：510-512.

[10] 陈昌笃. 论地生态学[J]. 生态学报，1986（4）：289-294.

[11] 袁国映，潘伟斌，李红旭. 荒漠生态系统监测研究指标体系[J]. 干旱环境监测，1993（1）：33-35，63.

[12] 沈志. 积极开展生态环境遥感监测工作[J]. 干旱环境监测，2000（2）：75.

[13] 李松林. 生态监测技术与我国生态监测工作现状综述[J]. 价值工程，2010，29（23）：109.

[14] 沈志. 物候学在生态监测中的应用[J]. 干旱环境监测，1991，5（1）：50-53.

[15] 陆强国. 洞庭湖湿地生态监测指标体系初探[J]. 重庆环境科学，1995（4）：34-36.

[16] 张建辉，吴忠勇，王文杰，等. 农业生态监测目标与监测指标体系选择探讨[J]. 中国环境监测，1996（1）：3-6.

[17] 宋国利，刘海桥. 论北方森林、农业、矿业开发生态环境监测指标[J]. 中国环境监测，2002，18（5）：19-20.

[18] 韩天虎，孙斌，张贞明，等. 甘肃草原资源与生态监测预警体系建设思考[J]. 草原与草坪，2009（2）：73-76.

[19] 杨全生，汪杰. 盛世兴林创伟业——建区二十年成果综述[J]. 甘肃林业，2009（5）：14-15.

[20] 汪杰，杨全生，汪有奎. 祁连山国家级自然保护区可持续发展战略研究[J]. 中国科技成果，2011，12（7）：4-6.

[21] 袁虹，冯宏元，汪有奎，等. 祁连山自然保护区主要保护对象及类型调查分析[J]. 中南林业科技大学学报，2016，36（1）：6-11.

[22] 中国植被编辑委员会. 中国植被[M]. 北京：科学出版社，1980.

[23] 刘兴聪. 青海云杉[M]. 兰州：兰州大学出版社，1992.

[24] 刘贤德，王青忠，孟好军. 祁连圆柏[M]. 北京：中国科学技术出版社，2006.

[25] 杨全生，刘建泉，汪有奎. 祁连山自然保护区综合科学考察报告[R]. 兰州：甘肃科学技术出版社，2008.

[26] 汪有奎，杨全生. 祁连山森林昆虫[M]. 兰州：甘肃科学技术出版社，2008.

[27] 陈玉平，王学福，刘建泉. 祁连山林区的兰科植物及其保护[J]. 特种经济动植物，2002（7）：32.

[28] 吴光和，江存远. 甘肃省综合自然区划[M]. 兰州：甘肃科学技术出版社，1998.

[29] 陈隆亨，曲耀光. 河西地区水土资源及其合理开发利用[M]. 北京：科学出版社，1992.

[30] 车克钧，傅辉恩，贺红元. 祁连山北坡森林涵养水源机理的研究[C]//林业部科技司. 中国森林生态系统定位研究. 哈尔滨：东北林业大学出版社，1994：280-287.

[31] 王金叶，于澎涛，王彦辉，等. 森林生态水文过程——以祁连山水源涵养林为例[M]. 北京：科学出版社，2008.

[32] 王金叶，王彦辉，王顺利，等. 祁连山林草复合流域降水规律的研究[J]. 林业科学研究，2006，19（4）：416-422.

[33] 汪有奎，郭生祥，汪杰，等. 甘肃祁连山国家级自然保护区森林生态系统服务价值评估[J]. 中国沙漠，2013，33（6）：1905-1911.

[34] 施雅风. 简明中国冰川目录[M]. 上海：上海科学普及出版社，2005

[35] 王太宗. 中国冰川目录（Ⅰ祁连山区）[M]. 北京：科学出版社，1981.

[36] 汪有奎，贾文雄，刘潮海，等. 祁连山北坡的生态环境变化[J]. 林业科学，2012，48（4）：21-26.

[37] 蒲健辰，姚檀栋，王宁练，等. 近百年来青藏高原冰川的进退变化[J]. 冰川冻土，2006，24（5）：517-521.

[38] 程瑛，徐殿祥，宋秀玲. 近50年祁连山西段夏季气候变化对冰川发育的影响[J]. 干旱区研究，2009，26（2）：295-298.

[39] 曹泊，潘保田，高红山，等. 1972—2007年祁连山东段冷龙岭现代冰川变化研究[J]. 冰川冻土，2010，32（2）：242-248.

[40] 汪有奎，孙小霞，李世霞. 祁连山冰川湿地保护的问题与对策[J]. 中国林业，2012（12）：29.

[41] 王国宏，任继周，张自和. 河西山地绿洲荒漠植物群落种群多样性研究——生态地理及植物群落的基本特征[J]. 草业学报，2001，10（1）：1-12.

[42] 常宗强，车克钧，王艺林，等. 祁连山坡地草场水土流失回归模型的建立[J]. 甘肃林业科技，2002，27（4）：2-4.

[43] 何志龙，苗玉鑫，张克海. 祁连山青海云杉林天然更新空间分布特征研究[J]. 林业科技通信，2018（5）：7-10.

[44] 牛赟，刘贤德，张学龙，等. 祁连山水源涵养功能的生态监测指标与评估指标[J]. 中南林业科技大学学报，2013（11）：120-124.

[45] 范可心，郭生祥，袁弘. 甘肃祁连山自然保护区草地资源调查与保护研究[J]. 甘肃林业科技，2015，40（3）：42-45.

[46] 王亚斌. 白洋淀湿地生态环境监测方法研究[J]. 环境科学与管理，2013，38（9）：118-120.

[47] 李强. 江苏泗洪洪泽湖湿地自然保护区生态环境监测体系的构建[D]. 南京：南京农业大学，2005.

[48] 李振林，秦翔，王晶，等. 2004—2015 年祁连山脉东部冷龙岭冰川遥感监测[J]. 测绘科学，2018，43（6）：45-51，57.

[49] 汪闽，张星月. 多特征证据融合的遥感图像变化检测[J]. 遥感学报，2010，14（3）：558-570.

[50] 吴东辉，李玉龙，江东，等. 可可西里国家级自然保护区人类活动干扰状况遥感监测研究[J]. 甘肃科学学报，2015，27（4）：37-44.

[51] 唐小平，黄桂林，张玉钧. 生态文明建设规划理论、方法与案例[M]. 北京：科学出版社，2012.

[52] 徐钊虹，梅雪峰. 生态文明觉醒下的自然保护区建设新方略——以清凉峰国家级自然保护区为例[J]. 中共杭州市委党校学报，2011（3）：83-87.

[53] 王涛，高峰，王宝，等. 祁连山生态保护与修复的现状问题与建议[J]. 冰川冻土，2017，39（2）：229-234.

[54] 蒋兴国，郑杰，许登奎. 祁连山山水林田湖草保护修复调查研究之二——祁连山生态环境与可持续发展存在的问题[J]. 边疆经济与文化，2018（3）：31-34.

[55] 唐斌. 地方政府生态文明建设绩效评估的体系构建与机制创新研究[D]. 湘潭：湘潭大学，2017.

[56] 张晨. 自然保护区生态文明建设基础条件评价方法研究[D]. 哈尔滨：东北林业大学，2015.

[57] 阿克木・吾马尔・关虎丙，扎依尔・买买提尼牙孜. 浅议生态环境监测对综合评价生态系统状况的重要性[J]. 企业导报，2009（4）：194-195.

[58] 王海芹，高世楫. 生态环境监测网络建设的总体框架及其取向[J]. 改革，2017（5）：15-34.

[59] 洪维民. 加强预警监测体系建设 高效应对突发生态环境问题[J]. 环境监测管理与技术，2009，21（2）：1-3，11.

[60] 吴玉萍. “天眼”守护祁连山[N]. 中国环境报，2018-07-13（5）.

[61] 王玲玲，冯皓. 绿色经济内涵探微——兼论民族地区发展绿色经济的意义[J]. 中央民族大学学报（哲学社会科学版），2014，41（5）：41-45.

[62] 赵英，姚乐野. 跨部门政府信息资源整合与共享路径研究——基于知识管理视角[J]. 情报资料工作，2014（5）：62-68.

[63] 单程楠. 多中心治理视域下辽宁省城市环境监测治理对策研究[D]. 大连：大连理工大学，2016.

[64] 樊亚娟. 内蒙古东部荒漠草原生态监测指标体系的构建[D]. 呼和浩特：内蒙古大学，2016.

[65] 贾香翠. 浅论定性考核和定量考核的方法[J]. 山西财经大学学报（高等教育版），2000（2）：76-77.

[66] 王建宏. 祁连山生态环境存在的主要问题及对策研究[C]//2010 绿洲论坛论文集. 甘肃：甘肃人民出版社，2010：170-178.